MIRAGES
DE LA MÉDECINE

Jean-Paul Escande

MIRAGES DE LA MÉDECINE

Albin Michel

22 rue Huyghens, 75014 Paris

ISBN 2-226-03179-0

Sommaire

A Woody Allen

Ouverture

Les hommes de science sont-ils de dangereux psycho-rigides ? Les médecins institutionnels sont-ils des attardés ? Est-il indispensable de passer d'abord par les facultés pour prendre ensuite en charge les maladies les plus graves ? Les « autres » pratiques médicales ne sont-elles pas désormais seules à considérer le malade comme autre chose qu'une machine à réparer ?

À l'opposé : les autres pratiques forment-elles un vaste complot visant à renverser les coûteux systèmes de prise en charge sociale ? Tuent-elles chaque jour leur lot de malades qui auraient pu être sauvés par la médecine institutionnelle ? Derrière la vague « autre » trouve-t-on la pègre et nombre d'échappés de Charenton ?

Et encore : l'industrie pharmaceutique — sciemment — empoisonne-t-elle les malades pour empocher des profits ? Les ministres de la Santé sont-ils immanquablement étouffés (à supposer qu'ils soient capables de bien faire) par une administration égoïste, incapable, et préoccupée surtout de vérifier le principe de Peter[1] ? Les chercheurs officiels occultent-ils des découvertes essentielles ? Un esprit à la Lyssenko souffle-t-il sur les laboratoires ? La tirelire des médecins « doux » est-elle un des rares secteurs en véritable expansion ? La crédulité humaine peut-elle seule donner une idée de l'infini ? et le

1. Selon ce principe, tout individu tend à accéder au poste où son incompétence se manifestera le plus sûrement (*Le Principe de Peter*, L. J. Peter et R. Hull, Stock, 1970).

charlatanisme renaissant a-t-il donc de bien beaux jours devant lui ?

Enfin : le public confondant bon sens et sens commun prend-il les clowns au sérieux pour se rire des difficultés des dompteurs ? Le degré d'éducation sanitaire du public avoisinant la cote zéro, tout est-il en place pour un désastre ?

L'objectif de ce livre est de répondre à ces questions :

en s'appuyant sur cette définition : la médecine est un ensemble de pratiques dont le public attend qu'elles rétablissent l'égalité devant la peur, la douleur et la mort ;

en réfléchissant à l'articulation science-médecine comme le faisait déjà Arthur Rimbaud : « Oh, la science ! On a tout repris. Pour le corps et pour l'âme, le viatique, on a la médecine et la philosophie. Les remèdes de bonne femme et les chansons populaires arrangées.

La science, la nouvelle noblesse ! Le progrès. Le monde marche ! Pourquoi ne tournerait-il pas ? »

Ce livre dépeindra dans une première partie les scintillements de la *comedia medica* puis expliquera dans la seconde les raisons de ce jeu de lumières.

Au fil des pages émergeront, s'évanouiront pour reparaître ensuite, sous d'autres formes, les deux mirages auxquels doit échapper la médecine : la tentation scientiste et l'inclination surréaliste.

C'est entre les lignes qu'il faudra retrouver les vingt-deux propositions de réforme propres à nourrir le débat que suscitera inévitablement ce livre.

Première partie

ENTENDRE ET VOIR

I

Que les temps sont changés !

Jusqu'à ces dernières années les médecins formaient un ordre régulier dans un pays régi par des institutions pyramidales hiérarchisées à sommet unique. Une pratique médicale — ses succès éclatants le justifiaient en partie — écrasait donc tout, réglementait tout ; c'est seulement sur ses marges et ses marches que vivotaient des originaux dont les plus notables étaient alors appelés « guérisseurs ». Parce que, justement, ils contestaient la règle même de l'ordre régulier, ils détenaient une sorte d'antilégitimité. Le contre-ordre légitimait, confortait l'Ordre.

Les trente glorieuses, les années soixante, ont introduit dans une jubilation exacerbée et cahotante cet étrange processus généralement appelé société de consommation. Ses impératifs sont : diversification des produits présentés, croissance exponentielle de la communication, recherche forcenée des « attentes » du public et de ce que l'on peut lui vendre, et pour final création de consommateurs. C'est bien ce que nous avons vu se mettre en place, et dans tous les secteurs. *La médecine n'a pas échappé à la vague.* À la médecine dirigée par un ordre régulier a ainsi succédé une médecine sécularisée de consommation cherchant passionnément à créer de nouveaux besoins pour pouvoir prétendre satisfaire de nouveaux consommateurs... et parfois y parvenir. Ne pas avoir une conscience claire de ce changement, c'est, on le dit sans crainte d'erreur, se couper de toute solution d'avenir pour équilibrer sur des bases redéfinies le système de protection sociale. Mais on ne fera pas du neuf avec du vieux.

Entre la médecine « régulière » de production des années cinquante et la médecine « séculière » de consommation des années quatre-vingt, la cassure est définitive.

Le temps si clair des Hommes en blanc

La médecine des années cinquante était en ordre, intellectuellement et matériellement. Dans le premier tome des *Hommes en blanc,* André Soubiran décrit très bien ce qu'était alors l'ordre médical pour qui abordait aux rivages des terres hippocratiques. Les professeurs étaient peu nombreux, connus, aimés et ne savaient pas même qu'on pouvait employer les mots contestation et mandarins ; les remèdes étaient véritablement miraculeux et pas encore vulgarisés : hormones, pénicilline, cortisone ; la manière de faire médicale apparaissait divinatoire : quelques mots d'interrogatoire, un coup d'œil, un coup d'oreille (l'auscultation), quelques passes de mains sur le ventre, la peau, le cou, quelques manœuvres vite effectuées (« toussez, ne respirez plus, gonflez le ventre, soufflez, mettez le doigt sur le nez, dites 33, empêchez-moi de soulever votre jambe... ») et le médecin concluait : « C'est une péritonite aiguë... c'est une pneumonie... c'est une cirrhose du foie... il y a un cancer de l'estomac... c'est un rhumatisme articulaire aigu. » Magnifique ! Tel Sherlock Holmes, Arsène Lupin ou Hercule Poirot, « par la seule puissance de son esprit », le médecin « trouvait », prédisait l'avenir, édictait le traitement. Des soutiers de la médecine au doyen de la faculté, tout le monde se sentait « un grand patron ».

Les consultations étaient également en ordre : dans les salles d'attente, des flots de malades patientaient sagement, lecteurs obéissants d'informations défraîchies constituant l'ordinaire des antichambres du savoir.

Les « salles communes » étaient en ordre : vingt, trente lits y étaient disposés dans une rigueur parfaite, les tables de nuit ponctuaient cet alignement admirable et, au pied des lits, les bocaux d'urines, briqués et offerts au regard, témoignaient pour les visiteurs de la grandeur de la médecine et des matériaux bien humains dont elle faisait son point de départ. L'ordre de la salle commune où s'écrivait la cohérence suprême de la médecine tranchait avec le désordre aimable et théâtral reproduit par l'imagerie du XIXe siècle : visites moutonnantes et tumultueuses du baron Dupuytren, Limousin ayant conquis Paris pour imposer à l'Hôtel-Dieu sa prééminence de premier chirurgien du royaume, et qui dispensait dans le même moment ses soins à des patients entassés, et son expérience à la horde d'élèves et d'assistants venus recueillir au lit même du malade le meilleur du savoir magistral ; consultations tragi-comiques de Charcot hypnotisant une hystérique que Brouillet peint pâmée sous ses yeux satisfaits ; transfusion — mais oui — de sang de chèvre à un malade ; vaccination paternaliste contre la rage à l'Institut Pasteur où le Maître des lieux posait ensuite pour l'immortalité entouré des enfants qu'il savait lui devoir la vie.

Lorsqu'en 1904 M. Mesureur, directeur d'alors de l'Assistance publique à Paris, mit le feu aux anciens bâtiments de l'hôpital Claude-Bernard, c'était une époque entière qui en fait disparaissait : le désordonné XIXᵉ siècle.

Quarante-cinq années plus tard, l'Assistance publique célébrait son centenaire. En feuilletant les pages de l'album édité pour l'événement, on ne voit plus que du brillant, des lignes bien tirées, des angles droits ; partout du propre, du net, du blanc.

1949 ? La médecine guérissait blanc, droit, net.

En ville aussi la médecine montrait le même ordre. Des esprits médicaux formés à la même doctrine vendaient un produit finalement très « hospitalier ». La médecine était bel et bien « Une » et son développement linéaire ; elle avait une armature : l'investigation anatomo-clinique ; une foi, celle mise en la science ; une espérance, la découverte imminente de l'égal des antibiotiques pour traiter cette fois le vieillissement, la folie, la douleur physique, le cancer.

Les maîtres de la médecine symbolisaient par leur activité même l'unité de l'institution. Si les « grands patrons » étaient au zénith de leur pouvoir le matin dans leurs services hospitaliers, ils ne faisaient guère autrement l'après-midi, qu'ils soient chez eux en consultation ou dans leurs cliniques privées.

À l'hôpital où l'on concentrait les pauvres plus que les cas rares et graves, hors certains exploits chirurgicaux, on agissait finalement peu différemment d' « en ville ». Quelques analyses de sang assez complexes, quelques radiographies : voilà qui résumait alors la spécificité hospitalière. Lorsqu'un externe des hôpitaux avait rédigé l' « observation » du malade, document où il consignait l'histoire de la maladie et les résultats de l'examen dit clinique, conduit au lit du malade avec l'aide des yeux, des mains, des oreilles, il avait achevé sa besogne. Aussi, un externe « moyen » avait la charge de quinze à vingt malades sans que l'on imaginât un seul moment pouvoir ainsi l'épuiser. La hiérarchie intervenait ensuite pour retoucher, corriger, rendre plus fines certaines mises en évidence de signes. En ville on procédait de même.

Le trajet médical était donc court, de la tête du médecin à l'armoire du pharmacien.

La médecine paraissait plus simple aussi parce que la part était nettement faite entre les médicaments du miracle — antibiotiques, vitamines, hormones, sulfamides, bientôt cortisone — et les médicaments plus banals.

Lorsqu'elle se sentait impuissante, la médecine ne faisait pas encore semblant de ne l'être pas. Un malade déclaré perdu vivait ses derniers jours, ses ultimes semaines, affronté à la maladie sans les encombrements du « il faut *tout* tenter ».

Ce qui diversifiait la médecine, c'étaient les titres acquis par les médecins, base d'une hiérarchie simple et connue de tous. Mais chaque malade savait fort bien que, quelle que fût la porte à laquelle il frappait, c'était bien à la même maison qu'il s'adressait. Une grande maison fondée sur la science, les chercheurs, les laboratoires d'où sortaient désormais régulièrement les drogues salvatrices.

La souris qui rugissait

De cette médecine éclatante de l'après-guerre la figure de proue fut incontestablement Alexander Fleming, petite souris timide, qui ne comprit jamais exactement ce qui lui arrivait mais qui, étant quasi muet, n'exprima jamais sa surprise.

On raconte qu'un jour de grande tempête une jeune fille se pencha trop au-dessus du bastingage et tomba à la mer. La malheureuse allait couler lorsque, par-dessus bord, voltigea un autre corps. L'homme — c'en était un — amerrit près de la jeune fille et la garda dans ses bras le temps que l'on mît une chaloupe à l'eau. Le héros — il l'était devenu — et la miraculée furent remontés à bord. Lui était un très vieil homme. Admiration. Le soir on organisa une fête exceptionnelle en son honneur. « Racontez ! racontez ! » le pressait-on. Il ferma les yeux, se concentra, puis regarda l'assistance en déclarant : « Je n'ai qu'une chose à dire ou plutôt qu'une demande à formuler : qui m'a poussé ? »

Fleming n'a jamais eu à demander qui l'avait poussé, propulsé vers l'océan de la gloire : il le savait très bien mais, comme les pousseurs gardaient le silence, il se laissa consacrer héros. Modeste, il laissait entendre : « Je n'ai pas mérité cela », c'était vrai mais on ne le crut pas. On ne voulut pas le croire. Il était tellement satisfaisant d'imaginer que tout désormais en médecine allait se passer « à la Fleming » : un chercheur discret mais rigoureux, parfait serviteur de la science et de ses exigences, dépourvu de grands moyens, découvrait un produit miracle, finalement facile à fabriquer, à distribuer, à administrer. Et l'on rattrapait ainsi aux bords de l'Achéron des voyageurs un peu trop pressés. Les Orphée retrouvaient leur Eurydice et pouvaient même se retourner tout à loisir pour sourire à leur bonheur avant la fin du chemin de retour. On rêvait au futur radieux que l'on pensait futur logique.

On imaginait en effet combien la médecine allait devenir simple puisqu'il y aurait bientôt une pilule à recoller les os, une autre à faire fondre les cancers, une encore à désobstruer les vaisseaux encrassés par le tartre de l'âge. Si ces découvertes avaient été effectuées, la médecine peut-être serait demeurée en ordre.

Un ordre auquel il était alors sacrilège de toucher. Que raconte Graham Greene dans *Le Troisième Homme ?* L'histoire d'un jeune Américain venu pour retrouver la trace d'un ami en danger, qui le retrouve mais le fait exécuter dans les égouts de Vienne. Pourquoi ? Parce que, de préférence à mille trafics divers, il avait choisi de frelater la pénicilline. Le plus grand des crimes, l'archétype de l'abomination, c'était celui-là : tuer en spéculant sur de la pénicilline frelatée. Avec un tel sujet on ne ferait pas même aujourd'hui un épisode de Dallas. Déifié, Fleming le fut par tous les médecins, par le monde entier : il n'est pas jusqu'aux toreros à lui avoir érigé une statue en témoignage de leur reconnaissance. Ils ne l'ont pas fait pour Landsteiner, qui rendit lui la transfusion possible en découvrant les groupes sanguins et sauva lui aussi pas mal d'encornés.

Fleming fut ainsi un symbole usurpé mais fascinant de la révolution ; mais la révolution avait bien eu lieu. Il n'y eut plus de réunion de famille, après la Deuxième Guerre mondiale, où l'on ne se livrât à ce petit jeu charmant : qui parmi les participants aurait dû être au cimetière si les antibiotiques n'avaient pas été découverts ? Enfoncés un moment par les chirurgiens (pour qui les anesthésistes avaient tiré les marrons du feu), les médecins auréolés de la couronne antibiotique faisaient un retour en fanfare.

Le pouvoir absolu ne règne pourtant jamais sans opposition cachée. À la médecine de la méthode anatomo-clinique, des prouesses anesthésiques et chirurgicales, des miracles hormonaux et antibiotiques s'opposait dans la coulisse la médecine dite des « guérisseurs ».

« La nature, écrivait Pascal, nous a si bien mis au milieu que si nous changeons un côté de la balance, nous changeons aussi l'autre... cela me fait croire qu'il y a des ressorts dans notre tête qui sont tellement disposés que ce qui touche l'un touche aussi le contraire. » Il arrive donc qu'abordant un même sujet des hommes se retrouvent du côté d'un ressort alors que d'autres appuient sur le contraire. Sollicités par les mêmes faits, ils ont incliné de manière différente.

Ainsi, alors même que triomphait sous les lumières « la » médecine institutionnelle, les guérisseurs continuaient de prospérer, dans l'ombre — pour des raisons simples.

On connaît le mot prêté à Oscar Wilde : « Depuis les impressionnistes, il y a beaucoup plus de brouillard sur la Tamise. » On ne peut mieux dire qu'un succès achevé, un triomphe reconnu, fait déborder l'émotion et prêter aux riches. L'imagination « maîtresse d'erreur et de fausseté » — toujours Pascal — pousse ainsi à étendre exagérément les mérites de ce qui a magnifiquement bien fonctionné mais dans un champ limité. On exagérait donc les succès de la médecine à la Fleming. La locomotive pénicilline traînait encore de très vieux wagons que les bien-portants optimistes considéraient comme autant de merveilles roulantes en préparation. Les malades, hélas, mesuraient, eux, leur vétusté criante. Embarqués dans la voiture de l'insuffisance rénale grave, de l'urémie comme on disait alors, ou dans celui du cancer, ils se savaient dans le train de la mort. La médecine triomphante en d'autres espaces ne pouvait ici rien ou presque pour eux.

Les magiciens restent à l'ombre

Alors, d'autres soignants, plus ou moins à couvert, proposaient leurs services. On ne parlait pas encore de médecine douce, mais beaucoup de « médecine libre ». Ce label que Maurice Mességué brandissait le plus haut définissait bien les limites du jeu. Il y avait un pouvoir — la médecine officielle —, elle avait une opposition — la médecine se proclamant libre. Après la libération de 1944, de telles appellations résonnaient fort dans les cervelles. D'ailleurs, pour compléter leur image des résistants, les tenants de la médecine libre se cachaient. Mais la guerre de l'ombre continuait. Une guerre de harcèlement.

Un numéro de *La Gazette médicale de France*, paru après quinze années de combat et intitulé « Médecins et guérisseurs », constitue un document remarquable pour qui veut comprendre l'enjeu d'alors. L'éditorial le dit clairement : « Ce numéro est dédié aux auteurs et défenseurs des règlements qui sont bafoués. La diversité de la rédaction montre assez qu'il ne s'agit pas de défense de privilèges, de défense de monopoles, mais de protection des égarés, de défense des malades et aussi... *de la loi.* » Les trois derniers mots détachés et mis en caractères gras définissaient l'objectif : il fallait punir et mettre hors d'état de nuire les « différents »[1].

Qui étaient donc ces « guérisseurs » ? Des personnages très divers. Figures de proue ? Voici une carte : « Maurice Mességué, radiesthésiste médical, vous recevra à Chatou le jeudi 3 mai à 11 h 30. Il vous informe que le prix de sa première consultation y compris 80 jours de traitement s'élève à 80 N.F... » Suivent l'adresse, le numéro de téléphone et la fréquence des trains pour Chatou à partir de la gare Saint-Lazare : un toutes les quinze minutes.

Yves Bert, rédacteur de *La Gazette*, qui a demandé un rendez-vous et l'a ainsi obtenue, tient avec cette carte une première preuve d'exercice illégal de la médecine. Fort de cela il attaque : les chiffres de guérisons ou améliorations clamés par Mességué, dit-il, sont inadmissibles : Mességué prétend guérir

1. Les différents, ainsi désignera-t-on, dans le cours de ce livre, tous ceux, médecins ou non-médecins, qui pratiquent *hors* des recommandations de l'institution.

50 % des cas d'urée, 85 % des dérèglements du sympathique, 30 % des œdèmes, 98 % des eczémas, 35 % des diabètes, c'est bien entendu impossible. Plus : Mességué fabule. Des malades illustres prétendument pris en charge par lui ne l'ont jamais rencontré : le roi George VI, le directeur des distilleries Ricard, Jules Romains. Conclusion : « Toutes ces constatations démontrent sans discussion possible que l'association médecins-guérisseurs ne peut être qu'une duperie pour les médecins et une situation néfaste pour la santé publique. »

Association ? pourquoi imaginer cela ? C'est simple. Maurice Mességué, habile homme sentant tout le poids et la force de l'institution, a fait ni plus ni moins que Vidocq en d'autres lieux et temps : il a proposé d'éliminer les charlatans et de passer un pacte avec les médecins. De la rouerie, dit Yves Bert.

On peut très sérieusement se demander, avec le recul du temps, si Maurice Mességué n'était pas, en cet instant, le plus clairvoyant : l'annonciateur de la diversification médicale succédant à l'opposition médecins-non-médecins.

Mais, entre 1945 et 1960, il était trop tôt. Les médecins faisaient bloc, réunis par la vague qui les portait comme par l'esprit de la Faculté et de l'hôpital. Aussi, en dehors des rarissimes égarés, se déclaraient-ils ennemis des guérisseurs, magnétiseurs, imposeurs de mains. C'est avec le soutien du corps médical presque entier que *La Gazette* daube : « C. Delugre, 19 rue Boursault, Paris 17e, lequel, proclamait-il, soigne toutes les maladies... soigne à distance. » Ou Viva d'Harlys, accorte blonde à rouleaux permanentés, qui proposait un « rajeunissement externe et interne par l'imposition des mains » (4, rue de Navarre dans le 5e) ; l' « esthéticienne magnétique » y proposait aussi le renouvellement des cellules par « fluide magnétique ». Première séance : 1 000 F ; séances suivantes : 500 F + compresses 200 F ; guide de soutien ensuite : 600 F.

Mme Viva proposait ses services pour la tuberculose, le cancer et la grossesse mais avouait son impuissance sur « les foies brûlés par la trop grande absorption d'antibiotiques, le malade dans ce cas perdant son appétit... ».

Il y avait aussi le « Pasteur de l'Oise ». Pasteur religieux des brebis égarées ? ou Louis Pasteur se battant contre l'institution ? Le pasteur de l'Oise jouait sur l'ambiguïté. Les publicitaires, aujourd'hui rompus à ces techniques du détournement de sens, apprécieront à sa valeur. Voici ce que rapportait *La*

Gazette : « Chaque jour la foule est rassemblée dans une salle de cinéma. Devant les fleurs en papier et la croix en Celluloïd, le " pasteur " lance ses appels à l'indulgence divine et accomplit des " miracles " dans une atmosphère délirante. Après les discours les fidèles ont droit à la communion : tranches de pain arrosées de Byrrh ou de Cinzano. La séance de guérisons se déroule au son de " Y a d'la joie " joué sur un piano désaccordé. Le " pasteur " étreint les malades dans ses bras et Dieu fait le reste... »

Le pendule, en ces temps-là, triomphait aussi, sautant, parce que inutile, l'étape du diagnostic : le pendule tournait d'abord au-dessus du malade ou de sa photo, puis au-dessus du médicament adéquat qu'il savait reconnaître. Comme le bon. Évidemment.

Incantations, procédés hermétiques traditionnels, secrets thérapeutiques des Atlantes, venaient aussi enrichir l'arsenal.

Relisant tout cela, on cherche autre chose : où étaient en effet alors l'homéopathie, l'acupuncture et les manipulations vertébrales ? On peut répondre : dans la gêne pour la première, l'imprécision pour la seconde, la prime enfance, semble-t-il, pour la troisième. Les médecines naturelles ? Absentes, sous ce label, à l'appel ! Les médecines énergétiques ? Elles manquaient, semble-t-il, de souffle !

On trouve aussi un chiffre inattendu. Combien étaient les guérisseurs, sachant que les médecins étaient autour de quarante mille ? Eh bien ces marginaux regroupaient, disait-on, vingt-cinq à trente mille personnes. Oui, presque autant que de médecins. La lutte alors n'aurait-elle pas dû apparaître plus égale ?

En tout cas, elle ne l'était pas. Ceux que l'on entend et qui font l'opinion sont toujours du côté du mouvement. Et le mouvement incontestablement était du côté de la science. La médecine à base scientifique accaparait seule toute l'attention publique. On ne présentait généralement les « guérisseurs » dans la grande presse que pour relater leurs démêlés avec la justice. Encore n'en parlait-on pas trop, car le défilé des satisfaits tournait à l'opération publicitaire.

L'establishment recouvrait d'un voile pudique ces activités souterraines. Comme pour la variole, la tuberculose ou la syphilis, la seule proposition officiellement retenue consistait à envisager les meilleurs moyens d'*éradiquer* les guérisseurs.

Pourtant, dès 1960, les médecins se tourmentaient : pas plus que la syphilis, les guérisseurs ne disparaissaient. Ce qui perce, ce qui surnage au fond du numéro de *La Gazette médicale*, c'est une angoisse assez sourde : nous sommes les meilleurs, nous défendons la loi et l'on ne nous protège pas assez. Nous *exigeons* que les magistrats et les politiques tranchent. Lorsque l'on « exige », souvent c'est que l'on est en fait persuadé de perdre.

On aurait fait rire alors si l'on avait annoncé que, vingt-cinq années plus tard, tout basculerait ; que le corps médical, superbe et scientifique, verrait petit à petit sa base fraterniser et s'enfoncer dans ce monde alors tenu pour hérétique : celui des guérisseurs.

Janvier 1986, une enquête d'opinion parcellaire, donc discutable mais dont personne n'a contesté les résultats tant ils s'accordent à ce qui se voit et s'entend, fait valoir que si 8 % des médecins généralistes considèrent l'une ou l'autre des médecines différentes comme des médecines à part entière pouvant pour chacune faire l'objet d'une pratique exclusive, 75 % considèrent les médecines différentes comme un plus apporté à leur métier. Bref, quant à la médecine anatomo-clinique et scientifique et à ce qu'on lui doit comme fidélité, ils n'abjurent qu'à 8 %, mais les trois quarts donnent sans repentir quelques coups de ciseaux dans le contrat de mariage.

Des douceurs éclatantes

La hiérarchie hospitalo-universitaire et les académies tiennent encore bon, mais elles participent au débat. *La Gazette médicale* se flattait, pour ne pas être taxée d'étroitesse d'esprit, d'ouvrir ses colonnes à quantité d'auteurs non-médecins. Aujourd'hui, *Médecines nouvelles*, pour éviter la même accusation, ouvre ses pages... aux médecins. Le cours des choses s'est inversé. Les médecines non institutionnelles ne se contentent pas de proliférer : elles brillent au grand soleil, elles ont leur « salon » et les chalands s'y bousculent. La presse douce explose. Il faudrait être riche comme Crésus si l'on voulait acheter tout ce qui se publie sur le sujet.

Les grands noms désormais se préoccupent du problème.

Document de qualité : le numéro de *Science et Vie* de mars 1985 sur les médecines parallèles. Entrent en scène le Pr Pelicier, un psychiatre éminent, le Pr Sournia, homme de talent et de pouvoir longtemps responsable de la Sécurité sociale, le Pr Lechat, membre lui aussi de l'Académie de médecine. Puis vient une série de médecins reconnus pour leur sérieux. Faut-il aller plus loin pour démontrer que tout a changé ? Oui. Oui ? Il est facile de le faire.

Hôpital Tenon, Paris, 12 et 13 avril 1986 : première rencontre des médecines alternatives. Organisateur : le Dr Rafal, consultation d'acupuncture et homéopathie, département d'anesthésiologie. À l'hôpital, au cœur de l'Assistance publique, dans le saint des saints, on discute, avec une volonté de sérieux, l'acupuncture et les raisons biologiques de ses succès sur la douleur, les migraines; les problèmes de gynécologie obstétrique ; la magnétothérapie ; le pouvoir des aimants et des champs magnétiques ; le soft-laser médical : l'énergie douce face à la douleur ; la mésothérapie et son action sur certains genoux abîmés, sur des tendons d'Achille un peu effilochés ; l'action de l'homéopathie sur les sinusites de l'enfant ; les huiles essentielles dans certaines infections, et l'intérêt de la préparation psychologique dans la pratique sportive.

L'université elle-même se penche sur le problème. Figure de proue : le Pr Cornillot, doyen de l'U.E.R. de Bobigny et qui s'est lancé le premier dans l'enseignement des médecines non institutionnelles. Succès foudroyant. Cornillot a raison une deuxième fois. Comme il avait prévu la crise d'identité de la médecine générale, il a senti très tôt la nécessité d'aller voir du côté des pratiques différentes. Mais Cornillot n'a pas vraiment les finances de ses ambitions. Alors, au lieu d'être autant de détonateurs, ses créations tournent plutôt au club de fidèles. Et certains fidèles font frémir comme le « méchant petit gars » dont on chantait : on a peur de lui quand on le rencontre la nuit.

Mais Cornillot n'est pas seul, n'est plus seul. Lorsqu'un ministre ou un président réunit, en privé ou officiellement, pour que l'on parle « différences », les universitaires ne se font pas prier, même si cette quasi-unanimité recouvre des arrière-pensées brûlant d'un feu différent : volonté de bloquer, espoir de grappiller, désir d'en être !

Et puis, et surtout, de partout les rapports « officiels » sont commandés. 1984 : rapport Niboyet en France, lu de près jusqu'à l'Élysée. Ailleurs dans le monde la même situation prévaut.

Québec, 24, 25 et 26 octobre 1986 : colloque. Intitulé du programme : « Santé et thérapies, le temps des choix. » Il s'agit évidemment de choix individuels au sein de la panoplie des médecines. Car, pour ce qui est du choix de développer médecine institutionnelle ou médecines autres, il est déjà fait. Insistons une fois de plus : nous ne sommes plus dans une période d'ordre où le choix final est à opérer entre deux programmes antagonistes. Nous sommes en plein bouillonnement de consommation. Du choix ? oui. Mais désormais autorisé à l'étalage : « Choisissez, mesdames et messieurs, il y en a pour tout le monde. »

Au Québec donc, en 1986. On trouve des choisissants raisonnables et qui s'interrogent : « Les professions de santé, faut-il déréglementer ? » ou Isabelle Brabant : « Jusqu'où protéger le public sans le desservir ? Jusqu'où protéger une pratique sans l'étouffer ? »

D'autres, plus péremptoires, affirment. Par exemple Marie-Andrée l'Herault : « La maladie est un spécifique au plan physique, elle est un fait de la nature et se veut un processus de nettoyage. » La baignoire qui déborde se veut-elle un processus de nettoyage ?

Marie-Paule Charbonneau proclame : « L'orthothérapie, de la tendresse pour les muscles endoloris. »

Tant qu'on y est, Yvon Saint Arnaud fait rêver : « Guérir par le plaisir. » Alléchant ! Mais, en attendant, la crise d'appendicite, tout de même, mieux vaut l'opérer !

On glisse sur une série de méthodes toutes plus ésotériques les unes que les autres : l'approche Kousmine, la psychénergie, la méthode Mézière, la fasciathérapie-pulsologie. On tombe en arrêt, tout de même épouvanté, devant « les vaccinations : erreur historique ». Faudra-t-il attendre la prochaine épidémie de variole pour se refaire une raison, et brûler ceux qui de par le monde cherchent un vaccin contre le S.I.D.A. ?

Ce qui se met en place n'est donc pas une fantaisie passagère mais une diversification qui est dans la logique même de nos sociétés industrialisées.

Oui, les temps sont changés. Près de chez moi, une triple plaque témoigne bien de l'évolution irréversible des choses. Sur la première on lit : « Dr X, Médecine générale. » Une deuxième la complète : « Homéopathie, acupuncture. » Une troisième généralise : « Médecines douces. »

Cela posé, si la vague de fond a eu pour raison première l'impératif de diversification de l'offre qui caractérise les sociétés de consommation, d'autres facteurs se sont évidemment surajoutés.

Un goût un peu amer

Et d'abord la médecine à la Fleming a déçu. Pourquoi ?

Premièrement : la médecine a déçu non pas tant par ses échecs que par des victoires trop précipitamment annoncées, et non confirmées par la suite. Si l'on parcourt attentivement l'histoire des progrès médicaux enregistrés ces trente dernières années, on note une accumulation régulière d'exploits souvent considérables. Les techniques d'exploration, comme l'on dit, ont accompli des progrès fabuleux : scanner, R.M.N. mais aussi échographies, effet Doppler... quel chemin !

Les médicaments ont remporté des succès moins généraux. Citons tout de même les β bloquants, l'hormone de croissance, les anti-ulcéreux nouveaux, sans parler de la pilule !

Quant aux techniques chirurgicales, beaucoup d'avancées aussi : la suture des petits vaisseaux a permis des exploits sur les mains, le cœur, le cerveau ; la chirurgie de l'œil a connu des développements supérieurs.

Pourquoi, alors, la morosité ? Parce que le public attendait autre chose. Quoi donc ? Ce qu'on lui faisait briller comme le plus grand succès depuis la pénicilline et qui n'était que du vent. Précisément : la victoire sur le cancer, la douleur, la folie, le vieillissement (des vaisseaux, des articulations, de la peau), sur les virus. Ah, les virus : quel pied de nez ils font ! Les médecins demeurent incapables de détruire les responsables du rhume de cerveau, ceux de l'herpès, des oreillons ou du S.I.D.A....

Oui, il serait bien cruel de ressortir, d'exhumer les prophéties triomphalistes : ce qu'un Chris Barnard, par exemple, a pu faire naître d'espoirs déçus est inimaginable. Mais il n'est que la figure de proue d'un vaisseau plein de flagorneurs inconsidérés ayant préparé ce véritable désastre : faire que l'on ne voie plus les succès amoncelés.

Deuxièmement : la médecine scientifique a déçu parce que,

trop précipitamment, elle s'est fait fort de tout expliquer scientifiquement.

Il y a là une leçon : ne pas confondre découverte ravissant les biologistes et découverte guérissant les malades. Que les chercheurs en laboratoire se contentent d'énoncer leurs exploits sans affirmer que, puisqu'ils ont amélioré la lame de rasoir, demain on rasera gratis ! Il y a entre une découverte biologique importante sur le cancer et la guérison d'un cancer le chemin qu'il y a d'une rive à l'autre des chutes du Niagara. Il paraît court.

Toujours, de tout temps, les médecins ont tout expliqué. « Et voici comment votre fille est muette ! » conclut au terme d'une éblouissante démonstration le « Médecin malgré lui » de Molière. Hélas : la fille n'est pas muette et l'explication n'est qu'un salmigondis de mots ronflants estropiés et employés à contresens.

Combien de médecins à réputation solide ont, surtout dans le secteur hospitalier, versé ces dernières années dans ce travers ! L'immunologie a été l'occasion de délires collectifs qui feront se moquer nos successeurs. Je me souviens d'une publication sobrement intitulée « À propos d'un cas de cryoglobuline à petite chaîne », c'est à peu près comme si l'on disait, à propos d'un melon, « à Côte d'Azur » ! Toutes les maladies veulent désormais s'énoncer en termes scientifiques. C'est à mourir. De honte. Hélas ! L'on mélange l'A.D.N., le H.D.L., le L.D.C., la R.M.N., la N.F.S., les A.N.F., le spin, les anions, les cations, les fibres optiques, le scanner, les récepteurs adrénergiques.

Dans la lignée du miracle antibiotique, c'est vrai, le jacassin pseudo-scientifique a ébloui un temps. Puis la bulle de savon a éclaté. Le public a découvert alors que l'échelle biologique supposée conduire d'un mouvement uniforme au septième ciel médical manquait par places singulièrement de barreaux.

Or, imperturbables, les papes de la biologie — antipapes de la communication — laissaient entendre que la victoire était là. Que croyez-vous qu'il arriva ? Que les biologistes de talent ont pris le porte-voix pour intimer aux bio-Trissotins l'ordre de rentrer dans le rang ? Rien de cela ! Ils se sont drapés dans leur dignité et ont laissé faire. Il y a en effet quelques dangers à affronter la mode. Et tout le monde ne peut pas être Pasteur ou Victor Hugo qui en étaient, eux, à une imbécillité près.

Alors, puisqu'on tolérait le délire des mots, puisqu'on portait aux nues le jargon pseudo-scientifique, puisque les promesses n'étaient pas tenues, la communication ne s'établissant plus aussi bien, le public se prit à regarder ailleurs. Le cadre réchauffé des guérisseurs ne lui convenait plus. La société de consommation réclamait des emballages et des slogans neufs. On voulait du neuf? On allait en avoir. Ainsi revint la médecine magique.

Le renouveau de la médecine magique

Le phénomène remonte à une dizaine d'années au moins. On peut y voir aussi une retombée du mouvement de retour à la nature : les hippies, les chemins de Katmandou, les combats des écologistes contre la pollution, l'horreur propagée par eux du chimique ont fait au public demander du différent.

Très vite on sentit qu'il allait se passer « quelque chose » et que, du terreau vieilli des guérisseurs, des sorciers, des rebouteux ou autres faiseurs de passes, allaient éclore d'autres bourgeons décidément plus forts, plus gais, neufs et colorés.

Dans les années soixante-dix, un auteur estimable et pas du tout médium avait parmi les premiers, dans *Paris-Match*, tiré la sonnette. Rédigeant une « carte blanche » et choisissant pour titre : « Le renouveau de la médecine magique », il se résolut à jouer les Cassandre et dénonça le futur. On croit toujours insulter quelqu'un en lui reprochant de jouer les Cassandre : c'est bien de l'erreur. Cassandre prédisait aux Troyens un malheur ; le malheur survint. Une nuit fort cruelle devint pour tout un peuple une nuit éternelle et Cassandre partit méditer dans le lit de son vainqueur l'inconvénient qu'il y a d'avoir raison trop tôt.

Voici ce qu'on put lire, en 1977, dans *Paris-Match :* d'abord étaient annoncés le coup de vent en cours et la nécessité de s'y préparer : « ... les médecines parallèles connaissent aujourd'hui une telle vogue, des guérisseurs philippins aux aromathérapeutes en passant par les acupuncteurs, qu'il paraît du devoir de tous d'apporter, sinon la solution, du moins des éléments de réflexion. »

Plus loin, après avoir envisagé les arguments des uns (à la science et en avant) puis des autres (nous sommes les martyrs de la Faculté) l'auteur analysait l'attente du public :

« Il ne dit rien ; les grandes majorités sont silencieuses ; mais il agit et se prononce en fait clairement : il critique la médecine scientifique et se livre de plus en plus fréquemment aux médecines parallèles... on a trop vu, trop bien connu la médecine des grands patrons. On-veut du neuf, du pimpant, de l'original, du mystérieux. »

Enfin l'habile homme pointait du doigt l'aiguillage sensible où le train du bon sens menaçait de dérailler : « Les médecines parallèles singent la médecine dans ce qu'elle a de pire : elles abritent un langage pseudo-scientifique souvent plus ridicule que les propos de Diafoirus... elles se parent de succès rarissimes, miraculeux et inexpliqués qu'elles revendiquent comme autant de preuves de leur efficacité, oubliant un peu vite que les coïncidences existent et qu'une pendule arrêtée donne deux fois par jour l'heure exacte. »

Avec le recul, ces lignes paraissent d'une grande pertinence. Peut-être l'auteur de ce livre n'est-il pas cependant le juge le plus impartial !

Peu importe : brutal, inattendu, le fait était là. Le magique à nouveau assiégeait la médecine.

« Magie. » « Magique », qu'est-ce à dire ? Le *Littré* le plus simple commente : « Magique : qui enchante, qui étonne. Exemple : *lanterne magique.* » Oui, les diverses formes de médecine vers lesquelles se précipite désormais le public, que consacrent comme un « plus » les médecins généralistes, sont bien celles dont on attend qu'elles étonnent et enchantent.

Notons d'emblée que la définition du *Littré* n'enlève rien à ce qui pourrait être les bases scientifiques de ces médecines magiques. La lanterne magique n'est pas illusion. Projeter de belles images aux petits enfants nécessite de mettre en œuvre quantité de phénomènes naturels analysables scientifiquement : la transmission de la lumière en particulier. Ce ne sont pourtant pas les lois de l'optique qui poussent à se servir de la lanterne : c'est le désir d'être enchanté, étonné.

Pareillement, en médecine on veut désormais être étonné et enchanté. Et qui le veut ? Du haut en bas de la pyramide sociale, tout le monde !

On a pu entendre une égérie de la douceur raconter par le détail son déjeuner en petit comité avec un président de la République, et comment on avait partagé le fromage blanc et le pain et échangé les desserts. Une preuve de plus de ce qu'un intellectuel au moins semble avoir été « enchanté » de pratiques diététiques ritualisées, même si au fond de lui il n'en pensait pas moins !

L'auteur a rencontré plusieurs fois un(e) ministre d'une grande intelligence, rapide à comprendre et assez habile pour ne jamais hésiter à dire exactement une partie de ce qu'elle pense : aucun doute, si elle souhaite avec ardeur que les bases scientifiques de l'homéopathie comme de l'acupuncture soient approfondies, elle veut continuer d'être « étonnée », « enchantée » par ces disciplines. Elle en aime — oui — le côté magique. Et elle n'est pas la seule à avoir de la sorte balancé du côté de l'incertitude, d'une certaine forme d'irrationnalité qui rassure.

Les temps sont donc changés. Bien changés. Est-ce une surprise que les temps changent ? C'en serait plutôt une qu'ils suspendent leur vol. Mais le temps qui change ne ramène-t-il pas perpétuellement les mêmes problèmes sous des déguisements divers ?

Quand c'est fini ça recommence !

Lorsqu'on s'écrie « quelle époque ! », c'est en oubliant souvent un peu vite que la précédente, sous des formes à peine déguisées, a fait du pareil au même.

On peut consulter un bel ouvrage en cinq tomes : *Le mal qu'on a dit des médecins.* Il ne s'agit évidemment que de citations. L'œuvre complète aurait rempli les catacombes. *Le Mercure,* février 1772 : « Platon regardait la médecine comme aussi préjudiciable aux particuliers qu'à la société. » C'est rude ! Mais pas autant que ce conseil de défiance antique : « Après la mort, le médecin ! » Opinion partagée en 1907 par Charles Soller et Louis Gastine, auteurs d'un best-seller : *Défends ta peau contre ton médecin,* où l'on peut lire : « Les médecins ont envahi la France et les autres pays civilisés (sic). » Suit un long exposé des désastres dus à ces prédateurs.

Le Dr Besançon, dans *Les Jours de l'homme* (5e éd. 1942), n'y va pas non plus de main-morte pour mettre le hola aux prétentions de ses confrères. Boire, fumer, faire l'amour : voilà ce qui selon lui fabrique des centenaires. Pour le reste, le docteur est sarcastique : « Frugalité ? Rengaine. Sobriété ? Prêchi-prêcha. Vie réglée ? Balançoire. Calme des champs ? Turlutaine. Bruit de la ville ? Plaisanterie. Liberté du ventre ? Roman pour concierge. Exercice ? Moins de pour que de contre. Continence ? C'est tout au rebours. Tabac, café, thé ? Haussons les épaules. » Conclusion : « Faut de la vertu, pas trop n'en faut. » Et la formule « l'homme ne meurt pas, il se tue » est une baliverne ! Évidemment on est assez loin des cisterciens, jansénistes et autres hygiénistes militants.

Un des grands prêtres récents de l'anti-médecine est Ivan Illich. « L'entreprise médicale menace la santé... L'invasion médicale ne connaît pas de bornes... La gestion industrielle des besoins castre la fantaisie[1]... » Quelle reprise résumée de Soller, Gastine et Besançon ! Même si, depuis, Illich a revu son propos.

Ainsi : oui, les temps sont changés, mais dans le fond il n'y a rien de changé sinon la mise en scène, les décors et les costumes. L'argument de la pièce reste le même : la comédie humaine. Mais cette comédie-là qui déroulait ses jours ordinaires sous l'autorité d'un ordre « régulier » s'est désormais sécularisée. La médecine est dans le peuple et beaucoup appliquent désormais aux médecins institutionnels la phrase tellement connue de Voltaire : « Les prêtres ne sont pas ce qu'un vain peuple pense. Notre crédulité fait toute leur science. » Ont-ils raison ?

1. *Némésis médicale*, Le Seuil, 1975.

II

Les contes de la guérison après la maladie

Voilà donc la médecine sécularisée, diversifiée, déclinée. Il y en a pour tout le monde, pour tous les goûts, pour toutes les bourses. Mais pour quels résultats ?

« Moi, j'ai des résultats incontestables », entend-on affirmer par les partisans des techniques les plus frivoles ou les plus évidemment attrape-nigauds. Il faut bien les en croire : l'indice de fréquentation de leur cabinet est là pour les conforter, comme souvent le poids de leurs bourses. Mais ont-ils vraiment ces résultats ?

Un voyage à l'intérieur de mes souvenirs me laisse une curieuse impression ; s'accumulent en effet au sein des « guéris » que j'ai vus retourner *ad integrum :* des miraculés de la science, des rescapés jurant leurs grands dieux que la science impuissante s'est, pour ce qui les concerne, inclinée devant de plus mystérieuses pratiques ; d'autres encore qui, par-delà leurs discours et les analyses, semblent confirmer que les maladies spontanément curables sont tout de même d'un bien grand secours aux soignants, qu'ils se rangent sous l'étendard de la science et de l'institution ou qu'ils choisissent au contraire les méthodes et cotillons des pratiques différentes ; d'autres enfin qui laissent à penser que pour guérir « tout seul » il faut mettre en marche de mystérieux circuits à l'intérieur du corps dont on sent bien qu'ils existent, dont peut-être on pourrait jouer ou se servir, mais qui pour l'instant demeurent en deçà de toute action explicitement programmée, comme il en était des miasmes « immatériels » que le génie de Pasteur transforma un beau matin en micro-organismes visibles, cultivables, destructibles.

Sans doute un jour saurons-nous mettre une explication derrière le mot « placebo » ou l'expression « guérison spontanée ». Alors, nous trouverons des merveilles. Car pourquoi guérit-on d'un rhume ou d'une grippe ? Et pourquoi une grande joie abat-elle parfois une grande fatigue ou une forte migraine ? Assez pensé. Plongeons — délices horribles — dans les ténèbres illuminées du miracle.

Abracadabra la verrue s'en va

Les verrues dites « planes » ou vulgaires sont dues à des virus, c'est une certitude absolue. Il n'y a pas de médicaments capables de s'opposer directement au virus des verrues. Pourtant on guérit les verrues et par des procédés très peu scientifiques. Un très grand patron disparu, de l'hôpital Claude-Bernard, avait le don : il faisait disparaître les verrues. Et il pestait comme un charretier chaque fois qu'un de ses collègues lui adressait un cas désespéré. Mais très souvent cela marchait. Les verrues — enfin le propriétaire, ou les deux — devaient avoir peur de la colère rentrée.

J'ai fait un jour disparaître d'un seul coup une bonne centaine de verrues planes sur le visage du fils d'un de mes amis. Je maniais sans aucun succès depuis plusieurs semaines l'azote liquide : peine perdue, les verrues me narguaient et le jeune patient me considérait — à juste titre — comme un grand incapable. Un jour, maladroit, je suis au bord de renverser le récipient plein d'azote. Un quart de seconde — c'est long dans ces cas-là — une peur atroce m'envahit : c'est dangereux, une bouteille d'azote qui tombe. Mon malade comprend qu'il est temps d'en finir avec un médecin tellement incertain. Huit jours plus tard, son visage est cramoisi : chaque verrue est très enflammée. Catastrophe ? Je le crois. Quelques jours encore et le père m'assure au téléphone qu'il n'est plus utile que je voie son fils. Je dis comprendre très bien, et m'excuse humblement. Mieux vaut en voir un autre. En fait la vérité est différente : l'inflammation annonçait la guérison. Tout a disparu et l'azote, bien sûr, n'y est pour rien. La peur, sans doute, si. La peur qui détruit le virus ! Des guérisons « miraculeuses » de verrues, j'en ai de quoi faire un livre[1]. Tous les médecins sont d'ailleurs comme moi. Docteur : grand sorcier ! Passons à autre chose.

Un de mes malades a eu un mélanome malin, enlevé il y a quelques jours à peine. Il faudrait faire plus que ce geste minime. Une chimiothérapie ? du B.C.G. ? de la radiothérapie ? une chirurgie plus large ? En ce temps on discutait toutes ces choses-là. Peine perdue. Il ne veut rien entendre, il a ses idées à lui. Il veut se traiter par le jeûne et quelques autres pratiques à faire frémir la Faculté. Voilà dix ans qu'il a pris sa décision. Il va très bien, merci. Continuons.

Cet homme charmant est un confrère. Il a sous un sein deux petites billes bleutées. J'évoque un diagnostic sans oser le formuler. Lui m'évite les atermoiements : « Il y a vingt-cinq ans on m'a enlevé un mélanome malin au bras. Mais depuis, rien. On avait dû se tromper... » « On » ne s'était pas trompé. Aujourd'hui ce sont bien de petites métastases. On les enlève sans rien faire d'autre. Pourquoi ces vingt-cinq années de maladie en sommeil ? Pourquoi ce tout petit réveil, puis ce réendormissement ? Pourquoi tous les cas n'évoluent-ils pas ainsi ? Si on lui avait donné alors trois grains d'ellébore, que ne jurerait-on pas sur les vertus de l'ellébore ?

J'étais interne dans un grand service où l'on soignait les leucémies aiguës. L'un des malades est à la toute dernière extrémité. Une ambulance l'emporte vite pour qu'il puisse mourir chez lui.

Un mois après je crois aux fantômes : il est là devant moi, pas très gaillard mais tout à fait vivant. Pourquoi les médicaments ont-ils agi au bord du gouffre ? Cette observation concerne des cas assez rares mais on en voit de temps à autre. Un petit garçon sorti de l'hôpital dans le même état et qui avait reçu dès son arrivée chez lui le sérum d'un charlatan fut, il y a une vingtaine d'années, l'objet d'un grand tapage. On commença de vendre sous le manteau un sérum douteux et le génial inventeur étalait sa découverte. Mais le petit garçon mourut vite et l'homme du miracle ne réédita jamais un exploit qui n'était pas le sien.

Une nuit de garde à Antoine-Chantin : Police secours amène un homme dans un état grave. Il vient d'avaler par désespoir une quantité importante de tétrachlorure de carbone. Aidé des infirmières, je l'examine. Vite, il faut du secours.

1. Et des échecs : deux livres.

J'appelle l'interne du transport d'urgence, lorsqu'une infirmière me crie : « Venez vite. » Je me précipite, le malade vomit dans ses bronches, s'étouffe, il paraît mort, ne respire plus, je n'entends plus le cœur. Je reviens au téléphone. « Plus la peine. » L'infirmière crie encore : « Vite ! » Tout est reparti. Tout seul. Dialogue au téléphone : « Presse-toi ! » « Tu es sûr que tu vas très bien ? » « Vite. » Un petit quart d'heure après, le réanimateur est là, avec son matériel. Il fait ce qu'il faut mais sans enthousiasme. « Pas très frais, ton client. » C'est un moribond que l'on emporte...

Cinq semaines après, un grand bonhomme jovial m'interpelle dans le couloir : « Alors, docteur, je vous ai fait peur il paraît ! » C'est lui. Guéri. Sans séquelles.

Un robuste paysan de la région d'Angers est soigné par un professeur de neurologie compétent et scrupuleux. Voilà des années que les douleurs traînent, rien n'y fait et rien n'y fera. Le neurologue est d'un esprit ouvert : depuis quelque temps il travaille avec un acupuncteur. Il lui montre ce malade et ses symptômes étranges. L'acupuncteur cherche dans ses livres et dit : « En médecine chinoise traditionnelle on décrit quelque chose qui ressemble à ce dont souffre ce malade. » Et l'on propose un traitement simple. Très simple : il pique une aiguille, les symptômes disparaissent. Le malade guérit. Ce n'était pourtant pas un malade imaginaire. C'est pourtant un ingrat. Il malmène son neurologue : « Quand on pense que c'était trois fois rien à faire et que vous avez attendu tout ce temps ! » Belle histoire. Si l'on pouvait refaire le coup tous les jours... il y aurait moins de malades et plus de guéris. Mais les choses rares ne sont finalement pas fréquentes.

Un avocat d'affaires parisien est moins concentré depuis quelques jours lors des visites compassées de ses cossus clients. Il se dandine sur son siège : impatience ? Plus prosaïquement : hémorroïdes. Rien n'y fait. A Toulouse il y a un guérisseur prodigieux. Air Inter n'existe pas encore. Billet S.N.C.F. Même en première classe, huit heures c'est long. Voici le magicien. Pressé, bousculé, bousculant. Pour clore l'entretien et affirmer sa conviction d'avoir guéri : un grand coup de pied aux fesses. Tout se dégonfle. Plus de douleurs. Le retour s'effectue au wagon-restaurant, le séant silencieux. Histoire vraie ? ou présentation d'avocat ?

Voici une romancière célèbre. Inquiète, méticuleuse, excellente cuisinière — c'est de famille — et couverte d'urticaire. J'applique le cocktail maison. Échec lamentable. Je persévère, l'urticaire aussi. « Et si j'essayais l'acupuncture ? » Pourquoi pas ? Trois jours après, plus rien. C'est la seule fois où j'ai vu pareil résultat. Coïncidence ?

Ne rien faire et réussir

Un grand chirurgien thoracique obtenait des résultats extraordinaires dans les angines de poitrine sévères. Il ligaturait l'artère mammaire interne après avoir entrouvert le thorax. Contents, soulagés : huit malades sur dix ! Formidable. Un grincheux dit un jour : « C'est impossible ; ligaturer la mammaire interne ne peut pas vasculariser mieux le myocarde. » On lui rit au nez : « Regardez les résultats, ils se passent de commentaires ! » Le grincheux, lui, contre-attaque. Il prend des malades identiques, entrouve lui aussi le thorax, mais — quel culot ! — fait seulement semblant de ligaturer l'artère. Les malades se réveillent : alors ? 80 % de bons résultats ! plus de crises. Voilà dans sa pureté l'effet placebo : le résultat sans les moyens. De quoi penser ; vraiment.

Encore sur le placebo ? Voici une variante. Courteline apprend à faire du vélo. Tristan Bernard en personne lui sert de magister. Les premiers mètres sont cahotants. Bernard pousse, conseille, redresse les erreurs et le vélo. Courteline s'enhardit, tient droit, et rit dans sa barbe : il ne doit plus en pouvoir, ce cher Tristan, de courir et pousser. Il doit être tout rouge et hors d'haleine. L'ingrat Courteline se retourne vainqueur pour dauber son drôle de coolie-pousseur. Il voit Tristan Bernard assis au loin dans l'herbe fraîche, lui faisant de grands signes. Horreur, il roule tout seul ? Mais *il ne sait pas* rouler seul à vélo. Ayant perdu son soutien moral, il perd ses appuis physiques. Patatras, quelle cabriole ! Croire peut donc donner l'équilibre à une bicyclette. Croire ne pourrait-il pas conférer d'autres équilibres ? « La foi qui guérit [1] », combien de grands auteurs médicaux — Osler en premier — l'ont fait valoir ? Quand un malade guérit, qui l'a guéri : la foi ?

Tout ce qui est neuf, nouveau, guérit aussi : les premières tomates, les premiers avions, les premières voitures. Sujet de

1. G. Courteline, *Ah ! Jeunesse ! et autres contes*, Éditions littéraires de France, 1934.

thèse de médecine du début du siècle [1] : Comment guérir la tuberculose en se promenant en automobile ? L'automobile est alors rare. Ce qui est rare fait envie, quand on obtient ce qui fait envie, souvent on est heureux. Et quand on est heureux, parfois on guérit mieux. Mais ce n'est pas l'explication. L'auteur, sérieux comme un pape, écrit qu'à condition de ne pas dépasser quarante kilomètres à l'heure, et si l'on est bien couvert, on peut, en roulant ainsi, absorber plus d'oxygène dans un véhicule ouvert à tout vent. Explication dérisoire, dépassée. Et que vaut cette autre soutenant qu'un voyage en avion est le meilleur traitement de la coqueluche ? Plus d'un dans ma génération a souhaité les rigueurs d'une coqueluche tardive pour goûter aux joies du baptême de l'air.

Au musée de Tulle, on voit un document saisissant : un adolescent est étendu à la renverse, le dos sur une enclume. Au-dessus de lui, impressionnant, le forgeron a levé sa masse. Il va l'abaisser brusquement vers la rate du garçon. Cette pratique avait pour nom : le martelage de la rate. La force formidable du forgeron lui permet en bout de course de bloquer son marteau qui ne fait finalement qu'effleurer le ventre. Mais on comprend par quelles transes passe le gamin et l'on imagine confusément ce qu'un tel émoi, un tel cérémonial pouvaient induire de changements profonds dans un organisme. De temps à autre la maladie de l'adolescent s'évaporait... Les forgerons seraient-ils des thérapeutes méconnus ? Faut-il enseigner le maniement de la masse à la Faculté ?

Autre exemple d'évaporation : Francis Huster joue au Théâtre-Français *Les Caprices de Marianne*. L'émotion romantique sans doute : il se brise un os du pied en tombant à la renverse. Arrêt des représentations — plâtre. Une quinzaine de jours plus tard, reprise. Les os ne sont pas bien recollés. On annonce : « M. Francis Huster tiendra son rôle en chaussures de ville. Il s'aidera d'une canne. » La représentation commence. Huster entre en scène tout habité de son personnage. La tête est sublime, le regard désabusé et perdu à souhait. Les croquenots et la canne gênent à peine le spectateur. Huster, lui, se sent embarrassé. Quelques répliques encore et la canne est renvoyée au magasin des accessoires. « Il ne va pas pouvoir tenir ! » Il tient ; et sur scène se déroulent deux actions

1. *Automobilisme et médecine* (Rôle thérapeuthique de l'automobile), Émile Blanchet, Lyon, 1904.

différentes : le drame de Marianne et de ses deux amants, la guérison accélérée de Francis Huster ! Je ne sais de ces deux spectacles lequel m'a le plus marqué. Faut-il rééduquer les fracturés sur scène et en public ?

On demande un jour mon avis sur les démangeaisons d'un philosophe ayant largement dépassé les soixante-dix ans. A l'impossible nul n'est tenu : j'abdique et, comme aux véritables philosophes l'on peut tout dire, j'explique sans ménagement : « Vous vous gratterez des années et des années encore. Vous avez dans la décennie à venir plus de chances de vous casser le col du fémur que de voir cesser vos démangeaisons... »

Dans les semaines suivantes tout s'arrête. Cela fait maintenant sept ans. Faut-il aux malades annoncer le pire pour les guérir ?

Du café, du lait, de l'eau et le bonheur en plus

J'ai été quelque temps producteur délégué d'une petite émission télévisée passant deux fois par mois, l'après-midi, sur Antenne 2. Il paraît qu'elle avait du succès. Chaque mois je passais une demi-journée à enregistrer « dans les conditions du direct » deux émissions.

On me demande, discrètement, d'inviter un jour un apprenti pape de la médecine naturelle. (Il devait ensuite devenir pape avant de dégringoler : c'est désormais à peine un curé de campagne !) J'opine. Sur le plateau, le papabile se déchaîne ; examinant une jeune femme qui lui avait été jetée en pâture, il découvre que les muscles des épaules sont contractés, puis ceux de la taille, ce qui retentit selon lui sur l'intérieur, donc sur les ovaires. Et le chevalier prédit : « Risque de stérilité. » La malheureuse s'effondre. Catherine Dolto qui fait l'émission avec moi réagit vertement. Le réalisateur aussi. C'est un vieux de la vieille, un des fondateurs de la télévision, un macho pas possible, casquetté et faisant sonner aux quatre coins du plateau un trousseau de clés qui aurait fait envie à Barbe-Bleue lui-même ! Ce cher Roger n'y va pas par quatre chemins : « Il est défoncé, ton type ! » Défoncé et défonçant. Il a clamé trois fois au cours de l'émission son horreur du café au lait, source selon lui d'une bonne moitié des misères de l'humanité. Le lendemain, à l'hôpital, coup de téléphone insistant. C'est le réalisateur : « Il a raison, tu sais, ton c..., ce matin mon café au lait m'est resté sur l'estomac. » Ça faisait un bon demi-siècle que, chaque matin, le café au lait passait ! Pour un temps c'est fini. Pascal écrivait : « L'imagination dispose de toute chose. »

Cette gentille — et jolie — dame voulait à tout prix me voir. Elle a en cet instant même cet insigne privilège qui semble la crisper un peu. « Il faut que je m'excuse. » « De quoi donc ? » « Vous ne voyez que les malades ayant un cancer alors j'ai dit à votre secrétaire que j'en avais un. » Silence bilatéral. Reprise. « Non, je n'en ai pas mais je suis sûre que j'en aurais eu un si je n'avais pas fait ce qui vous a fait rire l'autre soir. » Qu'a-t-elle fait, la chère âme ? « Tous les matins je prends un bain de siège d'eau froide, très froide, ça me fait du bien ; et ça empêche le cancer, j'en suis sûre ! » Que me reste-t-il à faire ? À bénir la bassine et le robinet ? Je ne vois que cette solution !

Le fils de quincaillier que je suis se pose sérieusement la question : en vendant par dizaines de mille bassines et robinets, mon père n'a-t-il pas permis plus de guérisons que je n'en obtiendrai jamais ?

Et ce couple : « On vient vous voir parce que vous nous êtes sympathique, docteur (il est vrai que ceux nombreux soutenant l'opinion contraire ne se déplacent pas, ils préfèrent écrire mais, réserve coquine, sans signer), on vient vous voir mais on vous le dit franchement, on veut pas être empoisonnés par vos remèdes. Nous, on veut que de l'homéopathie. Toute la famille se soigne avec ça et ça marche rudement bien... » — Question à certains de mes collègues : mon devoir est-il de dire : « Malheureux, repentez-vous ! », et, en cas de refus, de les excommunier séance tenante ?

Toujours l'homéopathie. Un ami généraliste et des plus allopathes, qui travaille régulièrement dans le service, pousse la porte de mon bureau, s'écrase dans un fauteuil et confesse : « J'ai craqué. » « Qu'est-ce à dire ? » « Ce matin, au troisième malade me reprochant de ne pas donner de granules, je me suis laissé faire. Allez, homéopathie pour tous les grippés ou les pseudo-grippés, les tire-au-flanc compris ! »

La médecine manuelle maintenant ? La médecine manuelle ! Un jour qu'au bataillon de Joinville j'honorais l'armée française de ma présence, je vis traîner des haltères de cinquante kilos. Environné comme je l'étais de costauds s'amusant avec le quintal, je pensai — à tort — que la moitié serait pour moi un jeu d'enfant. Mon disque intravertébral

L_3L_4 m'assura rapidement du contraire. Depuis, chaque déménagement, chaque effort mal calculé me remet en mémoire cette page peu glorieuse de l'histoire de nos armées. Un jour, très mal au dos. On me conseille un ostéopathe. Très bien, ce garçon. Il me pétrit aimablement, me tord (ou me détord ?) avec soin et prétend vider ma vésicule trop pleine. Je ne dis rien. Plus intéressant, dans les jours qui suivent, je ne sens plus grand-chose. Mal au dos ? Amélioré. Mieux encore, et cela se confirme, grandes crises de migraines finies. Coïncidence ? Peut-être bien. Rapport avec la « vésicule vidée », hum !

Un jour à la radio, émission sur l'ostéopathie. Je convoque mon bienfaiteur. Première réaction : les médecins ostéopathes protestent vigoureusement. C'est un scandale de prendre un non-médecin. Pardon ! Pardon ! L'émission commence. L'objet du scandale est au début très « petite souris ». Les minutes passent, la petite souris devient gros matou puis félin sauvage. Il cramponne le micro auquel il confie des théories à faire frémir Salvador Dali lui-même. Sur le chemin du retour, le carnassier redevenu rongeur me confie : « Je suis désolé mais, pour défendre mes collègues, j'étais bien obligé de faire un peu la p... » Je n'en voyais pas, moi, la nécessité !

Prosélytisme n'est pas prostitution. Encore que les prostituées font — sans doute aucun — tellement de bien à certains.

La honte de la Faculté

La scène cette fois se passe dans un restaurant plus fermé que le Jockey Club. Il n'y a que quelques tables et l'on n'est admis qu'une fois la mine jugée bonne à condition d'être convié par un membre à part entière. C'est mon cas ce jour-là. Une vingtaine d'élus garnissent consciencieusement de mets solides leur intérieur. On bavarde.

À la table voisine une malade longuement suivie autrefois à l'hôpital déjeune en compagnie d'hommes politiques importants. La perspective d'élections toutes proches semble les ragaillardir. On rit.

Même à table, un médecin reste médecin : j'observe donc la présumée malade que j'ai toujours connue charmante mais désespérée. À bout de nerfs. Elle traînait depuis des mois et des mois des troubles vaseux, qualifiés d'infectieux et touchant une partie de l'anatomie dont on souhaite un parfait fonctionnement lorsque l'on s'en sert. Ce qui n'est pas rare lorsque l'on est intelligente et jolie. D'examen bactériologique en antibiogramme, de recherche de champignons en traitement antifongique, de nombreux médecins ont usé leurs capacités et leur imagination sans parvenir à grand-chose. Alors, plus ou moins courageusement affirmée, la sentence est tombée : psychosomatique. Il est peu d'expressions aussi mal comprises du public. Un tel verdict impliquait pour cette patiente d'être accusée de maladie mentale et de simulation : elle a donc refusé l'étiquette et continué sa ronde de visites médicales. Un gynécologue là, un médecin mondain ici ; lorsqu'elle vient nous voir elle a donc opté pour la dermatologie et son annexe : les maladies sexuellement transmissibles. Des histoires comme la sienne, nous en voyons souvent. Ce que nous pouvons faire n'est pas inutile : expliquer à la « malade » que la maladie n'est pas honteuse. Il n'est pas sûr que les explications soient toujours bien comprises dans le détail, mais on peut redresser un peu la courbe plongeante du désespoir. Nous faisons donc cela avec des résultats cahotants, des reprises, des rechutes.

Aujourd'hui, on doit être au beau fixe.

C'est bien cela. Le déjeuner s'achève. La jolie dame se lève, s'approche de moi et gentiment triomphe : « Ça fait des mois que je n'ai plus rien ; guérie ! Et vous savez par quoi ? Ça ! » *Ça,* c'est un tube de granules homéopathiques. Je me donne l'air le plus heureusement émerveillé. Elle poursuit, obligeante : « Il faudra que je vienne un jour vous expliquer », puis, grande âme : « D'ailleurs, je ne vous en veux pas », pour conclure par une estocade foudroyante : « D'ailleurs vous m'aviez bien dit que mon cas était la honte de la Faculté. »

Cette histoire est d'une extrême banalité. Elle signifie tout à la fois que dans les pays développés une grande partie de l'opinion, et en particulier sa fraction la plus huppée, remet en cause sans la moindre émotion la médecine à base scientifique que l'on plaçait au pinacle il y a encore trente ans, et admet comme une évidence les pouvoirs « supérieurs » de pratiques médicales considérées comme désuètes et farfelues aux temps tellement proches pourtant du « miracle antibiotique ».

On doit se demander comment et pourquoi cet invraisemblable mouvement de bascule s'est produit, quelle est son importance, ce qu'il doit en advenir. Il faut expliquer : pourquoi le renouveau de la médecine « magique » ? pourquoi cette crise grave ? ses raisons et ses implications sociales, économiques, politiques.

La médecine n'est pas à une crise près et elle sortira de celle que nous vivons. Mais pourquoi ne pas essayer de dominer le problème pour ménager une issue qui conduise à un progrès ? Il faut pour sortir de toute crise de la sueur, du temps et des larmes, beaucoup plus que de la salive, de la hâte et des imprécations. Je vous propose de transpirer un peu pour comprendre, de verser quelques pleurs sur des illusions envolées, et de consacrer du temps à un problème qui n'est pas mince puisque vous êtes chacun de vous la matière de mon livre. Aussi je vous offre, pour poursuivre, après avoir planté le décor et recueilli quelques morceaux choisis, d'étudier maintenant les caractères qui jouent la pièce.

Je propose de reconnaître trois grands groupes : les justes et leur balance ; les convaincus du discutable ; les horlogers des montres molles. Rendez-vous dans cent pages pour connaître quel groupe a vos faveurs. Commençons par ces hommes étranges : les justes et leur balance.

III

Les justes et leur balance

À chaque époque ses porte-drapeau, caractères légendaires portés au-devant de la scène par les auteurs de pièces et de romans pour rendre compte de la diversité accomplie des hommes vivant ce temps-là.

Pour Zola, ce sont les Rougon-Macquart, boutiquiers atteignant la sphère du pouvoir, qui font un beau raccourci des appétits de l'époque. Sous eux végètent d'autres individus, symboles fixés au contraire dans leur état social : blanchisseuse comme Gervaise, écrasée de quotidien et de fatalité de malheur; vieillard animalisé, héros de *La Joie de vivre;* paysans rugueux de *La Terre,* obsédés par la surface du champ et la couleur du temps; bouchère avenante et froide annonçant par sa carnation rose éclatant de « femme grasse » l'ascension du petit commerce; républicains rêveurs, militants et trahis; hommes de richesses et de pouvoir, réduisant les problèmes du monde à leurs propres comptes.

L'atmosphère créée est saisissante. Zola avait-il un secret? Non, il suffisait depuis bien longtemps à un auteur d'avoir reçu des bonnes fées une plume exceptionnelle, un don d'observation poussé à l'extrême, et une admirable lucidité pour pouvoir comprendre et expliquer le monde dans lequel il vivait.

Ce temps n'est plus. À qui voudrait aujourd'hui décrire dans toutes ses dimensions la société de consommation, tant de fées penchées sur un même berceau ne seraient pas assez.

Il ne suffit plus d'observer le monde : il faut le savoir pour le comprendre. Le savoir? Cela exige dorénavant de l'auteur qu'il domine aussi la science et la technologie. Alors peut-il comprendre la vie quotidienne qui ne lui apparaît plus désormais que comme la mise en scène variable d'un pays à l'autre de ce grand modeleur des Temps modernes : l'aventure scientifique.

Voici deux siècles que la science et la technologie bouleversent la face du monde, changent l'état même des hommes; depuis quelques années pourtant se met en place un phénomène nouveau essentiel à analyser : plus la science et ses retombées s'imposent, plus elles échappent à l'observation.

Les machines de Papa

La science et la technique mettaient auparavant à la disposition des hommes des machines bruyantes, bougeantes, fumantes, impressionnantes, observables. Une machine en fonctionnement était une mécanique en mouvement. Aujourd'hui, on ne voit plus rien bouger. Une locomotive à vapeur : voilà qui donnait du spectacle : le pelletage du charbon, la poussière partout, le feu rouge de la chaudière, le mécanicien ruisselant de transpiration, la fumée en panache, le sifflet strident, la vapeur sous les roues, le jeu des bielles. Aujourd'hui plus rien de cela. Le train est immobile? On appuie seulement sur un bouton; tout démarre. Que se passe-t-il? On ne perçoit rien des électrons qui s'agitent. Et l'avion? Plus d'hélice; c'est tout juste s'il tremble un peu au décollage. Et les machines à calculer? Il fallait, il y a quarante années, des dents, des pignons, des roues, des manivelles pour faire soustractions ou multiplications. Aujourd'hui et toujours : des touches et des boutons! Et les centrales électriques? Hydrauliques ou à charbon, elles sentaient fort leur production d'énergie. Visitez une centrale nucléaire : on ne voit rien des neutrons qui bousculent tout. Le sommet du compliqué et de ce qui se montre, aujourd'hui, ce sont des claviers et des écrans! Et que dire des ordinateurs, plus secrets, impassibles et dissimulés qu'un lord victorien lisant le *Times* dans son club londonien!

La conséquence de tout cela n'est pas banale : au moment même où science et technique sont à la base de toutes les nouveautés, les appréhender semble devenu impossible. Ce qu'il y a de plus technique s'est retiré, incorporé à la nature et à ses mystères. Appuyer sur un bouton électrique, c'est désormais comme remplir un seau au puits autrefois.

Se met donc en place un étrange découpage des esprits : il y a ceux qui savent le monde, l'histoire des découvertes scientifiques, la manière dont fonctionne le cerveau des chercheurs, celle dont on s'y prend pour découvrir les secrets de la nature et les mettre ensuite en forme et à la disposition des hommes. Et il y a les autres : ceux qui imaginent qu'avec cette mise en forme débute en fait l'histoire. Ceux-là observent (souvent très bien), commentent (parfois pas mal), veulent imaginer le futur — et là, déraillent. Puisque le futur ne sera pas seulement un prolongement logique ou voulu du présent, mais dépendra aussi des découvertes imprévisibles qui seront effectuées par les chercheurs comme des retombées technologiques inimaginables que les ingénieurs sauront leur donner pour prolongement.

Dominent donc réellement le mouvement du monde ceux qui savent la science ; ce sont eux les justes : ils savent les raisons du mouvement social. Désormais ils tiennent la balance : les justes pèsent le monde.

Le progrès d'où je viens

Les médecins, ceux de ma génération et plus encore ceux des générations précédentes, le savent bien : nous, soignants, ne sommes devenus efficaces que grâce à une application correcte de la science des secrets. Importants, nous l'étions déjà. À Athènes, à Rome, à la cour de la Grande Catherine, d'Élizabeth Ire ou de Louis le Grand, auprès de Washington et de Soliman le Magnifique, il y avait des médecins. C'étaient effectivement d'importants personnages, chacun d'entre eux était capable de raconter sans mentir de belles histoires *individuelles* de guérisons surprenantes ; et dues à leur art. Mais, depuis la science, nous pouvons faire beaucoup plus : nous pouvons parler par *séries,* donner des pourcentages, savoir à l'avance si le malade guérira ou mourra.

Les liens science invisible-médecine ont été noués en plusieurs épisodes.

Fin du XVIIIe siècle : naît la chimie, apparaissent des corps purs. L'un d'eux est l'éther. En 1846, pour la première fois au Massachusetts General Hospital, on peut opérer sous anesthésie. C'en est fini d'Ambroise Paré, de Dupuytren et de leurs prodiges cauchemardesques où l'on taillait à vif dans la chair sensible, où le « bon chirurgien » était obligatoirement un chirurgien rapide, où les coups d'éclat se racontaient un par un. Désormais, on parle de chirurgie par série de cas ; et la lenteur devient une qualité.

Mais les malades opérés meurent encore d'infection. Pasteur entre en scène, dit clairement ce qu'est un micro-organisme et quels sont ses pouvoirs. Personne ou presque d'abord n'écoute ni ne comprend. Vient Lister. Émergent l'antisepsie et l'asepsie. La chirurgie devient toute-puissante. On guérit en série. Les idées de Pasteur conduisent encore à la vaccination, puis aux médicaments antimicrobiens surpuissants : les médecins montent alors au plus haut de leur renommée. De nouvelles séries impressionnantes d'hommes, de femmes et d'enfants échappent à la mort.

Rien de tout cela n'aurait été possible sans la science. Les médecins, qui ont été témoins avertis de ces révolutions et qui ont vu régulièrement guérir ceux qui auparavant immanquablement mouraient, pensent ne jamais donner assez de leur temps ni engager assez d'énergie pour révérer la science, l'esprit scientifique et demander que chacun veuille bien partager leur admiration et s'astreindre à emprunter les mêmes et rigoureux chemins. Ceux qui conduisent à la compréhension du caché.

Corps d'élite, les justes comptent en leurs rangs une super-élite. Elle est composée de ceux qui dominent ce qu'on peut décrire comme « la technologie de la pensée ».

Connaître comment l'homme pense, dégager le penser scientifique des autres formes d'activité intellectuelle, voilà ce qui, aujourd'hui, permet de comprendre son temps.

Tout ce que Pierre Auger[1] dégage lentement, dans les *Dialogues avec moi-même*[2], mettant en scène deux activités complémentaires de son esprit (activité culturelle — activité scientifique), on peut tenter de le condenser ici en quelques lignes.

1. Physicien français né en 1899.
2. Albin Michel, à paraître.

Technologie de la pensée

Donc, l'homme a un cerveau. Ce cerveau condense les informations venues *de* la nature et les traite, générant une réponse dirigée *vers* la nature. Ce que nous héritons de nos parents nous permet déjà — sans éducation — d'intervenir dans l'ordre des choses naturelles ; un poussin sorti seul de sa coquille puis élevé solitairement apprend seul à manger et boire. C'est ce que l'on appelle le déterminisme biologique. Il va parfois loin : c'est aussi sans avoir appris que les oiseaux, pour se tenir à cet exemple, bâtissent des nids, parfois très complexes.

L'éducation enrichit le stock des connaissances génétiquement héritées. Pour peu que les circuits neuronaux soient organiquement corrects, d'autres méthodes d'appréhension du monde extérieur et d'action dirigées vers lui sont apprises. L'homme là encore ne se sépare pas complètement de l'animal. La mère-chat dresse son petit comme la mère-femme son enfant. Mais la mère-femme ou le père-homme peuvent faire plus parce que leur cerveau, comme celui de leur enfant, est doué d'une conscience claire, d'une capacité à élaborer des concepts logiques à partir des faits et possède ce pouvoir de proposer à son esprit pour tout problème plusieurs solutions venues de son imaginaire ; propositions au sein desquelles l'individu peut « choisir », ce qui le sépare plus encore du règne animal. Conscience claire, élaboration de concepts, capacité de choix au sein des propositions de l'imaginaire, nul ne discute ces attributs humains. La querelle naît en revanche lorsqu'il s'agit d'expliquer, de dire le pourquoi de ces caractéristiques. Pas de ces discussions maintenant.

La cervelle et l'esprit humain ainsi présentés, comment rendre compte de leur fonctionnement ? Un homme quel qu'il soit, dit Pierre Auger, fonctionne toujours de la même manière. Il prend contact avec la nature et confronte les sensations enregistrées par ses cinq sens avec ce qu'il a d'enregistré en sa mémoire. Plusieurs situations peuvent alors se trouver réalisées. Premier cas : la confrontation du réel senti au contenu de la mémoire fait naître une impression vague, floue : l'objet perçu dans le monde extérieur est couplé à une sensation enfouie et il réveille alors une émotion, fait naître un mouvement de l'âme : on est là dans le domaine du symbole, de l'émotionnel, c'est l'essentiel de notre vie. L'homme projette alors son émotion sur l'objet, la situation vécue, qui, confusément, a fait resurgir ce morceau de mémoire.

D'autres fois, au contraire, le cerveau *traite* l'information et va beaucoup plus loin. La confrontation observation-mémoire donne cette fois un schéma net, fait non plus d'émotion à composantes indépendantes et jaillissantes mais de concepts précis réunis entre eux par un lien logique rationnel, cohérent. Pierre Auger appelle cela un « modèle pensé » et Claude Bernard en définit les prémisses en donnant sa définition de la théorie : une « subjectivité des faits ».

Claude Bernard veut dire ceci : des théories, chacun de nous en élabore sans cesse. Les faits que vos sens notent et recueillent dans votre mémoire, un jour vous — sujet — leur trouvez un dénominateur commun, une application unique : vous tenez une théorie, un modèle pensé. Vous êtes déjà un théoricien et un penseur. Vous n'êtes encore ni un artiste créateur ni un homme de science découvreur. Le penseur ne se satisfait jamais de son modèle ou de sa théorie. Aussi, vous, penseur, allez-vous dans votre tête, en creusant votre esprit, en cherchant plus profond dans vos souvenirs, plus loin dans vos observations, affiner votre modèle qui devient plus fort, plus esthétique, plus agréable et englobe d'ailleurs chemin faisant quantité d'émotions, de symboles. Vous faites entrer dans vos observations beaucoup de valeurs et votre « modèle » affiné, bien charpenté, convient à vous-même ou, mieux, à beaucoup d'hommes et leur fournit une vision du monde et une boussole pour s'y aventurer. Nous sommes tous des penseurs. À partir de là, vous pouvez créer — en artiste — ou découvrir — en homme de science.

L'artiste en effet crée, il malaxe symboles et modèles pensés, chauffe le tout en forçant les feux de son moi, crée donc ainsi des « formes » intérieures nouvelles qu'il projette ensuite sur le monde extérieur. Cela donne un tableau, une œuvre musicale, une architecture, le dessin d'un parc, la décoration d'un intérieur, un roman, le décor d'un opéra, une tenue vestimentaire bien composée, un bel outil, une pierre bien taillée. L'art est création, mouvement partant de l'esprit de l'homme pour aller créer dans la nature ce que la nature jamais n'aurait su faire seule. Nous sommes tous artistes créateurs.

L'homme de science s'y prend tout autrement. Lui n'a qu'une visée : comprendre ce qui se passe réellement dans la matière qu'il observe et qui est celle de la nature ; mettre à nu, découvrir les ressorts de son fonctionnement. Un modèle pensé, une théorie des faits observés constituent aussi son point de départ ; mais alors que le penseur ou l'artiste vont *de l'avant,* l'homme de science, lui, s'y prend à rebours : il doit impérativement revenir *en arrière.* Les percées scientifiques s'opèrent en marche arrière. Le modèle pensé est un point de retour obligé. Comment le scientifique retourne-t-il sur ses pas ? En émettant une hypothèse. L'hypothèse, dit Claude Bernard, « c'est le désir du fait ». Explication : ayant bâti une théorie, un modèle pensé, l'homme de science souhaite, *désire* un fait qui la ou le justifie. Il émet alors une hypothèse et c'est pour vérifier la justesse de cette hypothèse, pour obtenir le fait souhaité qu'il va imaginer et réaliser une expérience. Si l'expérimentation, faite et refaite, matérialise son attente, son désir, il a validé sa théorie. La « découverte » d'une partie de la réalité entrevue lors de la constitution du modèle pensé est désormais matériellement confirmée. Il a découvert ou pense avoir découvert. Bien noter cela : dès l'énoncé des résultats obtenus, la communauté scientifique internationale — amis et adversaires — se mobilise et veut vérifier à son tour. Parfois, tout le monde se met d'accord. La science a fait un pas. Oui, la Terre tourne bien autour du Soleil ; non, le phlogistique n'existe pas et l'oxygène capturé par le fer explique pourquoi le fer rouille ; oui, les maladies infectieuses comme la fermentation du vin sont bien dues à des micro-organismes ; oui, $E = mc^2$!

Valider une théorie, un modèle rationnellement pensé n'est pourtant en rien promis au scientifique scrupuleux. Beaucoup de démarches scientifiques font fausse route, soit que la théorie n'ait pas embrassé suffisamment de faits au départ, soit que l'hypothèse ait été mal forgée, soit que les moyens de vérifier l'hypothèse, d'obtenir le fait « désiré » ne soient pas encore disponibles.

Lorsqu'une découverte a bel et bien été effectuée, vient alors le temps des ingénieurs, artistes de la science qui créent dans la nature les objets découlant d'une utilisation anthropocentrique de la vérité mise à nu. C'est ce que voulait dire Pasteur en affirmant : « Il n'y a pas de science fondamentale et de science appliquée : il y a la science et les applications de la science. » En clair, il y a ceux qui découvrent la réalité de la nature, qui objectivent le réel, ce sont les scientifiques ; il y a ceux capables d'utiliser cette découverte pour satisfaire les besoins humains : ce sont les ingénieurs, applicateurs de la science, maîtres de la technologie et donc créateurs à partir des découvertes.

La démarche de la pensée scientifique, c'est cela. On ne peut pas dire qu'elle soit réellement bien perçue par beaucoup. Nous ne sommes pas tous des scientifiques. D'où de fades et inutiles discussions pseudo-scientifiques à vrai dire monnaie courante. Ceux qui *savent* sont donc vraiment lassés d'entendre tenir sur la science et les scientifiques des propos qui ne sont que procès d'intentions ou babil d'égarés.

Pour eux, les justes, et pour en revenir au sujet de ce livre, voir reparaître au premier plan ce que les découvertes de la science avaient bel et bien fait passer par la trappe, assister aux proclamations triomphantes à prétention scientifique des tenants de médecines différentes agissant au coup par coup, c'est pécher contre la dignité même de l'esprit humain et de ses conquêtes. C'est confondre la science avec l'art ou la philosophie, et celles-ci avec l'émotion. C'est renoncer à la clarté au profit de l'obscur.

Pour faire toucher du doigt comment se traduisent dans le quotidien la soumission ou la domination de l'esprit à ou sur l'émotion, la création culturelle et la découverte, on choisira de prendre pour exemple les étoiles.

Par une chaude nuit du mois d'août, que l'on est bien à contempler la voûte des cieux ! Nul ne résiste au sentiment d'infini qui se dégage alors de la situation. Que vienne à passer une étoile filante et combien recommanderont à leur voisin : « Fais un vœu ! » L'émotion, c'est cela : à propos d'un événement qui remue on ne sait trop quoi, mais qui le remue fort, on voudrait, par la force de son propre esprit ou par l'intercession d'une divinité, faire varier l'ordre des choses et en modifier le cours. Rien, ni dans le remuement intérieur créé par l'observation de l'étoile ni dans le désir de changer le temps futur par un vœu, rien donc n'est réfléchi, cohérent, rationnel. C'est un mouvement de l'âme. Et il peut même se produire que le vœu émis trouve à se réaliser !

L'astrologue, lui, fera un autre usage des étoiles filantes ou des comètes à survenue programmée. Il y verra le signe d'une volonté appartenant à un ordre supérieur. Avec beaucoup de soin, de cohérence et de raison, il bâtira un modèle charpenté solidement où seront incluses quantité d'observations antérieures consignées dans de gros livres. Et il en tirera des déductions pour le comportement individuel, imaginera ce que signifie tout cela pour ceux nés à une heure et à une date déterminées. Bref, il aura créé aux yeux du scientifique une œuvre d'art mais en aucune façon abordé quelque réel que ce soit, ni prédit la moindre vérité. Il n'aura rien aidé à découvrir, il aura même fait le contraire, exactement le contraire : créer est aux antipodes de découvrir, comme vêtir est à l'opposé de dévêtir.

La science ne peut donc que refuser l'astrologie et même parfois avec sarcasmes. Les hommes, dit Pierre Auger, sont à ce point prétentieux qu'ils finissent par croire que les astres s'intéressent à eux !

Pour un homme de science prétendant pénétrer la réalité du cosmos, les étoiles filantes sont une occasion d'aller plus loin dans le domaine de l'astronomie qui, depuis Newton, est à part entière une discipline de découvertes. Ainsi se révèle le réel du cosmos et s'approchent scientifiquement la vie, le temps, l'espace, la matière.

Songe éveillé d'une nuit d'été : émotion ; astrologie : création ; astronomie : découverte. Voilà à propos d'un même événement — l'observation des étoiles — trois manières qu'a le cerveau humain de réagir. Qu'on ne se trompe point. Les hommes de science qui savent cela n'ont aucune envie d'interdire que l'on rêve éveillé ; non plus qu'ils ne veulent faire jeter en prison les astrologues qui disent de si jolies histoires. Simplement, ils ne veulent pas que l'on puisse soutenir l'idée même que ces remuements ou ces créations puissent apporter un jour quelque découverte que ce soit.

On pourrait reprendre ce qui vient d'être distingué, à propos de la tauromachie ou des vidéo-clips par exemple. Comme on trouve des différences considérables en écoutant l'avis du public, celui des « pros », et celui des acteurs même. Pour les premiers, l'émotion. Pour les seconds, la théorie, le modèle pensé. Pour les derniers le modèle validé ou invalidé. Tout cela permet de comprendre au nom de quoi parlent ceux qui défendent la médecine à base scientifique, Jean Bernard par exemple.

L'agacement des justes

Jean Bernard : « Le médecin (qui) doit sans cesse se remettre en question écoute les critiques. Mais il est en droit de demander aux critiques d'apporter leurs preuves, de faire état de données objectives, vérifiées, contrôlées. Il doit noter que présentement ces preuves, ces données objectives n'ont pas été apportées. Or nous sommes loin des querelles scholastiques ou de la logique formelle. Le débat présent est grave. Il concerne la santé de l'homme. Faut-il cesser de fonder la médecine sur la biologie, la biologie elle-même sur la physique et la chimie ? Faut-il refuser les progrès généralement tenus pour admirables accomplis depuis cent ans et toutes les vies sauvées ?... Faut-il accepter les discours et refuser les faits ? [1] »

Jean Bernard, analysant là « les nouvelles obscurités », répond à cinq critiques de la médecine scientifique : le révolutionnaire, le conservateur, le médecin Balint, le tendre pharisien, le sociologue. Pour lui l' « espérance » est le nouvel état de la médecine. C'est la recherche scientifique et elle seule qui peut permettre à la médecine d'aller de l'avant, de conquérir de nouvelles places encore imprenables.

Mais cette conquête, dit Jean Bernard, ne doit pas se faire et ne se fera pas aux dépens de l'individu lui-même. Il faut au médecin respecter trois impératifs : le premier, consacrer au malade tout le temps nécessaire ; le deuxième, refuser le lucre ; le troisième, respecter l'individualité du caractère unique de chaque homme. On pense que la science fait de l'individu un numéro ? C'est tout le contraire, dit Jean Bernard. Qui soutient cela ignore les chemins nouveaux de la recherche. En effet, « rien n'est plus rétrograde que la médecine grégaire collective, pareille pour tous, proposée par certains novateurs... Fondée sur la connaissance de ces facteurs personnels, la prévention des maladies dans l'avenir sera individuelle et efficace... ».

Ne croirait-on pas lire les propositions d'un acupuncteur ou d'un homéopathe défendant la notion de terrain individuel ? Non : il ne faut pas, pour Jean Bernard, cesser de fonder « la médecine sur la biologie, la biologie sur la physique et la chimie ».

Jean Bernard forme avec Jean Hamburger le duo de choc

1. *L'Espérance*, Buchet-Chastel, 1978.

ayant mis la recherche médicale française sur les rails après la Deuxième Guerre mondiale. Ont-ils bien fait, bien choisi ? Leurs carrières éblouissantes pourraient faire se demander si, en défendant leurs idées, ils n'ont pas finalement servi surtout leurs personnages. Si je ne connais pas Jean Hamburger, j'ai côtoyé Jean Bernard d'assez près pour pouvoir affirmer que son dévouement au bien public est total, sa foi en la science sincère. Toute invitation qui lui est faite à participer à un combat clairement défini retient immédiatement son attention. Il est prêt à écouter, à conseiller, orienter. Il dit : « Réfléchissez encore » s'il pense « non ». Il dit : « Oui » s'il pense « oui ».

Jean Bernard : un juste. Grand-Croix de la Légion d'honneur, membre de l'Académie française, de l'Académie des sciences, de l'Académie de médecine. Grand parmi les grands patrons d'une génération où ils étaient grands. Jean Bernard ; voici le portrait que je m'étais amusé à écrire un jour que je revenais, heureux, d'un rendez-vous avec cet illustre voisin de l'hôpital Tarnier :

> « Quelle tenue portera-t-il ce soir ? Son bel habit vert de l'Académie française, ou son frère jumeau de l'Académie des sciences ? Peut-être plutôt la blouse blanche du Grand Patron qu'il demeure quoique la retraite ait officiellement sonné ? A moins qu'il ne choisisse le costume classique à la boutonnière rougie et dorée qui va comme un gant au président du Comité d'éthique ou à l'invité de marque des émissions huppées de la télévision ?
>
> Jean Bernard en tout cas ne se trompera pas. Il n'y a pas de Nimbus chez ce professeur. Mais il y a du caché. Du poète, que l'on lit depuis quelques années, et du jardinier, ce qui se dit mais ne se vérifie que pour quelques exceptionnels intimes.
>
> Jean Bernard, c'est, avant tout, un regard. Sous des paupières un peu lourdes curieusement plissées en accent circonflexe, des yeux clairs ont le monopole d'animer le visage... On parle à Jean Bernard : ses yeux attentifs se fixent. Brusquement ils se détachent. Jean Bernard veut intervenir. S'il est debout, les mains derrière le dos, il se recule et s'appuie des épaules contre un mur. Son regard plafonne. Il prend une dimension nouvelle. Par-dessus et par-delà son interlocuteur, il semble consulter tout à la fois sa conscience, ses souvenirs, son expérience, ses connais-

sances. Les yeux perdus, il parle, et cette intelligence disponible venant de loin éclaire souvent son vis-à-vis des lumières rassurantes de la confiance. Parfois au contraire une flamme d'ironie allume les prunelles et précède un large sourire, très enjôleur. Jean Bernard ne se veut pas toujours la statue du Commandeur : il sait rire.

Jean Bernard, c'est aussi une voix : posée, détachée, grave et claire, universitaire en ce qu'elle explique plus qu'elle n'évoque. C'est une mécanique bien huilée. Elle décortique et commente sans enflure, à coups de petits mots justes qui suffisent : “ Chez ce malade la rate enlevée pesait 730 kilos ”, dit un interne, un jour de réunion de service. “ Peu probable ” rectifie Jean Bernard.

Il aime sûrement le pouvoir et les honneurs. Sinon aurait-il autant obtenu de l'un et des autres ? On lui en veut parfois pour ce côté agaçant de premier de la classe qui tient à être le meilleur en gymnastique. On lui en veut parfois aussi de son pouvoir.

Jean Bernard a multiplié les professeurs autour de lui, comme on l'a fait ailleurs des petits pains. Étaient-ce ses propres vertus qui transcendaient ses élèves ? ou la longueur de son bras qui les juchait sur leur piédestal ? Quelques êtres ordinaires s'étant glissés dans cette phalange, la seconde explication doit, épisodiquement du moins, avoir été la bonne.

Il a gagné ses galons à s'occuper des malades, sûrement pas sur le dos des malades. Il dit un jour pendant sa visite : “ Certains n'ont pas hésité à multiplier les interventions chez de jeunes enfants pour vérifier leurs résultats ; nous, nous jugeons ces méthodes un peu cruelles et avons choisi d'autres voies. ” »

Un ange passe. On sait qui est visé, mais on en restera à ce consensus muet. Sur le respect dû à l'humain.

Sous le troisième Empire, on aurait sûrement fait de lui un sénateur, ce fut le cas pour Claude Bernard qu'il admire tant ; en rêvant avec quelques délices que l'on dira plus tard « Jean Bernard », comme on dit aujourd'hui « Claude Bernard ».

Sous la cinquième République pourtant, les sages s'expriment en 614 lignes ou en 225 pages plus qu'en parlant en hémicycle. Ce n'est donc pas dans les feuilles du *Journal officiel* mais au gré de ses émissions télévisées ou de ses livres qu'il faut rechercher la pensée de Jean Bernard. Ceux qui la connaissent ont aussi le privilège d'avoir vu s'éclairer d'un coup un problème fort obscur.

Par exemple, par cette recommandation faite à Jean-Pierre Bader qui l'interrogeait sur l'affaire Priore : « Ne faites pas douter de la science. » Ce que veut dire Jean Bernard en sept mots, c'est ceci : on peut douter des scientifiques, des retombées pratiques de la science ; mais la méthode en elle-même est la plus grande des acquisitions humaines. Comme Pierre Auger se sentant tour à tour appartenir à la Science et à la Culture, Jean Bernard, s'il ne borne pas son monde à l'exact, ne tolère pas les attaques contre la science venues d'hommes ne connaissant finalement ni ce qu'elle est ni ce qu'elle fait ; il ne veut pas non plus de confusion des genres. Il sait enfin que la vie d'un scientifique n'est pas un séjour au jardin des délices.

Une vie de purgatoire, quelques heures de paradis

Les hommes de science en effet — du moins ceux qui respectent entièrement ses méthodes et ses exigences — mènent une vie d'angoisse et souvent d'insatisfaction. Ils savent que sur une année il y a parfois deux ou trois belles journées où la nature se découvre, se laisse comprendre. C'est tout. Et l'on aurait tort de croire qu'une journée d'éclaircie annonce le beau temps pour longtemps. Les justes scientifiques le savent bien : obtenir un résultat n'est rien si l'on est incapable de le réobtenir à volonté. Le maître mot de la science est « reproductible ».

On tient parfois dans ses mains un diamant que l'on vient d'extraire de tonnes de terre et de pierres. Que par mégarde on le laisse retomber, tout est perdu ! Je me souviens de la désolation d'un grand immunologiste français un jour que, par erreur, une laborantine avait vidé un tube contenant quelques millilitres d'un précieux antisérum qui « voyait » comme nul autre les chaînes légères Kappa. On trouvait plein les catalogues des sérums anti-Kappa... mais celui-ci était à ceux-là ce que Renoir est aux peintres du dimanche. La vie des justes est de ne travailler qu'au plus haut des sommets et de vivre perpétuellement dans le doute, dans la crainte, dans l'hésitation raisonnante devant les résultats obtenus.

Jean-François Bach est dans notre génération le scientifique le plus puissant. Membre de l'Académie des sciences avant cinquante ans : ce n'est pas mal ! Ses travaux ont essentiellement porté sur une hormone thymique qui sûrement tient un rôle dans certaines maladies. La démonstration en laboratoire est définitive, concluante. Peut-on désormais en faire un médicament ? J'aurais aimé que beaucoup de ceux qui se récrient devant le côté « hautain », « fermé », des scientifiques qui « refusent les preuves des différents », refusent de commercialiser de « bons médicaments », assistent comme moi à la discussion entre J.-F. Bach, immunologiste, professeur à l'hôpital Necker, et J.-F. Dehecq qui, avec René Sautier, dirige la Sanofi, un groupe pharmaceutique français. Croyez-vous que l'on maniait le madrigal et l'encensoir, qu'à un chiffre donné répondait une courbette ? Qu'à une bonne série de résultats faisait écho un enthousiasme débridé, qu'avec quelques bons morceaux on prévoyait un festin ? Non. Le monde de l'exact n'est pas celui-là. On discutait donc pied à pied, aimablement sans doute, mais sans volonté aucune de forcer les faits ou d'arrondir les angles, sans recourir à aucune facilité. La discussion scientifique ne mérite d'ailleurs son nom qu'à ces niveaux. La science ne se conçoit que comme un linge blanc sans la moindre tache. Dès qu'il y a souillure, il n'y a plus de science. Et c'est au prix d'une bien lente approche que l'on parvient à la pureté absolue.

Beaucoup d'hommes honnêtes imaginent au contraire qu'avoir fait un peu c'est déjà être en mesure de réclamer la considération générale. Ils crient donc à l'incompréhension coupable d'autrui si l'on ne reconnaît pas d'emblée tous leurs mérites : c'est méconnaître gravement le monde des justes.

Le monde des justes est un monde dur, un monde d'ascèse, obéissant aux lois du tout ou rien, apportant chaque jour ses moments de désillusion, de foi envolée. Ceux qui, au prix de mille difficultés, déceptions, douleurs hautement consenties poursuivent le chemin n'imaginent pas que l'on puisse ne pas les considérer comme étant seuls sur le chemin de l'exact, et le chemin de l'exact comme étant le seul chemin.

C'est parce qu'ils sont de cette trempe-là que les justes crient et tempêtent lorsque de jolies histoires à dormir debout leur sont contées, sous prétexte d'une réaction révolutionnaire et salvatrice dirigée contre « les excès d'une science inhumaine ».

À la pointe du combat

Porte-parole des justes dans l'affaire des médecines douces et ne mâchant pas leurs mots : Philippe Meyer, Marcel-Francis Kahn, B. Mazières, Hugues Gounelle de Pontanel.

Marcel-Francis Kahn est professeur de rhumatologie à l'hôpital Bichat. C'est un excellent esprit, une forte personnalité, il s'est politiquement très fort engagé. Il fulmine contre les médecines douces au nom de la science, médecines douces que — hommage au père Ubu — il recouvre du sobriquet de « patamédecines ». « Je reste étonné que les gens acceptent de se faire traiter par des procédés non rationnels alors qu'ils ne monteraient pas dans un Boeing 747, sur un pont ou dans une tour dont les moindres constantes de résistance du métal n'auraient pas été calculées par les moyens les plus modernes. Dans leur relation avec les supports physiques de la vie, ils font confiance à la rigueur et aux calculs. Mais, lorsqu'il s'agit de leur propre existence et de leur propre santé, prévaut la régression de la connaissance, et l'obscurantisme. Rationaliste affirmé je lutte contre tous les obscurantismes quels qu'ils soient. C'est ce qui explique mes prises de position contre la patamédecine... [1] »

Et, dans un autre texte, cette accusation précise : « Le pape des oligo-éléments dans l'arthrose, brave homme au demeurant (" si Johnny les avait utilisés on aurait sauvé sa hanche ", dixit *Ici Paris*), montre aux sceptiques des radios de coxarthroses miraculées. Il me les a montrées. Aucune n'est une coxarthrose. Toutes sont des coxites, affection connue pour pouvoir bénéficier d'une régression spontanée anatomique et radiologique [2]. » On le croit.

Professeur de pharmacologie clinique à l'hôpital Necker, célèbre pour ses travaux sur l'hypertension et la « pompe à sodium », Philippe Meyer tempête aussi : « Une médecine douce est une médecine dans laquelle existent des produits dont aucune activité chimique n'a été prouvée. En revanche il y a les croyances. Lorsqu'on considère les grandes dilutions de l'homéopathie on s'aperçoit qu'il n'y a plus que du solvant (de l'eau) et qu'il n'y a plus de molécule parce qu'on se trouve

1. *Le Concours médical*, 8 février 1986.
2. Revue *Prescrire*, mai 1985.

parfois au-dessous de la dilution correspondant au nombre d'Avogadro, état où il n'y a plus de molécules. Il y a dans ces cas uniquement un effet psychique, placebo, qui peut jouer. Je ne nie pas qu'il existe, je ne nie pas qu'il puisse avoir de l'importance dans la société dans la pratique médicale, mais il est faible. » Et dans son livre *La Révolution des médicaments*[1], il dénonce le remboursement des médicaments homéopathiques : « Rien ne justifie l'alignement des produits homéopathiques sur les médicaments créés grâce à des efforts de recherche intensifs. » C'est net : hors la démarche scientifique, point de salut.

C'est sous un autre angle, mais en défendant toujours la science et ses méthodes que passe à l'attaque B. Mazières[2]. Il le fait sur un point charnière : l'enseignement à la Faculté des « médecines parallèles ». « En un mot comme en cent, créer un enseignement et délivrer une attestation d'acupuncture dans les facultés de médecine arrangeraient beaucoup de monde ; tous les petits chefs d'école de médecine parallèle (...) se presseraient à la porte pour occuper la place qu'ils estiment être la leur : enseignants. Le conseil de l'Ordre ne serait pas mécontent qu'un diplôme reconnu vienne faire le ménage à sa place.

« Pour d'autres raisons, la Sécurité sociale partagerait volontiers ce point de vue (...). La Faculté deviendrait ainsi la caution de ces médecines : a-t-elle à l'être ? Il est une raison à mes yeux fondamentale pour récuser comme prématuré à l'heure actuelle un enseignement de ces médecines en faculté : elles n'ont pas passé toutes les étapes conduisant à la preuve de leur efficacité. On est en effet en droit d'exiger de toute thérapeutique des résultats, et des résultats contrôlables et reproductibles. Nous sommes à juste titre de plus en plus exigeants vis-à-vis de nouvelles molécules allopathiques et de nouveaux traitements. Pourquoi faudrait-il perdre toute rigueur scientifique dès qu'on aborde les médecines différentes ?...

La première urgence en matière d'acupuncture, d'homéopathie, etc., n'est pas d'enseigner. Elle est de chercher (...). En travaillant, il est raisonnable de penser qu'en une dizaine d'années nous pourrions obtenir assez de réponses pour pouvoir enseigner. »

Observateur, scrupuleux, rigoureux, B. Mazières illustre à la perfection « les justes et leur balance ».

1. Fayard, 1984.
2. *Nouvelle Revue médicale*, p. 61, Toulouse, 1985.

La publicité est haïssable

Autre juste : Hugues Gounelle de Pontanel, ancien professeur du Val-de-Grâce et ex-président de l'Académie nationale de médecine. Il est heurté — à tout le moins — par l'homéopathie : qu'un médicament dilué au-delà du nombre d'Avogadro puisse agir, cela ne se peut. Donc l'homéopathie, fondée sur l'erreur, prend ses désirs pour des réalités, les satisfactions des soignés pour des guérisons. Lorsque Jacques Benveniste laisse filtrer certaines informations sur un travail poursuivi dans son laboratoire, Gounelle de Pontanel se révolte. Et, lorsque le Pr Dry, à l'Académie de médecine, contredit par ses travaux ceux de Benveniste, l'ancien président respire. L'équilibre de la balance est rétabli.

Voici résumée la position de G. de Pontanel[1] : « Les résultats de M. Dry et de son école justifient la prudence de l'Académie, restant fidèle aux positions qu'elle a antérieurement déjà prises, notamment en 1834 et 1865. En 1984 notre compagnie a marqué son opposition, en l'état actuel de nos connaissances, à la délivrance d'une attestation universitaire d'homéopathie, et a réclamé que le médicament homéopathique soit soumis aux mêmes conditions d'autorisation de mise sur le marché que celles réclamées pour tout autre médicament. Elle demandait de nouvelles études et qu'une information, mais non un enseignement, soit délivrée dans les facultés. » Puis vient l'attaque : « La conclusion du travail précité infirme une étude d'un chercheur de l'I.N.S.E.R.M. qui a fait l'objet d'une publicité tapageuse. Dans l'intérêt de la Santé publique, il n'est pas souhaitable de voir se répandre certaines assertions, comme celles que nous trouvons dans le livre *L'Homéopathie pour mes enfants* (Parents Hachette éd.) écrit par le premier secrétaire de la Ligue médicale homéopathique internationale, enseignant à la faculté de pharmacie de Lyon ; la prescription homéopathique dans le traitement de l'asthme de l'enfant diffère si l'asthme est apparu après un eczéma apparemment guéri, ou après une contrariété, ou après un repas, ou si la crise est améliorée si l'enfant est penché en avant, ou s'il est à genoux, la tête

1. Bulletin de l'Académie nationale de médecine, séance du 14 mai 1985.

penchée dans la position de la prière musulmane, ou encore s'il est étendu sur le dos des bras en croix, enfin, s'il y a aggravation après le sommeil...

« Remercions M. Dry d'avoir réservé à l'Académie la priorité de publication de son expérimentation. »

Mais on ferait injure à Hugues Gounelle de Pontanel en le peignant en sectaire. Il crée un jour *Le Nutritionniste et l'Homéopathe* et fait — bien — le recueil des divers travaux sur le sujet. Son scepticisme en sort renforcé : la balance n'a rien à peser.

Les justes en fait ont une démarche claire, un impératif simple, celui de Magendie et Claude Bernard : expérimentez, répétez, recommencez encore. Vos résultats concordent ? Cela va bien. Ils sont en désaccord ? Expérimentez à nouveau. Les discours, interprétations, prises de position, les mains sur le cœur et les yeux levés au ciel n'impressionnent pas. Expérimentez. Après vous parlerez, si vous le souhaitez en ajoutant des effets de manche. D'abord expérimentez. On pense à Pasteur sortant furibond d'une séance houleuse : « Vous avez entendu ? Ils ont répondu à mes expériences par des discours. » Dans la bouche d'un juste il n'y a pas de jugement plus péjoratif. Les discoureurs ne sont rien. Trois fois rien. Ce qui en science fait zéro.

Lewis Thomas ou le droit des justes à la fiction

Les justes, il est vrai, laissent parfois voguer leur imagination et s'abandonnent alors au mélange de la fiction et de la science. Mais ils admettent qu'ils rêvent, sortent de la réalité du monde sensible. Un homme, Lewis Thomas, a parfaitement légitimé le droit à la fiction des biologistes en annonçant clairement qu'en pratiquant ainsi il se mettait, momentanément, hors du jeu.

Pendant plusieurs années Lewis Thomas, médecin, grand organisateur, ancien doyen à Harvard, Yale, New York, ancien directeur du colossal Memorial Sloan Kettering Institute for Cancer Research, a écrit pour le *New England Journal of Medicine*, de beaux articles où, partant d'un travail biologique effectué par d'autres et qui l'avait intéressé, il laissait voler son imagination. Comment Lewis Thomas intitula-t-il ses écrits ? Notes de biologie théorique ? Propos d'un biologiste ? Les progrès en biologie ? Non, il fit beaucoup mieux. Il prit pour enseigne *Notes of a Biology Watcher,* « Notes d'un observateur (émerveillé) de la biologie ». Les chroniques réunies et publiées en livres connurent aux U.S.A. un succès prodigieux. Et c'est sans doute la probité intellectuelle inscrite dans le titre de la série du *New England* qui conditionna ce succès. En se proclamant émerveillé de la biologie et en dissertant à son sujet, Lewis Thomas montrait tout simplement la différence qu'il y a entre un acteur scientifique et un spectateur. L'acteur expérimente pour vérifier le concret, use sa cervelle au contact des réalités — il est un juste ; le spectateur se laisse aller, plane dans les nuées de l'imaginaire, se rapproche du Soleil, y laisse fondre ses ailes : quelle importance ? Il est du côté de l'esprit qui vole, il a tous les droits. Il ne tombera jamais que dans l'océan de ses pensées.

Ce que les hommes de science demandent aux patamédecins — pour parler comme M.-F. Kahn —, c'est d'avoir l'extrême obligeance de reconnaître que jouer aux hypothèses qui se font la courte échelle, s'évader dans le paradis des mots ne permettent pas précisément de se hisser au niveau des expérimentateurs. De l'expérience avant toute chose ! Pas d'expérience ? Alors vous voilà du nombre des « biology watchers » et vous pourrez comme Lewis Thomas acquérir tous les droits, celui par exemple de dire : « J'ai une proposition très sérieuse à faire : interdisons toute guerre nucléaire tant que nous ne saurons pas tout sur *Myxotrixa paradoxa,* un petit parasite vivant à l'intérieur du termite et lui permettant de digérer le bois. » Sous-entendu : le jour où nous saurons cela, nous saurons tout sur tout. Nous pourrons alors nous entretuer, les hommes étant parvenus à la connaissance suprême.

Lewis Thomas et ses *Notes of a Biology Watcher ?* Une occasion excellente pour les justes de rappeler à leurs contrefacteurs la parabole de la mouche du coche.

Des justes comme Lewis Thomas se mettent délibérément hors du jeu pour admirer et commenter. D'autres, en restant dans le jeu, se plaisent à démontrer la complexité de la situation.

Jean Trémolières, nutritionniste, mort depuis plus de dix années, a laissé un grand souvenir de chercheur scrupuleux, conscient des difficultés qu'il y a d'inscrire la science dans le mouvement de la vie quotidienne. Lorsque, dans *Diététique et Art de vivre* [1], il s'essaye à définir l'obésité, on perçoit immédiatement la difficulté du juste à trouver en médecine un point d'ancrage idéal.

1. Seghers, 1975.

« Le médecin considère comme obèse :

— soit une femme qui se trouve trop grosse et dépasse effectivement le gabarit décent pour une fille de Vénus ;

— soit un diabète, une hypertension, une insuffisance cardiaque ou respiratoire, curables par réduction pondérale. »

En clair : on *est* obèse si l'on se *juge* trop gros. On est *aussi* obèse s'il s'avère que perdre quelques kilogrammes permet d'améliorer un diabète.

Et Jean Trémolières ajoute : « Parler d'obésité, c'est évoquer tout à la fois le comportement alimentaire, la signification de la forme et de la beauté, ses variations à travers les lieux et les âges, la psychologie de l'intercommunication, les relations entre un certain état du corps et une espérance de vie, entre une forme, son déterminisme physiologique et ses associations pathologiques... L'obésité est la mauvaise conscience de la ci-devant société d'abondance et de la toujours actuelle société de consommation... »

Évidemment la définition de l'obésité n'a pas la simplicité, le pointu, le parfait de l'équation d'Einstein $E = mc^2$!

Et c'est bien parvenus à ce point-là de leur réflexion que les justes de la médecine scientifique parfois se sentent vaciller : qu'elle est magnifique, impérissable, définitive la moisson des physiciens et des chimistes ! Comme elle est fragile, soumise à de perpétuels retournements, facile à mettre en contradiction avec le vécu quotidien la brassée de découvertes faites par les biologistes !

L'inerte et le vivant

Un physicien se promène dans la rue : regardant un câble électrique, une automobile en train de se mouvoir, écoutant le ronflement des moteurs, la voix des passants, considérant le bleu du ciel, l'ardeur du soleil, sentant le chaud sur sa peau, percevant la féerie des couleurs, constatant qu'un objet lâché tombe au sol et qu'un ballon d'enfant s'envole, il peut à tout apporter une explication physique parfaite, cohérente, au-dessus de toute discussion.

Un biologiste regardant un obèse jeûner ou presque sans résultat et un maigre dévorer sans prendre un gramme, examinant un porteur du virus du S.I.D.A. bien portant et aidant à mourir un autre porteur chez lequel la maladie s'est emballée, voyant sur quatre cancéreux identiques à première vue deux demeurés guéris après traitement et deux autres reprendre leur marche à l'enfer, considérant une femme fort jolie et une autre qui ne l'est pas du tout, voyant dans une course de cent mètres le même athlète gagner une fois de plus en battant son rival du même écart qui n'est que de quelques centimètres se demande vraiment si les connaissances biologiques actuelles permettent de prétendre que l'homme connaît le fonctionnement du vivant, qu'il le connaîtra avant sa propre mort ou même que l'humanité le saura un jour.

La science affrontée au vivant, au comportement des cellules, des organes, des organismes, bute à tous les coins sur ses insuffisances. La grande roue du réel contre laquelle s'élancent les biologistes les renvoie souvent dans le ciel étoilé de leurs doutes.

Qui parmi les biologistes prétend aujourd'hui savoir « comme un physicien », demain servira de sujet de plaisanterie, apparaîtra comme menacé de ce qui arriva à la grenouille de La Fontaine : la chétive pécore s'enfla si bien qu'elle creva ! Si les physiciens sont des bœufs, les biologistes, encore, sont des grenouilles.

Par cette fissure — qu'ils ne nient d'ailleurs pas — entre l'ambition qui est la leur et le point où ils sont maintenus, les biologistes voient souvent leurs adversaires glisser de terribles leviers pour tenter de les confondre et d'assurer que, puisqu'ils en sont encore aux balbutiements, peut-être vaut-il mieux, ou même est-il impérieux, d'explorer d'autres voies, de créer d'autres recherches « parallèles ».

Les justes — c'est leur grandeur — savent leurs limites, leurs errances mais demeurent inébranlables : même si leur parcours fait parfois songer à celui d'un pion engagé dans le jeu de l'oie avec retours en arrière, blocages intempestifs ou chutes dans le puits, il n'y a pas, disent-ils, d'autre voie que la science pour conduire à la vérité ou du moins à l'objectivation du réel.

Pourtant, lorsqu'ils commentent leurs avancées, certains justes s'enivrent et, lâchant leur balance, cessent précisément d'être justes.

Au début de ce siècle, Félix Le Dantec préfaçant le 16 janvier 1913 la cinquième édition de sa *Théorie nouvelle de la vie* s'enfonçait dans l'erreur comme le fil s'enfonce dans le beurre :

> « Les découvertes de la physique-chimie et particulièrement les recherches récentes sur les substances dites colloïdes — ont facilité depuis quelques années la construction d'une biologie vraiment générale... On sait aujourd'hui que les particules suspendues dans les solvants sont infiniment plus grosses que les molécules et que néanmoins les colloïdes sont des corps bien définis transportant leurs propriétés avec eux. Nous connaissons donc une nouvelle échelle de transportabilité, échelle très différente de l'échelle chimique et il se trouve que les protoplasmes vivants sont justement construits à cette échelle colloïde... »

Hélas ! les colloïdes n'existaient pas : ce n'étaient que d'énormes molécules ! Le « trop juste » Le Dantec faisait douter les rationalistes par excès de rationalisme. C'est ce qu'exprime fort bien Georges Duhamel dans le sixième volume de la Chronique des Pasquier, *Les Maîtres*[1]. Le Pr Chalgrin vient d'être élu président de la Société rationaliste, mais il n'est pas un Le Dantec. Il confesse :

> « Mais l'homme, Pasquier, l'homme ! Voyez les choses froidement : le son est une vibration et même une vibration fort grossière. J'admets que la rencontre et la perception des ondes sonores puissent exercer une influence plus ou moins favorable sur la cellule vivante, sur cette substance prodigieuse dont nous ne savons presque rien. Mais a-t-on tout dit quand on a parlé d'une impression favorable ou défavorable ? Est-ce que de tels mots correspondent de manière quelconque à ce monde infini de joies et de douleurs qui s'éveillent en nous simplement parce que les ondes sonores ont fait vibrer notre tympan ? Et qu'on ne parle pas d'associations d'idées ou de souvenirs, ce n'est pas résoudre le problème. Vous produisez avec un tube ou une corde quatre ou cinq sons consécutifs et me voilà tantôt en extase et tantôt au plus sombre du désespoir. Des gens comme Vagelaire s'obstinent à ramener tout cela, vous le savez, à des questions de chimie biologique, à des équations, à des courbes. C'est enfantin (...). Mon ami, voyez comme la conjecture est délicate. Admettre dès le principe que la raison n'expliquera pas tout, c'est renoncer d'avance et c'est donner prise à la chimère, je le sais bien. Mais déclarer que

1. Mercure de France, 1948.

la raison permet de tout expliquer c'est créer une superstition nouvelle, c'est instaurer par excès de présomption une nouvelle forme d'ignorance et de barbarie. Pasquier, je parle comme si j'étais seul, comme s'il m'arrivait de parler quand je suis seul. »

Cette dernière phrase est admirable. Aujourd'hui comme en 1908, le juste ne doit jamais s'épancher. Sa certitude la plus absolue, c'est qu'il doit taire ses doutes. « Ne faites pas douter de la science. »

Être juste et croire

Un étrange paradoxe veut cependant que certains justes, et non des moindres, abdiquent toute humilité devant la nature matérielle au profit d'une humilité supérieurement orientée. On veut parler ici de ces hommes de science, souvent très grands, qui admettent le miracle divin, qui même parfois l'attendent, l'espèrent.

Le miracle ! Il y a pourtant là de quoi porter au comble l'exaspération des justes : puisque la nature a ses lois, puisqu'elles sont l'ordre même des choses, comment pourrait-on prétendre y toucher ?

Les justes s'insurgent donc lorsqu'un homme prétend pouvoir changer *lui-même* cela. Car une bonne part des miracles invoqués se réfèrent à une surpuissance humaine ou humanoïde. Je suis au bord de ce précipice, trop au bord, je glisse, je tombe. Depuis Newton, on le sait, les lois de la gravitation universelle font que le seul futur est celui, justement, de la pomme : tomber et s'écraser. Mais si je ne le veux pas, si je me concentre suffisamment, par la seule puissance de mon cerveau je dégagerai des pouvoirs — des ondes — qui freineront ma chute, empêcheront mon écrasement. Je serai un surhomme — Superman — littéralement. Dire que l'on peut tordre des cuillers à distance témoigne de la même prétention insensée : affirmer que la volonté humaine change les lois par définition immuables de la nature.

À dire le vrai, les rêves très anciens et les plus fous de l'humanité, l'homme les a parfois concrétisés en comprenant les lois de la nature puis en les utilisant créativement à son profit. La transmission de pensée fonctionne chaque jour et des dizaines de millions de fois, le nom est simple : téléphone ! Le tapis volant : c'est réalisé ! mais la carpette ne voyage pas véritablement seule, il y a un emballage sur lequel est écrit *Airbus, Concorde, Boeing, DC 10.* Alfred de Musset pleurant la mort d'une grande cantatrice de son temps, la Malibran, savait que seul un miracle pourrait lui faire entendre sa voix. Pour la Callas, le miracle a eu lieu. Il a pour nom : chaîne hi-fi et, désormais, disque-compact. Ainsi les « miracles » ont bien eu lieu, disent les justes, mais point du tout parce que le cerveau humain a émis d'étranges ondes inconnues ; plus simplement par ce que les chercheurs ont découvert et que les ingénieurs à partir de ces découvertes ont créé. Les neurones ont bien fonctionné, mais non pas pour combattre et surpasser la nature en lui imposant son pouvoir — au contraire —, ils l'ont d'abord mise à nu puis, composant avec elle, utilisée ensuite à leur profit.

De miracle humain, disent les justes, il n'en est point. Mais de miracles divins ? Les savants là se coupent en deux blocs pas forcément compréhensifs. À l'idée même d'un Dieu, les rationalistes athées lèvent les yeux, haussent les épaules. Les spiritualistes, eux, s'ils lèvent les yeux le font pour implorer le ciel et s'ils meuvent leurs épaules, c'est pour les incliner en signe de soumission. À quoi se soumettent-ils ? À une puissance supérieure ; car, pour reprendre la citation fameuse : « Toute horloge suppose un horloger. » Le Monde suppose donc un Dieu, ce Dieu a créé les lois de la nature. Si l'on s'adresse à lui — par la prière — pourquoi ne les changerait-il pas ?

La capacité de miracle que les justes dénient aux hommes, certains l'accordent au Dieu dont ils disent savoir l'existence, ressentir la présence.

Ils disent :

Notre Père qui êtes aux Cieux
Que Votre Volonté soit faite...

Si cette Volonté est, ici ou là, de se manifester pour sauver un homme ou bouleverser une situation, qui donc pourrait L'en empêcher ? Et quelle meilleure manière de solliciter cette volonté divine que la prière ?

Les rationalistes athées soutiendront que tout se résume à des croyances et émotions nées dans la tête de l'homme et que le Christ était « un homme admirable », non pas un Dieu.

Les spiritualistes blessés, non ébranlés, murmureront

« Hommes de peu de foi ». Et, retournant à la science, se sentiront cependant justes et probes, quand bien même ils tiendraient pour certains les miracles divins. Ce qui fait qu'on les rangera peut-être au sein des « convaincus du discutable ». Que l'on se propose d'étudier maintenant.

IV

Les convaincus du discutable

« Moi, je suis comme saint Thomas : je veux le voir pour y croire. » Cette phrase est ordinairement tenue pour une prise de position solide, celle permettant de séparer les justes des esprits crédules, pâte molle que fait changer le seul poids des mots. Qui parle après avoir vu pense pouvoir se compter au nombre des têtes bien faites, lesquelles aux antipodes des rêveurs et des chimériques assurent la marche du monde. Hélas, ce découpage est faux. Les statisticiens ont démontré en effet qu'on peut avoir vu, de ses yeux vu, et devoir s'imposer pourtant de ne pas croire. Il ne s'agit certes pas de nier les faits ; plutôt de ne pas les imputer à la cause prochaine la plus « évidente ».

Le complément indispensable de l'acte de voir est en effet celui d'intégrer. La nécessité première pour un esprit humain est de rapporter ce qui est vu à un cadre préexistant. Si le rapprochement s'avère juste, triomphe alors sans effort supplémentaire le « bon sens ». S'il était au contraire injustifié, se préparent immanquablement des lendemains qui déchantent, rançons des promesses en toc du « sens commun ».

Il est de nombreux esprits à posséder le triste privilège de ne jamais mettre en marche leur « bon sens ». Il en est d'autres plus répandus encore à considérer qu'une seule amorce de vérification empirique constitue une base définitive d'où l'on peut se répandre sans expérimenter plus avant. Ceux-là cèdent au sens commun, prennent le plus léger zéphyr pour « le plus terrible des enfants que le Nord eût porté jusque-là dans ses flancs » et, pensant vérifier, confondent souvent gros chat avec petit tigre, autour avec alentour, puce avec éléphant, pic et pic avec colégram !

Tous, hommes souvent honnêtes, font les convaincus du discutable. Ils sont loin de la science parce que, sans avoir rallié la totalité des hommes de science à leur point de vue, ils s'affirment sûrs de détenir la vérité. Conscients des critiques, ils font valoir pour s'assurer que les scientifiques patentés se disputent souvent entre eux. Ce qu'ils devraient alors ne pas oublier, c'est que deux savants vrais se querellant savent justement au fond d'eux-mêmes qu'ils n'ont pas encore été assez clairs expérimentalement, assez précis dans leurs raisonnements, que, somme toute, ils ne sont pas encore parvenus à leurs buts. Le triomphe d'un homme de science se fait toujours — toujours — dans le silence des contradicteurs. S'il s'en élève toutefois, ce n'est plus pour nier le résultat obtenu, la réalité mise à jour, c'est pour en réclamer la priorité et crier au voleur.

Les convaincus du discutable, dans le champ de la médecine, sont donc ceux qui, n'ayant pas su ou pu mettre fin scientifiquement aux discussions, réclament pourtant le silence dans les rangs.

Dans cette première partie qui a pour mot d'ordre « Entendre et Voir », on ne s'essaye pas encore à comprendre en profondeur les raisons des uns et des autres. Il s'agit pour l'instant de se limiter à restituer des discours, à peindre des situations et des hommes. Aussi les pages à venir proposeront-elles de changer de lieu, de pratiques, d'époque, pour retrouver à chaque fois ce monde situé du point de vue de ses exigences un gros cran en dessous des scientifiques. Un monde où l'on substitue au quatuor modèle pensé-hypothèse-expérimentation-découverte assurée, le trio plus modeste : modèle pensé-validation empirique-découverte espérée.

Voici un premier exemple de convaincu du discutable.

Le nom de Serge Voronoff n'est plus aujourd'hui connu que de quelques rares personnes. Entre les deux guerres mondiales, l'homme fit pourtant rêver bien des messieurs âgés et sans doute aussi quelques dames lassées peut-être d'attendre ce que Victor Hugo nommait un matin triomphant.

80 ans et conquérants

Serge Voronoff avait vécu en Égypte où il avait étudié de près de nombreux eunuques castrés vers l'âge de 6 ou 7 ans. En vieillissant, les castrats, lui sembla-t-il, prenaient l'allure de vieilles femmes ramollies physiquement et psychiquement. La conclusion peu à peu s'impose à lui : « Chacun, eu égard bien entendu aux qualités qu'il tient de l'hérédité ou de l'éducation, vaut à chaque époque de sa vie ce que valent ses testicules[1]. » Bref et militairement : on a des couilles ou on n'en a pas !

Aussi : « L'idée de remplacer les testicules âgés par un testicule jeune et en pleine activité lorsqu'ils sont déficients m'est venue dès l'année 1901 (...). Je commençai mes recherches en 1913 à la station physiologique du Collège de France au parc des Princes (...). J'ai procédé dès 1917 à une vaste expérimentation sur les animaux et j'ai choisi à cet effet des boucs et des béliers... Leur âge pouvait varier de douze à quatorze ans, terme extrême de la vie auquel ces animaux peuvent parvenir.

« J'ai donc greffé dans les bourses de ces animaux des fragments de testicules empruntés à de jeunes béliers de deux ou trois ans, et observé mois par mois. »

Et alors ? — « Mes béliers redevenaient jeunes d'allure, belliqueux, agressifs... la pitoyable bête de jadis était de nouveau pleine de vitalité et d'énergie. »

Voronoff met en route la contre-épreuve : au bout d'un certain temps il retire les greffes. Patatras. Tout l'acquis s'envole. Les boucs rajeunis deviennent avachis, si l'on peut dire. L'infatigable travailleur multiplie les contrôles : il n'y voit que confirmation de ses théories.

Enfin, il passe à l'homme !

« Les singes anthropoïdes adultes, le chimpanzé, le gorille, l'orang-outan nous ressemblent singulièrement. » Donc : « Ma première greffe du singe à l'homme date du 12 juin 1920. Ma pratique s'étend donc sur une période de plus de trois ans et comprend actuellement 52 greffes. »

Conclusion : c'est un triomphe. Le testicule de singe greffé chez l'homme, c'est, dans 65 % des cas, un résultat positif aux points de vue physique, mental et virilité sexuelle. Si l'on exclut

1. *Quarante-trois greffes du singe à l'homme,* Doin, 1924.

ce dernier item, on parvient à 88 % de succès. Toutes les observations sont rapportées en détail et l'on voit aussi des photos « avant-après » : la moustache se redresse, le corps se cambre, le regard redevient conquérant. À 77 ans, deux ans et demi après la greffe, le sieur E. H. se fait photographier en costume trois-pièces et leggins, courant sur une pelouse avec pour toile de fond une demeure superbe. On imagine qu'il poursuit quelque soubrette échevelée !

C'est donc une grande victoire. Une grande victoire facile à obtenir : qu'est-ce que greffer un peu de singe dans des bourses humaines, si cela suffit à réaliser le rêve du docteur Faust ! Ne plus avoir à vendre son âme au diable ! Pouvoir se contenter de prêter ses bourses pour héberger des testicules de singe ! Il n'y aurait probablement eu que certains intégristes de la S.P.A. pour s'y opposer.

D'où vient donc que la méthode ne se soit pas répandue ? Car Voronoff avait, semble-t-il, mené toute son affaire selon la méthode la plus rigoureuse. N'y aurait-il pas là un filon oublié dans les fracas de la Deuxième Guerre mondiale ? Ne faut-il pas d'urgence réclamer une commission pour rétablir Voronoff dans sa gloire et voter des crédits pour que son œuvre soit reprise ?

On sait bien aujourd'hui, du fait des progrès de l'endocrinologie, de l'hormonologie, en raison d'une meilleure connaissance du vieillissement et du problème des greffes et de leur rejet, que Voronoff a pris ses désirs pour des réalités. Et que ses vérifications étaient à la science ce qu'est une passoire à une casserole.

Peu importe : si un charlatan décidait de remettre l'idée au goût du jour, il se trouverait bien quelque milliardaire texan — je pense à J. R. — pour se dire que, ma foi, au cas où, on ne sait jamais...

L'affaire Voronoff illustre au mieux le concept de convaincu du discutable : observation, modèle pensé, tentative de confirmation expérimentale, résultats trop vite claironnés. Feu de paille. Décadence. Oubli. Poussière du temps.

Il est d'autres cas où la vérification ne va pas aussi loin et bâtit tout un système sur une vue de l'esprit appliquée à un système lui-même discuté. *La Médecine basée sur l'examen des urines, suivie des moyens hygiéniques les plus favorables à la guérison, à la santé et à la prolongation de la vie* est un ouvrage publié en 1858 par F. A. Brunner, médecin de la faculté de Paris.

Tout est dans l'urine et réciproquement

Le début est un coup de trompette historique et magnifique. La scène se passe avant la révolution. « Les sciences marchaient à pas de géant et la médecine présentait des bornes humiliantes ! On trouvait des chimistes, des physiciens, des naturalistes : le malade cherchait vainement un médecin ! Les saignées, les sangsues, les purgations, les vésicatoires, les cautères, les sétons, les contraires ; c'est-à-dire la lutte, la compression, la mort, l'esprit enfin des temps d'ignorance et de barbarie : tel était l'état de la médecine lorsqu'une lumière parut tout à coup. »

On pourrait imaginer ici que c'est la gloire de Cabanis, Bayle et Laennec que l'on va honorer. Non.

Cette « lumière » paraît en Allemagne : c'est Hahnemann, le fondateur de l'homéopathie. Suit alors une description enthousiaste dudit fondateur, de sa méthode et de ses succès. Le texte est d'un intérêt particulier en ce sens que Brunner situe fort bien l'émergence de l'homéopathie : à une époque où la médecine était réellement dans le noir le plus profond. En 1790, l'école anatomo-clinique de Paris n'existait pas encore. Bichat avait 18 ans, Bayle 10, et Laennec 9. Seul Cabanis — 33 ans — mettait déjà de l'ordre dans la maison, mais il demeurait encore aux prémisses de la réflexion.

En 1790 donc, Hahnemann revivifiant Hippocrate, du moins un fragment de l'œuvre hippocratique, soutient et pense même démontrer qu'il faut soigner un symptôme en donnant en petites quantités une substance susceptible elle-même de déclencher un symptôme identique lorsqu'elle est donnée à fortes doses. Plus tard, sont prônées les dilutions infinitésimales et la succussion qui « dynamise » les préparations. Enfin se met en place un complément important : il ne suffira pas de traiter par homéopathie les symptômes maladifs, il faudra aussi prendre en compte les caractéristiques de l'individu tel qu'en lui-même. S'il est petit et gros on lui donnera un traitement de « terrain » différent de ce que l'on aurait donné à un grand et maigre.

Ce sont ces bases affirmées qui font à nouveau actuellement l'objet de discussions, on l'a vu, très « vivantes » : les concepts de « pathogénésie », « dilutions infinitésimales »,

« dynamisation » et traitement de « terrain » à nouveau font vibrer l'Académie de médecine.

Brunner, en 1790, n'est en rien choqué par la base hahnemannienne de l'homéopathie. Au contraire : « Non seulement Hahnemann a renversé les erreurs qui constituent la médecine du jour, mais encore il a pénétré d'un seul coup de génie ce que les génies des peuples pendant vingt-trois siècles n'avaient pu pénétrer : la loi universelle d'harmonie ou d'homéopaticité. Hommage éternel lui soit rendu ! »

Alors, Brunner ? disciple ? homéopathe ? Non. Le « coup de génie » qu'il salue n'a pas selon lui pénétré assez loin. Le conquérant Hahnemann s'est — pour Brunner — arrêté en chemin. Brunner heureusement assure le relais : il a su reconnaître dans l'étude des urines l'autre guide infaillible de la médecine. Sur le terrain qu'a déblayé Hahnemann il plante son propre drapeau. Et les choses sont claires : la deuxième gloire médicale du siècle, c'est *lui*, qui sait étudier les urines, les observer, et par elles établir le diagnostic le plus sûr : « Ce n'est donc point par les contraires ni toujours par les semblables que les médicaments guérissent ; mais bien par leur propriété de détruire la cause de la maladie. » Comment trouver la cause ? En étudiant l'urine : « L'urine vient du sang et sert exclusivement à sa dépuration ; elle se compose de tous les principes morbides qui altèrent le sang et nuisent à la santé. Ainsi, elle contient la bile, le lait, le sang, la graisse, le pus, l'urée, la gélatine, l'albumine, les matières tuberculeuses ainsi que divers animalcules microscopiques ; elle contient les chlorures, les phosphates, les sulfates d'ammoniaque, de chaux, de soude, etc. ; elle contient les médicaments et les poisons ingérés dans l'économie, elle contient aussi *d'après mes recherches les éléments émanés des organes malades*, elle donne les signes précurseurs de la maladie comme elle indique les aggravations ou les apaisements. »

L'urine qu'il faut examiner est « l'urine de sang », c'est-à-dire du matin ; « elle sera la boussole du médecin dans le chaos sans limites de la maladie et du traitement... » Suivent des pages enthousiastes et qui sont un inventaire à la Prévert de tout ce qui peut se voir, s'observer, se sentir, s'analyser. Regarder les urines sous le microscope, c'est être capable d'y déceler par exemple « les globules granulés », signes certains de la phtisie ; voit-on des « globules grisâtres » dans du mucus, le patient est atteint de cancer. Tout ce qui va mal dans le corps est signé dans les urines *puisque* les urines ne sont qu'un résumé du sang qui lui-même baigne et draine tous les organes malades.

Ainsi, pour Brunner, la scène médicale s'éclaire. Plus de traitements « évacuateurs » cruels et dangereux, épuisants et remplissant les cimetières. Vive Hahnemann à qui l'on doit cette mise à bas ! Mais, puisque l'homéopathie ne guérit pas tout, il faut aller chercher ailleurs. Et c'est lui, génial artisan, qui aura trouvé la caverne d'Ali Baba : l'urine, entrepôt de toutes les richesses séméiologiques que souhaitent les médecins honnêtes, soucieux de trouver la cause et de donner le bon remède — homéopathique ou autre — dont les heureux effets seront, évidemment, suivis par le retour des « urines de sang » à la normale.

Suit une présentation vertigineuse : cas de phtisies, de cancers, de chloroses guéris par sa méthode. L'ivresse du succès aidant, Brunner entreprend même (l'urine servant comme « baromètre ») de réglementer la vie physique, morale, sexuelle de chacun. Il déconseille en passant, aux malades, les climats d'Alger et de Nice au profit de ceux salvateurs de la Bretagne et de la Normandie. L'urine voit tout. Sait tout.

On fera valoir qu'il n'est pas bien, alors qu'en 1987 le débat est ce qu'il est, de remettre au-devant de la scène et de verser comme pièce au dossier un livre oublié, rédigé par un homme trop peu critique et trop autosatisfait. On trouverait à la même époque presque autant de sottises chez les pères fondateurs de la médecine moderne et institutionnelle qui, défrichant alors le terrain des corrélations anatomo-cliniques, rapportaient les symptômes aux atteintes d'un organe et non pas d'un fluide — c'était le bon choix — et dont on n'a retenu que ce qui, par la suite, s'est révélé de valeur.

Il n'empêche que le livre de Brunner est exemplaire de ce que l'on entend et voit aujourd'hui chez les convaincus du discutable : à savoir une traite sur l'avenir trop généreusement tirée. Car Brunner avait vu, senti, et vérifié certaines choses bien réelles. On pourrait reprendre certaines lignes et les insérer encore dans un traité de médecine moderne, mais jouer les Perrette ne va tout de même pas sans risque. Ce que l'on reproche à juste titre aujourd'hui à bien des différents, c'est d'aller — comme Brunner — trop vite en besogne et de voir déjà l'Amérique en quittant Le Havre. Malheur à celui qui trop tôt prétend généraliser. N'est pas Pasteur qui veut. Malheur à celui qui publie ses cas un par un. Ses observations ne peuvent en aucun cas être tenues pour un indice d'efficacité de la méthode prônée.

Pour que l'on ne discute plus, pour que l'accord se fasse, il faut des séries étudiées selon des canons stricts. S'il n'y a pas de séries, s'il n'y a que des observations particulières, aucun accord ne se fera jamais. Les convaincus ne peuvent prétendre ni à l'universalité ni au silence consensuel. Ils demeurent, quoi qu'ils fassent, des convaincus du discutable.

Que leur demande-t-on pour sortir du discutable ? De passer au niveau supérieur, de parvenir par une démonstration définitive à faire cesser les ergotages. Ce que Pasteur fit pour la génération spontanée avec le ballon à col de cygne[1]. Si les convaincus du discutable n'ont pas forcément tort, il leur reste à prouver qu'ils ont raison. Ils n'ont en tout cas aucun droit, c'est même d'une grande maladresse et d'une insigne paresse, de demander aux organismes de recherche de faire la preuve pour eux de ce qu'ils affirment pressentir.

Honnêtes et incertains

Deux exemples maintenant de convaincus du discutable, médecins — j'en suis sûr — honnêtes. Mais posant de graves problèmes.

Le premier est Arthur Vernes, ancien interne des hôpitaux de Paris, ce dont il était, à juste titre, fier. En bas de la rue d'Assas, un Institut porte son nom et d'excellents médecins y travaillent. Font-ils de la médecine « à la Verne » ? Pas tous assurément.

Qu'est-ce que la médecine à la Vernes ? On peut — beaucoup trop schématiquement — la résumer à ceci. Arthur Vernes, né le 16 juillet 1879 et mort en 1976, a mis au point un système fondé sur certaines modifications du sérum sanguin. Ces perturbations témoignent selon lui de l'origine et de l'évolution des maladies, de leur pérennité ou de leur régression. Elles permettent aussi de contrôler par des mesures rigoureuses l'action d'une thérapeutique.

1. Voir René Dubos, *La Leçon de Pasteur* (Albin Michel, à paraître en 1988). René Dubos (1901-1982) : biologiste et écologiste. Français ayant effectué toute sa carrière à New York, à la Rockefeller University.

Question : quelles sont les modifications étudiées et comment s'y prend-on ? Voici : on isole du sérum à partir du sang, on en remplit des petites cuves en verre que l'on fait traverser par un rayon lumineux. On ajoute maintenant dans chaque cuve un produit chimique dont la dilution varie d'une cuve à l'autre. Vernes découvre un jour que la capacité de chaque mélange sérum-produit à se laisser traverser par la lumière ne varie pas régulièrement en fonction de la dilution. Dans certaines dilutions apparaissent de fines particules en suspension qui arrêtent la lumière. En amont et en aval, la lumière passe. Arthur Vernes constate — c'est le nœud de l'affaire — que le sérum d'un malade ne s'opacifie pas aux mêmes dilutions que le sérum d'un bien-portant. Mieux, en étudiant simultanément l'opacification du sérum d'un même patient conduite avec des substances différentes, il démontre qu'en fonction de la maladie on peut définir un « profil » particulier.

Ainsi, par ces tests, affirme Vernes, finit-on par pouvoir porter un diagnostic — ou le confirmer — et — mieux — suivre les effets de la thérapeutique car, soutient le découvreur, il est quantité de médicaments à n'agir qu'un temps assez bref. Comment savoir que l'action bénéfique est interrompue ? Réponse : par les tests qui démontrent que, dans le sérum, les choses reviennent à leur état de perturbation.

Arthur Vernes était de son temps : son travail a donc porté sur la syphilis, la tuberculose et le cancer. Il dit avoir obtenu des résultats remarquables. Le croira-t-on ? Ou se rangera-t-on plutôt aux côtés de son illustre et ancien condisciple, le Pr Noël Fiessinger, qui l'éreintait le 30 septembre 1945 dans *Le Journal des praticiens* ? « M. Arthur Vernes est un homme heureux. Il a découvert des techniques et croit que ces techniques lui permettent de mesurer les maladies. La médecine avec lui entre dans le cadre de la comptabilité. Quel bonheur ! Tout est fini des difficultés de la clinique... Son livre *(Mesure et Médecine)* est non seulement le fruit d'une imagination débordante mais aussi constitue un danger réel. Il s'y glisse, en plus, un chapitre où l'on guérit le cancer. Derrière l'homme de foi, n'y aurait-il pas un homme d'affaires ? On n'ose y croire. C'est simplement un acte de foi... » Que penser ?

D'abord, que Fiessinger, quoique crack authentique de la médecine, a tort de persifler : il n'est plus actuellement fait cas que de la médecine mesurable. Vernes, là au moins, n'était pas en retard.

Ensuite, on aurait beaucoup aimé aussi que Fiessinger néglige l'accusation de négoce, elle est indigne. Et l'on trouve sans doute là une des raisons à l'entêtement parfois coupable des convaincus du discutable. Croyant avoir trouvé, ayant agi en leur âme et conscience, ils attendent à tout le moins que l'on se penche sur leurs efforts. Ils voient au contraire naître des attaques personnelles et infamantes. Elles embrasent ces âmes qui ne cherchaient au départ aucune basse querelle. Une fois le débat lancé sur ces bases, là il ne peut que déraper. L'attaqué s'accroche plus que jamais à ses thèses, l'attaquant ne veut pas rendre gorge de ses insultes. Les partisans accourent et, négligeant le fond du problème, trouvent chacun leur saint homme là où la passion, l'amitié, le charme le leur font découvrir. L'avenir se bouche. La querelle s'éternise.

Arthur Vernes avait-il raison ? Ceux qui poursuivent dans sa direction sont-ils coupables ? Ces questions demeurent sans objet. Il faut se répéter : Arthur Vernes n'a pas su pousser sa démonstration jusqu'au point où se taisent les critiques, où éclatent les résultats. Travail dans une impasse ? ou travail inachevé ? Quelque super-Vernes fera peut-être, un jour, cesser les discussions. On a aussi le droit d'en douter.

Restons chez les médecins. Le Dr Hervé s'est battu avec ardeur et conviction pour soutenir que le vaccin Friedmann (un vaccin contre la tuberculose préparé à partir d'un bacille dangereux pour les tortues qu'il tuait, mais inoffensif chez l'homme) était efficace ; beaucoup plus en tout cas que le B.C.G. qui était, selon lui, dangereux chez l'homme. Peu importe l'histoire elle-même : elle est structurée comme toutes les autres : des observations, un modèle pensé, une vérification ne faisant pas l'unanimité, une polémique, une affaire.

Ce qui fait l'intérêt des livres du Dr Hervé, c'est sa sincérité absolue et la conviction que d'importants groupes de pression peuvent empêcher une découverte de s'épanouir.

Or il existe une autre histoire véridique tenant aussi à la tuberculose, et qui indique bien que, si les groupes de pression peuvent contenir un temps un progrès réel, ils ne peuvent pas résister longtemps à la pression du vrai, s'il est correctement démontré.

Ce que dit assez clairement le Dr Hervé, c'est que les sanatoriums et les spécialistes de la tuberculose avaient entendu sans plaisir aucun annoncer une méthode devant les conduire à la fermeture de leurs établissements. Qui veut tuer son chien l'accuse de la rage — semble-t-il dire. On accuse donc le vaccin Friedmann parce qu'on a voulu le tuer. On a voulu le tuer parce qu'il menaçait l'institution, parce qu'avec lui les sanatoriums étaient menacés de fermeture.

Or les sanatoriums plus tard ont tout de même fermé, et ce qui les a contraints à cela, c'est bel et bien la démonstration scientifique par James Hirsch de ce qu'il n'était plus nécessaire de garder les tuberculeux au lit pour que les antibiotiques ou autres produits actifs agissent au mieux. Le travail avait été remarquablement conduit et les résultats étaient indiscutables. Lorsque James Hirsch présenta ses résultats devant une société des plus savantes, nul ne s'avisa donc de discuter. Simplement un homme se leva et dit : « Monsieur, votre travail est extrêmement intéressant. Sans doute avez-vous raison... mais nous ne changerons rien. Les sanatoriums resteront ouverts. » Trente années plus tard, James Hirsch n'était pas revenu de sa surprise ni de sa terrible déception indignée d'alors. Mais il avait la satisfaction, ayant un peu attendu, d'avoir assez rapidement gagné. Les faits apportés par lui étaient, à la différence de ceux d'Hervé, indiscutables : dans un pays de liberté ils ne pouvaient que triompher. Le temps cependant que toute l'organisation sociale des sanatoriums se reconvertisse et que l'esprit des malades aussi se fasse au traitement « en marchant » de la tuberculose.

La vérité se redresse toujours

L'histoire de James Hirsch est exemplaire : chaque novateur soulève immanquablement une levée de boucliers réactionnaires mais, si le novateur est clair, si sa démonstration est convaincante, il y aura toujours un autre groupe pour le soutenir, ne serait-ce que pour en faire ses choux gras. Les lobbies existent, ils ne choisissent pas précisément pour les défendre des agneaux ou des enfants de chœur, mais toujours ils cèdent au bout du compte à des démonstrations convaincantes. On n'étouffe pas la vérité, on étouffe des vérités mal dégagées de leur gangue, mal présentées, mal défendues.

Il n'est pas sans intérêt d'ailleurs de noter qu'au début des années cinquante, volant au secours du vaccin Friedmann, Paul Reboux, excellent auteur, écrivit un *Tuberculeux, on pourrait vous guérir* qui n'ajoute rien à sa gloire littéraire et fait même de lui un auteur sot, aveuglé par un désir de chicane plus qu'illuminé par un souci de vérité. Car la vérité était alors celle-ci : on pouvait guérir les tuberculeux, et depuis peu, grâce non seulement à la streptomycine, mais encore au Rimifon qui débutait sa carrière prestigieuse. Quant à lutter contre la tuberculose, mieux aurait valu alors combattre en faveur de la diffusion du Rimifon. Mais cette molécule chimique n'avait pas pour Paul Reboux le charme ésotérique d'un vaccin venu tout droit des tortues géantes.

C'est en finissant son livre que Paul Reboux apprend la naissance du Rimifon. Au lieu de stopper la parution, il rajoute simplement quelques pages. Comme le Rimifon est un dérivé lointain de la niacine, son sang ne fait qu'un tour : il subodore lui aussi les traces d'un complot systématique émanant de l'institution : « La niacine? Mais elle avait été expérimentée officiellement en France! En 1941, l'Institut Pasteur l'avait réprouvée comme il avait barré la route à la pénicilline avant la guerre. Des communications avaient été négligées par l'Académie de médecine de Paris... »

Charme des découvertes de marché aux puces, le livre de Paul Reboux qui sert ici de référence était accompagné d'une lettre datée du 23 avril 1954, et adressée par l'auteur à Pierre Bardel, un journaliste désirant parler du livre. On y sent le militantisme intact. Or il ne devrait plus l'être. Le Rimifon à cette date a triomphé. Les sanatoriums sont condamnés à terme et le vaccin Friedmann aussi. Du moins est-il totalement dépassé.

Comme sonne ridicule, aussi, l'affirmation selon laquelle la pénicilline et la niacine auraient fait l'objet d'un complot. La pénicilline avant le 25 mai 1940 n'était rien, moins que rien. Florey et Chain en ont fait une star. La pénicilline de Fleming qui datait de 1927 était à la pénicilline de Florey ce que la bauxite est à l'aluminium. Même chose pour la niacine par rapport au Rimifon. Essayez donc de faire cuire votre soupe dans un chaudron de bauxite!

Le combat généreux de Paul Reboux n'était désormais plus que radotage. La conviction des tenants du vaccin Friedmann n'avait ni su ni pu surmonter les obstacles. Streptomycine et Rimifon y étaient parvenus. Un point c'est tout.

Différente de l'affaire du vaccin Friedmann et durant depuis maintenant plus de trente années : l'affaire Priore. On la connaît bien grâce aux livres de Jean-Pierre Bader et de Jean-Michel Graille[1], l'un très éminent professeur de médecine, l'autre excellent journaliste. L'affaire est intéressante : un homme se convainc que les ondes radar empêchent les oranges de pourrir. Il rêve. Il construit une machine qui « émet des ondes électromagnétiques et des champs magnétiques, l'ensemble de l'émission étant par ailleurs soumis à une variation d'amplitude à type pulsatoire ». En fait plusieurs machines seront construites successivement, les dernières de taille impressionnante. Deux milliards de centimes seront investis. Pour comprendre le pourquoi d'incontestables résultats positifs obtenus sur certains cancers greffés à de petits animaux et sur la résistance conférée à des souris vis-à-vis des parasites mortels que sont certains trypanosomes, on mettra en marche une fantastique série d'interventions politiques honnêtes, d'aides industrielles solides et sérieuses, de convocations de commissions composées d'autorités qui, la preuve en est faite et bien faite, ne font pas un jury de Cauchon.

Intéressant ? ou du plus haut intérêt ?

Sur quel point central bute-t-on ? Voici : tout au long de l'histoire, Antoine Priore, méfiant, roublard, mégalomaniaque, refuse de donner le secret de sa machine, s'arrange pour brouiller les pistes, demande à être jugé sur ses résultats, et confondant « intéressant » avec « du plus haut intérêt », exige que l'on mette en place toute une industrie destinée à fabriquer des machines Priore. Évidemment, on lui dit non. Ses amis dénoncent « l'informel mais très puissant groupe de pression, lobby des industries de la maladie » qui « fait pression sur les gouvernements et certains scientifiques pour empêcher que cette machine soit fabriquée en série après les mises au point nécessaires... ».

Il est du devoir le plus élémentaire de retourner au moins la question et de demander : combien de personnes ont fait aussi bien sinon mieux qu'Antoine Priore et n'ont que peu obtenu, ou même rien ? Il faut savoir que guérir certains cancers expérimentaux est d'une dérisoire facilité pour quantité

1. *Le Dossier Priore*, Jean-Michel Graille, Denoël, 1984 ; *L'Affaire Priore*, J.-P. Bader, J.-C. Lattès, 1984.

de médicaments échouant lamentablement dès que l'on passe à l'homme. Bien sûr, il y a dans les commissions, dans les instituts, dans les jurys des limaçons de l'aventure médicale, quand ce ne sont pas des saboteurs. Mais jamais ils n'empêchent une invention correctement présentée de voir le jour après une période d'épreuves, il est vrai difficile.

La tragédie Priore se situe décidément dans ce marais du trop discutable et de la fausse victime. Qu'un industriel et des scientifiques reprennent le problème : d'accord. Mais que l'on sache d'abord parfaitement ce que l'on veut produire si l'on bâtit la machine. Il ne manque pas en France de spécialistes de grand talent pour se pencher sur les problèmes des ondes et radiations. Et qui nous dit, au fait, qu'en exposant les mêmes souris à d'autres types d'ondes électromagnétiques on n'obtiendrait pas çà et là quelques résultats intéressants ? On oublie d'ailleurs un peu vite qu'Arsène Darsonval, éminent représentant de l'école Claude-Bernard et professeur au Collège de France, a lui aussi, et sur des bases autrement affirmées, cru tenir en l'électrothérapie l'avenir de la médecine. Il en est resté des techniques convaincues d'être discutables.

Non, non : on est avec l'affaire Priore dans du trop nébuleux, trop au ras du sol. On a fait déjà beaucoup en faisant ce que l'on a fait. Qu'on ne vienne pas demander en plus l'admiration anticipée et bêlante de savants qui en d'autres lieux façonnent avec succès le monde de demain : énergie, communications, espace. Pourtant il en sera toujours ainsi : la science de la vie fait un beau parc où l'on peut la nuit jouer aux masques. On se croirait au dernier acte des *Noces de Figaro*. Qui est qui ? qui cherche qui ? où va chacun des personnages ? Ce jeu charmant mérite un bel opéra. Non pas des crédits de recherche à la pelle. Du moins en l'état et sur ce point. Car pour ce qui est de l'intérêt des champs magnétiques et des ondes électromagnétiques, il n'y a personne à convaincre. On en sait l'importance. Mais on doit réfléchir lorsqu'un homme déclare qu'il est tout près de la fortune et que nul ne veut l'aider : ce peut être un mendiant devant la vitrine de Cartier. Il est à l'évidence à deux doigts de la fortune et nul ne veut l'aider à briser la vitre. Faut-il se lamenter ?

Autre convaincu du discutable : le Pr Ana Aslan. Son combat : la lutte contre le vieillissement. « Dès 1953 j'avais affirmé qu'il était possible de prévenir, ou plus exactement de retarder, les phénomènes du vieillissement. A l'époque c'était une assertion tout à fait nouvelle qui surprenait et choquait... On nous accueillait avec un sourire moqueur. Aujourd'hui les gérontologues du monde parlent d'une telle approche [1]. » C'est très vrai. Question : les gérontologues ont-ils « trouvé » ? Réponse : non. Question : Mme Aslan a-t-elle trouvé ? Réponse de l'intéressée : oui ! Quoi donc ? Les vertus anti-vieillissement de la novocaïne ou procaïne, d'abord incorporée dans une préparation nommée Gerovital H3 qui, enrichie de glutamate de potassium, réalise ensuite l'Aslovital. Ça marche ? Mme Aslan dit : oui. D'ailleurs, de Gaulle, Churchill, etc. En fait, là aussi tout est discutable. Sinon sérieusement qui s'en priverait ? Ainsi la procaïne facile à se procurer ne peut que peu. Elle fait quelques heureux en tout cas, et c'est déjà bien. Pour le reste on en est encore à formuler des vœux. On dira : mais, au fait, on ne sait pas bien non plus comment l'aspirine fonctionne ! C'est exact. Mais il n'y a aucun doute, ça marche, et pas seulement chez quelques voyageurs roumains ou quelques vieux béliers rhumatisants.

La science, il faut le comprendre, ne prétend jamais faire le net sur tous les aspects d'un problème : elle prétend cependant avoir le droit de se montrer satisfaite lorsqu'une facette au moins du problème a été sérieusement décapée et brille. On ne chipote plus du tout dès lors qu'un piton solide émerge clairement de la brume. Les convaincus du discutable prétendent, eux, lorsqu'ils *devinent* un piton dans le brouillard, qu'ils tiennent du solide. Non.

Les exemples qui précèdent ont largement indiqué de quel côté on se range forcément lorsqu'on est imbibé jusqu'à la moelle des règles non négociables du comportement scientifique. On ne fait pas de science à 99 %, pas plus qu'on ne marche sur un fil de fer à 99 %. La sience veut tout ou ne reconnaît rien. Cependant on a dit aussi qu'une percée scientifique prend du temps et se fait par étapes. Voyons cela : une étape peut être totalement scientifique, même si elle ne touche pas d'emblée au but ultime. On n'en veut pas à Becquerel, découvreur de la radioactivité, de ne pas avoir construit séance tenante la première centrale nucléaire. On n'en veut guère plus à Poincaré qui mit Becquerel sur la voie de l'expérience décisive de n'avoir en aucun cas prévu la retombée « radioactive » d'une remarque faite et d'une expérimentation

1. *Contre la vieillesse,* Nagel, 1985.

proposée pour mieux étudier les rayons X. Le modèle pensé conduit à l'hypothèse, l'hypothèse à l'expérience et l'expérience parfois à la découverte d'un morceau du puzzle seulement. Cela pesé, on l'a dit déjà, un homme de science a ses moments ordinaires.

On veut dire qu'il troque souvent son bel habit sans tache pour le masque incertain de convaincu du discutable. Aussi n'est-on pas étonné de voir, d'entendre et de lire certains scientifiques — déjà cités pour leur rigueur intransigeante — se comporter à leur tour en convaincus du discutable. Pour que le débat garde la hauteur souhaitable et pour qu'aucun soupçon de chicane ne s'immisce dans l'interprétation des lignes qui vont suivre, il ne sera mentionné que des personnalités pour lesquelles l'auteur a un respect total mais dont il constate que certaines interventions ne sont plus du tout scientifiques.

L'affaire Jacques B.

Le débat en cause, celui qui a rebondi autour de l'homéopathie et plus précisément autour des travaux de Jacques Benveniste, en apporte une preuve. Jacques Benveniste fut dans sa jeunesse tout aussi gauchiste que Marcel-Francis Kahn, tout aussi sûr de son fait que Philippe Meyer, et ses travaux sur le *platelet agregating factor* (P.A.F.) ont exactement la rigueur que souhaite pour des travaux scientifiques Hugues Gounelle de Pontanel. On ne les discute pas, ils font partie du bagage biologique réglementaire.

D'où vint alors cette levée de boucliers lorsque, du laboratoire de Jacques Benveniste, Unité de recherche de l'I.N.S.E.R.M. U 200, sortirent des travaux montrant que des préparations homéopathiques de haute dilution exerçaient un effet sur des cellules sanguines appelées basophiles, lesquelles sont bourrées de « grains » et « dégranulent » dans certaines circonstances anormales ?

La réaction épidermique vint sans doute de ce que Benveniste laissa publier l'information dans *Le Monde* aux lieu et place de le publier d'abord devant une institution reconnue. Ce manque de tact ne constitue pourtant pas une entrave à la démarche scientifique et n'aurait dû obérer en rien la critique scientifique de ses résultats.

Mais la réaction fut assez déconcertante. Quelques

semaines plus tard, on l'a déjà dit, à l'Académie nationale de médecine, le 14 mai 1985, l'équipe du Pr Dry publiait à son tour sur : Dégranulation des basophiles humains et substances « dites homéopathiques »[1]. Va pour les guillemets et le « dites ». Mais l'introduction laisse perplexe : « La grande presse a largement rapporté qu'une substance homéopathique *apis mellifica* (A.M.) inhibait in vitro la dégranulation des polynucléaires basophiles humains (D.B.H.) induites par un allergène. Il nous a paru indispensable de vérifier ce résultat qui *risquerait* s'il était confirmé, d'apporter une caution scientifique à l'homéopathie. »

Voilà. Attardons-nous sur les mots « qui risquerait s'il était confirmé ». Très franchement, on ne voit pas bien où est le risque de donner une base scientifique à l'homéopathie. Et d'ailleurs un jour ou l'autre il y en aura une : à tout le moins il y a chez nombre d'utilisateurs de l'homéopathie un effet placebo. Or l'effet placebo — on y reviendra très longuement — aura un jour une base on ne peut plus scientifique.

Non, vraiment, l'équipe Dry comme les Drs Aron et Gounelle de Pontanel qui font immédiatement un succès à ce travail rapide se rangent ici du côté des convaincus du discutable. Ce n'est pas ce que l'on attend d'eux. Je redis mon respect et mon estime à M. Gounelle de Pontanel pour son œuvre de nutritionniste mais que faut-il penser de ce propos concluant une lettre par ailleurs de haut niveau et de ton délicat : « Un point cependant nous sépare. Vous avez tendance à accepter le fait de société sur les médecines naturelles et l'homéopathie et à tenter de l'endiguer dans les plus étroites limites. Pour ma part je pense que la résistance doit être encore plus affirmée et que ces pratiques doivent être formellement dénoncées sans indulgence ni bienveillance. »

Il me semble inutile de refuser les faits de société et utile de cultiver l'indulgence et la bienveillance, ne serait-ce que pour de temps à autre se passer à soi-même certaines faiblesses !

Il y avait aussi un arrière-plan politique ; nul n'ignore que Georgina Dufoix, ministre d'alors de la Santé, se sentait personnellement concernée par la reconnaissance de ces méthodes et leur enseignement. Je le demande avec toute la chaleur d'une amicale et grande estime à Philippe Meyer, lorsqu'il a dit à propos de l'opportunité ou non d'enseigner

1. Séance du 14 mai 1985.

l'homéopathie dans les facultés : « Je ne suis pas d'accord, c est aux scientifiques et aux médecins de décider ce qu'ils doivent enseigner à leurs étudiants et non aux politiciens. L'immixtion du pouvoir politique dans la vie scientifique et intellectuelle me rappelle de fâcheuses expériences dont la plus illustre est l'affaire Lyssenko[1] », on se demande si le bouchon tout de même n'est pas poussé un peu loin.

On trouverait chez M.-F. Kahn la même dent dure contre Georgina Dufoix. Et le même combat discutablement mené au nom de la science. Très cher M.-F. K., lorsque nous pensons être le plus sérieux, ne faisons-nous pas aussi un peu de patamédecine ? Ce que nous savions par cœur et qui nous a valu de grimper les escaliers honorifiques de la médecine n'est-il pas aujourd'hui tenu pour dépassé ? Devrions-nous pour cette raison nous faire hara-kiri ?

Le petit bout qui dépasse ; peut-être

Si nous ne voulons pas faire « douter de la science », si nous ne voulons pas sombrer dans ce que justement nous reprochons aux autres : être des convaincus du discutable, il serait souhaitable que nous portions d'abord un regard intéressé et bienveillant sur ce qui pourrait peut-être se révéler être un petit bout qui dépasse devant un jour conduire à du neuf.

Le public attend cela de nous. Soyons scientifiques dans la méthode, gardons l'esprit ouvert. La science n'a pas besoin de chiens de garde. On peut y combattre encore à l'ancienne en laissant ses adversaires tirer les premiers, quitte après la bataille des mots à s'être défait de quelques illusions de plus.

Il y a tout de même bien un problème du rôle de l'extrêmement dilué qui n'est pas résolu. Quand on sait qu'un grand eczéma peut se déclarer après qu'un malade a touché quatre à cinq pièces faites d'un alliage contenant du nickel, on se dit qu'effectivement il en faut peu parfois pour déclencher beaucoup. Et lorsqu'on lit dans les comptes rendus de l'Académie des sciences une évaluation de la dose limite d'activité du facteur thymique, on se dit « Tiens ! » et l'on attend du neuf, assez excité. Certains insectes d'ailleurs sont sensibles à une seule molécule de phéromone qui leur suffit pour percevoir la

1. *Le Figaro*, 25 mars 1985.

présence d'un partenaire sexuel. Oui, lorsque l'on prend connaissance de la « mise en évidence » de signaux physiques émanant de solutions diluées dynamisées ou « homéopathiques », on doit être d'abord intéressé.

Quantité d'autres exemples pourraient être fournis. Il est vrai que régulièrement, lorsqu'on demande aux hyperspécialistes de la question ce qu'ils pensent des notes publiées, on revient déçu. Toujours traînent ici ou là une négligence, une insuffisance ruinant le travail tout entier. Mais encore une fois il est de notre devoir, avant de nous offusquer, de prendre le temps de regarder. Je disais un jour en public à un ami, à propos de l'homéopathie : « Nous sommes toi et moi d'un égal scepticisme, mais toi tu préférerais que ça ne marche pas, moi j'aimerais que ça marche... »

Voilà résumées nos positions...

En fait, ne serais-je pas, en énonçant ces derniers propos, moi-même en train de me ranger parmi les convaincus du discutable ? La réponse est évidemment : oui.

V

Les horlogers des montres molles

Les justes et leur balance partent des faits et les soumettent aux feux croisés de leurs propres expériences et des contre-expériences de leurs collègues tout aussi « justes » qu'eux ; les convaincus du discutable partent des faits, entreprennent un début de vérification mais s'arrêtent trop vite et n'ayant pas encore conclu proclament pourtant leur victoire. Croyant planter leur fanion au sommet de l'Everest, ils le fichent simplement sur un modeste tumulus que le brouillard environnant et une courte vue leur font prendre pour le Toit du monde. Les horlogers des montres molles font tout autre chose : ils jouent eux à tempête sous un crâne ; rien à l'extérieur, tout au-dedans : ils fantasment, se paient de mots, s'exaltent, se surprennent, se rengorgent, se décorent, se pavanent et demeurent ébahis que le monde ne se prosterne pas immédiatement à leurs pieds. Les horlogers des montres molles font joujou avec les mots les plus malléables, les chauffent au besoin au feu de leur délire pour les assouplir encore, les triturent, les liment ici, les rognent là, en soudent parfois plusieurs entre eux, les coupent, éparpillant les morceaux lorsqu'ils y trouvent leur compte, et proclament : « Les temps sont là, l'œuvre est accomplie. » Avec du chewing-gum, de la guimauve et de la barbe à papa ils ont bâti cent, mille, cent mille pendules à la Dali : des montres molles, qui toutes sonnent parfaitement en même temps. Est-ce enfin réaliser le rêve de Charles-Quint ? Non, il n'y a là que création, rien de découvert.

Salvador Dali inventeur donc des montres molles a peint aussi une « jeune fille auto-sodomisée par sa propre chasteté ».

C'est bien une autre façon de présenter le grand œuvre de toute une catégorie de chercheurs finalement surréalistes; si l'on veut être aimable à leur endroit; et parvenu à ce stade du livre, on veut l'être.

Pour montrer d'ailleurs la force de l'émotion et du symbole, l'auteur demande la permission d'égrener quelques souvenirs qui auraient pu faire de lui un horloger de plus.

Un auteur sujet à caution

C'est ainsi : j'ai un passé irrationnel. Voici. J'avais quatre ans en 1943 et pas de papa. Enfin, pas de papa disponible. Cet honorable deuxième-classe de l'armée française avait, sur ordre, fait à l'automne 1939 les préparatifs nécessaires pour investir Berlin. Le généralissime Gamelin fit trop de siestes, les blindés n'étaient pas ce que le colonel de Gaulle aurait voulu : bref, voici mon père promené de stalag en ferme, de ferme en prison au rythme de ses tentatives d'évasion. À Brive vient alors le vénérable cirque Bureau. Sur la sciure de la piste s'installe l'après-midi une voyante. « Demande pour Jean », exige de ma mère l'une de mes tantes. Ma mère demande pour Jean. L'extralucide répond : « Le mari de madame sera là dans huit jours. » Et huit jours après il était là. À sa grande stupéfaction. Évidemment, son fils n'a pas oublié.

Cinq ans plus tard, une toute petite sœur avait une grosse furonculose. On n'aime pas voir sa petite sœur avoir mal et pleurer. « Avec la pénicilline on va la guérir. » Avec la pénicilline on n'avait rien guéri du tout. Alors vint le « vieux père Buchaillot ». Il promena sa barbe un peu douteuse et ses mains calleuses de vieux guérisseur sur les fesses de la petite sœur : elle a depuis beaucoup grandi et sans un seul furoncle. Pas d'oubli de cela non plus.

L'irrationnel ne fait pas toujours sourire. Il y a deux années, par une très belle soirée, j'étais tranquillement sous un abricotier de mon jardin. Un bruit affreux, des cris, je sors en courant pour trouver une adorable petite fille que venait de renverser un automobiliste tout jeune et qui n'y était pas pour grand-chose. La petite fille avait vu devant la synagogue ses sœurs revenues de colonie de vacances. Elle s'était lancée. Le choc. En attendant les secours, son père, deux étudiants en médecine et moi nous l'avons tenue dans nos bras, absente, arrachée définitivement à toute communication.

L'hiver qui a suivi a été terriblement froid. Au printemps pourtant un seul arbre du jardin était mort : l'abricotier. Les restes de son tronc, chaque fois que je les regarde, m'évoquent l'esprit envolé de la petite fille.

Ces trois histoires tout à fait vraies ne permettent cependant pas de constituer un modèle pensé, une théorie, l'amorce d'un raisonnement scientifique. Non : on est avec elles dans le domaine trouble, nébuleux de l'émotion, du symbole, de l'imaginaire. Mais quelle force elles ont ! On se demande même si cette page ne sera pas la mieux mémorisée du livre ! Pour faire naître des discussions chaudes ! Car, symboles, mythes, émotion : voilà des termes qu'il est très imprudent de lancer en l'air, tant ils sont chargés par les uns et les autres de sens différents. On reviendra sur le problème.

Pour l'instant, admettons cette proposition : certains événements authentiques, certaines observations scrupuleusement effectuées éveillent dans l'esprit humain des mouvements forts et flous qui déclenchent quantité de réactions très humaines que peut traiter la conscience claire mais qui ne peuvent en aucun cas faire *le point de départ* d'un raisonnement scientifique, pas plus que l'on ne peut faire une colonne avec des gouttes d'eau empilées ou lancer une faucille d'or dans le champ des étoiles pour fabriquer la Lune.

Toute une partie de la discussion sur les médecines différentes patine ou s'enlise parce que l'on méconnaît ceci : le point de départ de bien des médecines différentes est une bulle d'émotion venue crever à la surface de la conscience claire, non pas un modèle pensé. Si l'on garde cela en tête, l'on remarque immédiatement qu'on peut évidemment mesurer quantité de paramètres et raisonner une fois l'émotion créée, mais que ces mesures et ce raisonnement ne fabriquent pas de sens dans l'acception scientifique du terme. Au commencement était le flou. Sur le flou aucune science ne se bâtit. Mais le flou souvent est si fort et si puissant qu'il fait se lever des foules et se créer des mondes. Veut-on pour s'en convaincre s'aventurer avec l'auteur dans le fouillis souvent aimable, parfois sinistre, que font les médecines à point de départ émotionnel ?

Oui ? Alors nous partons. En gardant pour fil d'Ariane ce commentaire merveilleux d'Arthur Rimbaud : « Je finis par trouver sacré le désordre de mon esprit. » La plus belle explication qui ait été donnée de l'horlogerie des montres molles. Désordre sacré de l'esprit que, comme l'amour, l'on ne sait point interpréter scientifiquement. Pascal écrivait : « Le cœur a son ordre, l'esprit a le sien qui est par principe et démonstration. Le cœur en a un autre. On ne prouve pas qu'on doit être aimé en exposant d'ordre les causes de l'amour ; cela serait ridicule. »

Le « cœur » de Pascal, c'est l'émotion ; l' « esprit », c'est la démarche rationnelle, celle qui privilégie dès le départ l'engrènement logique des concepts, c'est ce départ bâti, ce modèle qui fait la base de la science et qui, justement, est absent de toutes les affirmations que l'on va maintenant passer en revue et qui forment autant de médecines différentes.

L'instinct est infaillible

Commençons par *La Guerre du cru*[1], livre de Guy-Claude Burger. Il est tenu pour de bon sens que la domestication du feu par les hommes a constitué une étape essentielle du devenir de l'humanité. Passer du cru au cuit a ouvert d'immenses possibilités. Le blé par exemple, facile à cultiver n'est pas, lorsqu'il est cru, assimilé par l'organisme. Cuit, si. La porte était ainsi ouverte par le feu à la multiplication des hommes. La conquête du cuit, la guerre du feu fut un grand progrès. Bon sens ? Non, sens commun, dit Guy-Claude Burger. C'est au cru qu'il faut revenir pour s'alimenter. Mais pas à n'importe quel cru : celui que reconnaissent comme bon l'ensemble de nos sens et tout particulièrement l'odorat et le goût. Sens guidés par quoi ? Par l'instinct, dit Guy-Claude Burger car : « Nos mécanismes instinctifs sont *adaptés* aux aliments originels. C'est l'hypothèse fondamentale qui est à la base même de la théorie. Il n'y a aucune raison pour que les automatismes programmés par notre génétique nous protègent contre des aliments sortis de la poêle à frire, du four à pain ou plus généralement de cette malheureuse boîte à surprises qu'on a baptisée crâne humain. (...) L'instinct est en contact direct avec l'intérieur de l'organisme, il a eu des millions d'années pour apprendre à reconnaître toutes les données utiles et contrôler tel un superordinateur l'apport journalier des combustibles, des lubrifiants, des maté-

1. Éd. Roger Faloci, 1985.

riaux de construction, de l'outillage, du matériel de réparation, de tout ce qui permettra de reconstruire au mieux et le plus vite possible. *Il ne se trompe pas de diagnostic.* Il intervient avant que la maladie ne se déclare. Il suit l'évolution de l'organisme d'instant en instant. Il prend soin de tout (...). Je crois qu'il n'y a pas de meilleur médecin. »

Hypothèse ? Théorie ? Non. La base de tout est émotionnelle, symbolique, mythique. Au milieu du livre remarquablement écrit et dialogué de manière très vivante, le questionneur introduit en effet la question que depuis la première page on brûlait de poser : « Finalement, le mythe du paradis perdu n'était pas aussi faux qu'on l'a dit ? »

Réponse de Burger : « À tel point que les archéologues ne savent plus trop comment expliquer le processus de sédentarisation. Pourquoi les hommes se sont-ils faits esclaves de la charrue, de la culture des céréales, de la vache qu'il faut traire deux fois par jour et surveiller le reste du temps ?... » Voilà qui est sincèrement dit — ou reconnu. Nous sommes en pleine mythologie. Effectivement celle du paradis perdu. Explication proposée pour résoudre une contradiction : celle d'un cancéreux confronté à son angoisse existentielle et cherchant dans la paix de la nature (très humanisée cependant, car les fruits ou la viande proposés ne sont pas des dons originels de la nature, mais bien des résultats de la sédentarisation, non plus que l'ampoule électrique qui pend du plafond et les murs de la maison), cherchant dans la paix de la nature très humanisée, donc, un réconfort, fondé sur une émotion bienfaisante.

Qui pousse tout de même à quelques prises de position aventureuses.

Question : « Alors, vous mettriez de l'amanite phalloïde sur votre table ? L'instinct est à ce point sûr... »

Réponse : « Au bout d'un certain temps de rééducation, oui. »

Autre affirmation : « On a pu évaluer qu'avec la nourriture cuite ordinaire on absorbe une quantité de substances cancérigènes correspondant à deux paquets de cigarettes par jour. Si cette nourriture est grillée, bien que cela paraisse plus " diététique ", on y trouve jusqu'à l'équivalent de dix paquets de cigarettes par jour. » C'est aller vite en besogne et vouloir renforcer le mythe à grand coup de discutable. Car la valeur du test d'Ames comme prédicteur de la survenue des cancers est encore dans les milieux scientifiques sujette à bien des controverses.

La nébuleuse des toxines

Adepte de la nature et de l'ostéopathie, du massage cutané comme de la vie au grand air, Pierre Pallardy est, lui, beaucoup plus mesuré dans le livre qui fit son succès : *La Grande Forme*[1]. Cependant il dérape et plonge dans l'horlogerie en voulant parler de médecine. Il écrit : « Pour réaliser l'automassage cutané il suffit d'explorer toutes les parties de votre épiderme en malaxant votre peau et en faisant rouler le pli cutané entre les doigts, celui-ci doit se décoller sur toutes les parties du corps. Si ce n'est pas le cas, ou s'il est douloureux vous souffrez certainement d'une inflammation du tissu conjonctif, ce qui signifie un excès de *toxines* dans votre corps (...). Les zones douloureuses enflammées traduisent toujours des troubles circulatoires d'où mauvaise élimination des *toxines*.

Au bout de deux à trois mois de ces automassages, vous devez arriver à supprimer le tissu adipeux, de ce fait l'inflammation de votre tissu conjonctif. »

Question : qu'est-ce que les toxines ? On connaît fort bien certaines toxines microbiennes, ou encore des accumulations de toxiques chimiques ingérés, mais débarquées ainsi tout de go sans explication supplémentaire, les « toxines » constituent un mythe, une nébuleuse, une métaphore du mal, un flou lourd d'ignorance. Et prétendre les éliminer en faisant disparaître en trois mois le tissu adipeux n'est pas crédible.

Avançons dans Pallardy et venons-en aux bienfaits de l'eau : la conviction que boire trois grands verres d'eau pure chaque matin est d'un grand secours pour la grande forme est charmante, mais fondée sur rien d'autre qu'un attachement émotionnel à un symbole vieux comme l'homme : celui qui fait considérer l'eau comme le grand épurateur, le grand régénérateur universel, l'eau pure qui baptise, celle dont on humecte les doigts des visiteurs dans les pays arabes, celle que l'on sert religieusement avec ses cubes de glace dans les restaurants américains. L'eau est tout à fait indispensable. On ne reste pas longtemps gréviste de la soif. Il faut en boire un minimum et

1. Éd. Encre, 1979.

même le capitaine Haddock en aurait avalé avec délices dans les sables brûlants du *Crabe aux pinces d'or,* au « pays de la soif ». Mais les rituels dont elle est l'objet ne peuvent permettre aucune codification précise retentissant sur la santé. « Buvez, éliminez » est un joli slogan publicitaire, guère plus convaincant toutefois que « Fraîcheur de vivre, Hollywood chewing-gum ». Du moins du point de vue scientifique.

Oui, l'on est gêné, vraiment, pour ceux qui, pleins de convictions et aussi d'auto-satisfaction, mais vides de sens critique et souvent de connaissances, se font une vérité simple à coups de mots, de mythes, de slogans consonants et d'assurance injustifiée. On est d'autant plus gêné qu'ils sont cinquante, cent, mille à fabriquer leur propre cocktail d'eau, de nature, de mystère, de mots et de rêves, à se proclamer chacun le seul, l'unique, le gourou des gourous.

Voici d'ailleurs d'autres exemples concernant des champs plus ou moins vastes où l'indigence du propos n'empêche pas la véhémence de l'affirmation.

Les méfaits du café

Raymond Barbeau, naturopathe de Montréal a écrit un ouvrage : *La Cause du Cancer*[1]. En épigraphe de son avant-propos on lit : « Les hommes ne meurent pas, ils se suicident », signé George Bernard Shaw. C'est une opinion; l'on a vu le pétulant Dr Besançon prôner ses méthodes de jouisseur en condamnant expressément cette maxime.

Que dit Barbeau? « J'ai la certitude absolue d'avoir découvert la cause du cancer. Je ne crois pas vivre dans l'illusion, ni être guidé par un mirage, ni me tromper sur l'essentiel, ni abuser de la confiance des lecteurs. La cause causale du cancer de l'homme moderne, c'est la substance purique nommée méthylyanthine, dont les variations s'appellent 1,3, 7 triméthylxanthine (caféine), 1,3 diméthyl xanthine (théophyline), 3,7 diméthyl xanthine (théobromine), c'est-à-dire la caféine, la théophyline et la théobromine qui se trouvent dans le café, le thé, le maté, le cacao, les boissons gazeuses caféinées et divers médicaments pharmaceutiques... » Dites, si c'était vrai? Hélas!

1. Ed. Clinique Barbeau, 1971.

Plus loin est la clé, non pas la démonstration scientifique : « Ma thèse de Sorbonne a exposé une découverte littéraire et mystique, le *secret* de Léon Bloy, qui avait échappé à l'analyse de la critique littéraire pendant soixante ans. Qu'un jeune Québécois puisse damer le pion à toute la critique littéraire, c'était évidemment un comble et pourtant c'est le fait. »

Eh bien, comme pour *La Guerre du cru,* l'auteur naïvement — ou avec ostentation — se découvre : littéraire, mystique, recherche du *secret,* sentiment d'être le seul juste. Avec ces qualités-là on bâtit une secte, pas une médecine nouvelle. Et le cancer peut dormir sur ses deux oreilles : même si le café consommé en grand excès est impliqué comme un facteur — parmi d'autres — concourant à l'apparition du cancer du pancréas, même si l'on trouve quelques autres faits anecdotiques troublants, ils resteront de modeste importance et *La Cause du cancer* de Raymond Barbeau restera une des cent mille théories péremptoires sur le sujet.

Pour le docteur Ange Mattei [1], la réponse est ailleurs que chez Barbeau. L'Hémo-test, lui, autorise en effet « du nouveau en médecine générale, de l'inédit en cancérologie ». La base du raisonnement, l'explication finale — la pierre philosophale, car c'est bien de cela qu'il s'agit —, c'est pour lui : le venin de serpent.

Quantité de très officiels chercheurs ont travaillé sur les venins : Calmette à Lille et Chain à Oxford, pour citer deux noms illustres de la lutte anti-infectieuse. Les venins sont des sucs digestifs, des supersalives. Ce sont aussi des concentrés d'enzymes, ces ciseaux et aiguilles qui sans cesse défont et refont le corps. Claude Bernard, lui, avait compris le parti qu'on pouvait tirer de l'étude des poisons, ces missiles chimiques vont d'eux-mêmes frapper une cible précise et permettent, si on les suit « pas à pas », d'abord de comprendre certains mécanismes biologiques, puis d'utiliser ensuite le poison comme arme bienfaisante. Exemple : l'étude du curare a permis de comprendre les relations entre le nerf et le muscle ; la compréhension du mode d'action a, en retour, débouché sur l'utilisation régulière du curare en anesthésie. Du meurtre amazonien à la chirurgie salvatrice : quelle aventure !

Ange Mattei utilise, lui, les enzymes des venins comme substances divinatoires, comme révélateurs de vérité. Il faut

1. *L'Hémo-test,* Robert Laffont, 1976.

pour expliquer dire au préalable ce qu'est la V.S. On désigne par ces initiales un examen qui mesure la vitesse de sédimentation. De quoi s'agit-il? Le sang est formé de cellules en suspension dans le sérum. Si l'on met du sang dans un tube long et fin, les globules, surtout les globules rouges, sédimentent. C'est-à-dire qu'ils descendent vers le fond du tube et font là un dépôt, très facile à observer et dont il est évidemment possible de mesurer la hauteur. Normalement au bout d'une heure il y a 2 à 5 millimètres de sédimentés. On fait encore une mesure à la deuxième heure et quelquefois à la vingt-quatrième heure. C'est un test d'une grande banalité mais précieux pour suivre quelques maladies, par exemple les grands rhumatismes inflammatoires. Découvrir une « vitesse à cent » fait pour sa part immédiatement rechercher toute une série de maladies, dont un cancer. Parfois cependant des sujets parfaitement bien portants conservent une V.S. à cent toute leur vie. Cependant ce ne sont pas les globules sédimentant qui ont retenu l'attention d'Ange Mattei, c'est le sérum demeuré au-dessus des globules sédimentés et plus particulièrement la couleur du sérum : souvent rougeâtre, ce qui signifie que certains globules rouges au lieu de sédimenter ont éclaté, libérant leur hémoglobine rouge qui colore le sérum surnageant au-dessus du sédiment. Cette destruction, cette lyse des globules rouges (on dit en médecine cette hémolyse) paraît à Mattei du plus grand intérêt : la dernière phase d'un drame où tout se joue. Il se penche donc sur « l'hémolyse spontanée » qu'il élève à la hauteur d'expression, clé officielle, du système qu'il entrevoit. Il lui semble que l'hémolyse spontanée désormais tenue pour point d'ancrage de toute sa médecine est très nette dans « les cancers jeunes, la tuberculose en poussée évolutive, la syphilis entre la contagion et le chancre » : bref les trois terreurs de l'entre-deux-guerres.

Alors, non par construction d'un modèle pensé mais par réaction immédiate « émotionnelle » floue, il déclare : « Comme le test visuel d'hémolyse spontanée était contemporain d'une agression pathologique active, nous en avons déduit qu'il témoignait d'une allergie humorale déclenchée par cette agression. » En conséquence de quoi vient en déduction une proposition inattendue : puisque les maladies conditionnent cette hémolyse spontanée, ne pourrait-on pas chez les bien-portants, ou plutôt chez ceux qui croient l'être, provoquer l'hémolyse jusqu'ici latente pour déceler une faiblesse inconnue, révélatrice d'un terrain déficient? Mattei se répond à lui-même : effectivement on le peut. Il suffit de recourir aux venins. En faisant agir le venin de cobra, le venin d'abeille, les lipoïdes de couleuvre, on détruit des globules rouges, cela c'est très vrai. Mais Mattei rêve : l'on provoque une hémolyse *caractéristique du terrain individuel* selon le venin utilisé.

Donnez un peu de votre sang. Si c'est le venin de cobra qui se révèle le plus actif, qui hémolyse le plus vos globules, vous êtes réceptif à la tuberculose, vous la couvez, comme on dit; si le venin d'abeille cause le plus de dégâts, votre terrain est arthritique; si ce sont les lipoïdes de couleuvre, votre terrain est cancérinique.

Si cela avait été fondé sur des observations multiples puis vérifié, on aurait tenu un grand test divinatoire. Le cas n'a pas été tel. Seuls les tenants de la chapelle Mattei admettent de faire des diagnostics de « terrain » en accordant une confiance absolue aux trois venins ou substances dérivées. Comme il aurait été merveilleux pourtant de tout régler ainsi; comme la vie serait simple si toutes les portes fermées pouvaient s'ouvrir avec une seule clef: beaucoup en rêvent et certains prennent leurs rêves pour la réalité. Et vénèrent un gourou de plus.

L'âne et le bœuf soufflent dessus

Il serait facile dans le domaine du cancer d'atteindre le chiffre de mille méthodes ayant découvert la « vérité », toujours simple, toujours réductrice. La seule manière de réagir sans se moquer ou tempêter est de chercher à comprendre à quels mythes ou anecdotes se rapportent ces prises de position non scientifiques, émotionnelles et passionnelles souvent tellement séduisantes. Parfois, soi-même, à la Rimbaud l'on s'envole aussi quelques instants vers le monde du non-vérifiable émotionnel. Un jour, quel joli exemple, l'accent chantant du Gard rend moins austère le plastique du téléphone : « Dites, pour le cancer, l'émission (c'était avec Claude Jasmin et Joël de Rosnay) hé bé formidable! Mais, entre nous, c'est plus la peine de chercher. Vous connaissez la corne du bœuf et le sang de l'âne? Voilà : vous grillez la corne du bœuf, vous mélangez avec le sang de l'âne. Formidable. Ça guérit le cancer à tous les coups. »

Le sang de l'âne, la corne du bœuf: pourquoi ce mélange?

L'explication ne serait-elle pas la crèche : « L'âne et le bœuf soufflent dessus ? » Qu'il est doux de rêver à cela ! Un moment. Mais en revenant voir les malades qui meurent, les pieds *recollent* au sol.

Autre explication pour d'autres divagations : l'obnubilation de l'horloger par une idée fixe et parfois généreuse, mais ne lui faisant voir midi qu'à sa porte.

Tract de M. Schär-Mangote. Titre : « Épouvantable épidémie : le S.I.D.A. » Développement : « Selon le Dr William Foege, directeur des " Centers for Disease control " américains, le S.I.D.A. (...) n'est que le sommet d'un iceberg dont la partie submergée est tout à fait inconnue. Mais il se trouve que cette " partie immergée " n'est plus tout à fait inconnue, du moins à en juger par des révélations faites par plusieurs journaux il y a quelques mois. Le S.I.D.A. ne serait que l'une des nombreuses maladies provoquées par les recherches de laboratoire sur les animaux, très probablement transmises en dehors des laboratoires par du personnel qui avait été en contact avec des animaux infectés. Il semble que d'après des expériences sur des singes — où l'on avait manipulé des réto-virus pour des recherches sur l'hérédité — l'un de ces virus, le *Pneumocystis Carini*, ait été en toute bonne foi porté en dehors des laboratoires. C'était le virus du S.I.D.A., qui s'est propagé aussitôt au niveau d'une épidémie. Cette thèse est désormais soutenue par des chercheurs du monde entier. Il s'agit donc d'une maladie créée même si c'est par erreur, dans les laboratoires, suite à la vivisection : l'une des catastrophes nombreuses de la vivisection. Combien de nouvelles maladies seront provoquées par ces nouvelles recherches et combien de profits tomberont dans les poches des vivisecteurs et de l'industrie chimique en essayant de vaincre le S.I.D.A. qu'ils ont eux-mêmes provoqué ? »

Ce texte est exemplaire d'une idée fixe conduisant par émotion vive à un véritable délire interprétatif, aveuglant cette fois. Car l'auteur trop pressé a mis complètement à côté de la plaque : peu importent les fautes d'orthographe (réto-virus et non rétro-, Carini au lieu de Carinii, peu importe de mettre au pluriel le Center for Disease Control, mais il est malheureux de bâtir toute sa démonstration sur une confusion élémentaire car ce n'est pas le Pneumocystis Carinii qui donne le S.I.D.A. Le virus responsable a eu trois sigles successifs : H.T.L.V. III, L.A.V., H.I.V., il comporte une série de variations mais il n'a rien à voir avec Pneumocystis Carinii. Rien. Même si Pneumocystis était « sorti » des laboratoires — évidemment il n'en est rien —, il n'aurait jamais donné le S.I.D.A. L'auteur a confondu : en effet au cours du S.I.D.A. il y a des infections à Pneumocystis, mais elles sont une conséquence, non la cause.

La vérité se montre là toute nue : ce n'est pas une œuvre de vulgarisation que l'on a voulu faire, ni une enquête pour le bien public ; c'est se soulager, en partant d'un sentiment, lui, compréhensible : la répulsion à l'égard de la vivisection. Fatalité dans le monde animal où, pour se nourrir, il faut souvent découper crue sa proie ; obligation sans grandeur de la recherche médicale qu'on doit en effet s'efforcer de réduire à son minimum.

Dans cet exemple du S.I.D.A. l'horloger des montres molles s'est dévoilé, il a capoté. C'est en définitive assez rare : d'habitude le délire — ou le penchant pour le surréalisme — demeure séduisant et même en apparence cohérent pour qui n'est pas du bâtiment.

Même si l'on en est, on se prend parfois à songer. M. Karl Kroyer m'envoie un jour son argumentation publicitaire. Elle vient du boulevard de Suisse à Monaco. Va-t-on passer des paradis fiscaux aux paradis médicaux ? « Cher Docteur, le 10 mars 1986 j'ai déposé une demande de brevet américain pour un appareil extracorporel de thermothérapie et une méthode pour la guérison de maladies. En tant qu'inventeur, j'ai fait une étude approfondie de la fièvre et je me suis rendu compte que la toute dernière documentation médicale donne la priorité à la fièvre dans la guérison de diverses maladies telles que le cancer et peut-être le S.I.D.A. Ma proposition est fondée sur le principe d'employer une thérapie de fièvre en dehors du corps par moyen d'un appareil extracorporel de thermothérapie... »

En fait, ce que propose M. Kroyer, c'est ceci : faire comme pour le rein artificiel ou la plasmaphérèse, c'est-à-dire prendre le sang dans un gros vaisseau, le « traiter » puis le réinjecter amélioré. Mais là où les techniques d'épuration se fondent sur un nombre colossal d'expériences, de mesures, de mises au point successives, M. Kroyer demande lui peu ou prou qu'on le croie sur sa bonne mine et qu'on le suive lorsqu'il affirme que le chaud est l'ennemi du mal.

Là encore resurgit l'émotion, revient le mythe. Le froid est l'attribut de la mort, le chaud de la vie ; pendant des siècles, avant que l'on ne découvre la circulation sanguine, on a pensé que le rôle du cœur était de réchauffer le sang. La mort se caractérisait par le refroidissement ? C'était parce que la pompe à chaleur, le cœur, avait cessé de fonctionner.

L'émotion déguisée en raison

Je n'ai pas répondu à Monsieur K. J'ai trop l'expérience de ces affaires où le bateau fantôme vogue interminablement sans jamais pouvoir jeter l'ancre ni accrocher le réel.

J'ai cependant eu quelque temps comme rôle, au ministère de la Santé, de suivre de près ces dossiers-là. Entouré de fonctionnaires rigoureux, de membres compétents des commissions, j'ai commencé sérieusement de regarder comment allaient les choses. Il a fallu rapidement prendre une décision : devais-je continuer de prendre un bain prolongé d'émotion et de mythologie ? Le choix a été fait. Sans impression d'avoir déserté. La meilleure volonté du monde ne peut rien contre l'émotion déguisée en raison. Pour convaincre en ce domaine, rien ne sert de proposer honnêtement aux horlogers d'aller regarder de près ce qu'est réellement la démarche scientifique. L'esprit de chapelle conduit les gourous à refuser par principe à leurs ouailles la permission d'aller voir ailleurs, même d'autres horlogers : c'est que la confrontation des doctrines de chapelle fait éclater la duperie.

La cause première du scepticisme des hommes de science leur vient d'ailleurs tout autant du fait d'en avoir vu de toutes les couleurs et de contradictoires que de croire uniquement en la science.

Cela posé, les grands noms de l'aventure scientifique ne se sont pas contentés de regarder et de dire non aux prétentions des horlogers de la mollesse. Dans l'histoire des sciences on trouve quantité de noms illustres à s'être penchés, en leur temps, sur des phénomènes étranges, avec honnêteté et un désir secret de saisir du concret jusque-là méconnu. Voici quelques exemples qui confortent l'auteur dans l'idée qu'il a finalement bien fait d'aller un peu regarder sous le nez quelques horlogers — ou horlogères. Premier exemple, Paul Langevin : il fait partie avec les Curie et Jean Perrin de la compagnie fermée des grands savants atomistes français. Il est d'une extrême intelligence, droit, ouvert, curieux.

Un jour on critique devant lui les scientifiques bornés qui

refusent le paranormal. Paul Langevin s'interroge : et s'il y avait « quelque chose » ? Justement, une spécialiste de la lévitation se dit prête à se soumettre à des tests de laboratoire. On va voir. On propose un défi : il s'agira de rompre l'équilibre d'une balance. Si l'on peut en effet empêcher un corps humain de choir en développant soi-même une énergie mystérieuse, ce doit être un jeu d'enfant de dérégler une balance et d'obtenir immédiatement une preuve mesurable des pouvoirs occultes mis en jeu. L'expérience a lieu et dans les conditions voulues par l'auteur des prodiges supposés. On se met presque dans le noir. On prend son temps. Ce sera quand ce sera. Passent les minutes. La médium est concentrée. Ses bras font des moulinets. Longtemps ils restent sans effet. Brusquement les plateaux bougent, la balance se dérègle. On retient son souffle. Prodige ? Paul Langevin n'a pas découvert le paramagnétisme en se laissant prendre aux pièges de la nature. Son esprit face à une situation donnée a l'habitude d'émettre toutes les hypothèses — désirs de faits — possibles. Il se demanda donc, entre autres : « Et s'il y avait quelque chose entre la main et le plateau ? » Il regarde et ne voit rien. Ce n'est pas encore assez vérifié. Insensiblement il se rapproche, lance sa main et saisit un cheveu, bien amidonné, qu'une passe avait sorti du chignon et qui par d'autres avait titillé le plateau. Il y avait un truc. Il y en a souvent. Les manipulateurs et magiciens reconvertis font d'excellents pourvoyeurs de phénomènes paranormaux ! Gérard Majax qui en connaît un bout vous le confirmera. Ce qui n'empêche pas qu'il y ait parfois des choses bien étranges !

Laennec et les bosses du crâne

Autre esprit tenté par la vérification d'une histoire à dormir debout : Laennec lui-même. On se représente toujours Aristote et Platon revêtus de robes de pédants, disait Pascal. Ainsi fait-on pour les grands noms de l'histoire de la médecine. Or, personne de moins pédant que Laennec. Un jeune homme au contraire brillant, intelligent, courageux — donc dérangeant, même lors d'une époque postrévolutionnaire, et pour ces raisons mis au placard jusqu'à ce qu'une inattendue rencontre de rue le remette en selle et lui fasse confier des responsabilités à l'hôpital de la Charité (là où s'élève maintenant, rue des Saints-Pères, une faculté de médecine). De ce poste, Laennec aura juste assez de temps avant de mourir pour confirmer dans ses ambitions la méthode anatomo-clinique. Qu'est-ce que la méthode anatomo-clinique ? Celle qui propose que le recueil des symptômes chez l'homme malade ne serve plus à élucubrer sur le mélange inharmonieux des quatre humeurs (bile jaune, bile noire, sang, lymphe) supposé rendre compte de la maladie, mais impose comme préalable de localiser précisément à un organe la lésion responsable des symptômes.

Alors, on le redira, tout change : le foie, le poumon, le cœur ne demeurent plus de mystérieux centres de commandes dont le dérèglement brouille les quatre humeurs, ils deviennent le réceptacle précis des maladies. Bref, le foie des médecins devient le foie des bouchers ! et la médecine se donne désormais une base solide, vérifiable, facile à étudier lorsque (hélas) la maladie a eu raison du malade.

Or voilà qu'apparaît dans l'espace médical un homme nommé Gall, originaire de Vienne, qui dit avoir compris une des questions essentielles toujours posées à l'humanité : la relation entre certains comportements et certains signes retrouvés en examinant physiquement un individu. Si l'on vous dit que Gall était le pape de la phrénologie, sans doute ne vous reviendra-t-il rien de connu en mémoire. Mais si l'on vous parle de la bosse des maths, là vous connaissez. C'est ce qu'il reste de l'œuvre de Gall.

Quoi qu'il en soit, voyons la situation de départ. Laennec veut rapporter les symptômes à la lésion d'un organe ; Gall veut rapporter les traits de caractère à la disposition des bosses du crâne : conclusion : ils sont dans la même voie et cela d'autant que Gall tient le raisonnement suivant : les bosses ne sont pas là par hasard. S'il y a bosse, c'est qu'il y a développement privilégié d'une partie du cerveau ; s'il y a développement privilégié de cette partie, c'est que ce sujet sollicite plus cette partie. Il suffit donc de prendre un grand musicien, de chercher quelle bosse particulièrement développée le caractérise et l'on aura vite fait de savoir où est le centre de la musique dans le cerveau.

C'est effectivement une variante floue, non construite, non rationnelle, horlogère, de la méthode anatomo-clinique. En homme de rigueur, Laennec regarde pourtant de près les écrits de Gall. Et il donne son opinion. Il rédige même avec beaucoup de soin. Il est réconfortant de lire ces textes, on ne saurait fournir meilleur exemple d'un esprit rationnel séduit par l'originalité d'une démarche émotionnelle et l'ingéniosité des rapprochements effectués dans le brouillard de l'émotion et du symbole, mais découvrant vite le ridicule et le grotesque des conséquences péremptoires et pratiques qui en sont retirées.

Comme le fait remarquer Édouard Rist dans *La Jeunesse de Laennec*[1] : « Laennec n'eut garde de passer à côté du phénomène Gall sans l'étudier objectivement. Et il publia en trois articles successifs du *Journal de Médecine, Chirurgie et Pharmacie,* une *Exposition et Examen de la doctrine du docteur Gall,* qui occupe cinquante pages. » En voici l'essentiel :

« Un ouvrage que le bon sens désavoue, a dit un bel esprit du siècle de Louis XIV, n'a pas besoin d'être discrédité par des raisonnements. Il porte avec lui le caractère de sa destinée, et ne dure guère plus de temps qu'il n'en faut pour le faire connaître. Cette maxime, vraie en général, n'est peut-être pas applicable aux systèmes que l'on publie relativement aux sciences. Il est difficile qu'un nouveau système ne porte pas sur des faits nouveaux, et, dans les sciences, les faits sont toujours précieux. Quelque absurde que soit la doctrine que l'on fait dériver de ces faits, avec quelque maladresse qu'elle soit présentée, pourvu qu'elle ait un certain caractère d'originalité, il est rare qu'elle ne trouve pas des partisans. Le nombre des gens crédules et faciles à séduire est beaucoup plus grand qu'on ne pense. Les hommes les plus sensés, les plus faits pour juger par eux-mêmes, n'osent plus lutter contre des opinions devenues presque générales ou ne le font qu'avec une extrême circonspection. Ce n'est qu'au loin et dans les pays où la présence du novateur et de ses disciples ne peut avoir aucune influence que l'on peut juger ces doctrines brillantes et nouvelles. C'est ce qui est arrivé relativement au système du docteur Gall. »

Quelque chose d'ingénieux

Après cette sage et clairvoyante remarque, Laennec expose de la façon la plus objective la structure du cerveau telle que la concevait Gall. Puis il écrit :

« Telle est la nouvelle doctrine anatomique que le docteur Gall a proposée sur le cerveau. Au premier abord, elle paraît

1. Gallimard, 1955.

bizarre, et même assez ridicule. Mais lorsqu'on l'a étudiée, le scalpel à la main, elle ne laisse pas que de paraître ingénieuse dans son ensemble et vraie dans quelques points de détail. J'ai disséqué 7 ou 8 cerveaux pour vérifier les faits annoncés par le docteur Gall. Je vais exposer les résultats que j'ai obtenus. »

Et il conclut :

« Tout l'ensemble de son système a même quelque chose de réellement ingénieux. Mais outre que plusieurs des faits sur lesquels il est fondé ne sont, comme nous l'avons vu, rien moins que constants, il en est dont l'auteur n'a point parlé et qui le contredisent formellement. »

Mais de sa théorie anatomique, Gall a tiré une doctrine psychodiagnostique à proprement parler révolutionnaire (...) que le médecin viennois eût, sans hésiter, reconnu pour sienne !

« M. Gall s'est, dès lors, appliqué à rechercher à quelle partie du crâne correspond l'organe de chacune des facultés et de nos affections. Pour parvenir à ce but, il a d'abord examiné les crânes d'un grand nombre d'hommes connus par les dispositions ou les succès qu'ils avaient montrés dans les sciences et les arts, par le penchant marqué qu'ils avaient eu pour une vertu particulière ou pour quelque crime, par l'énergie de quelqu'une des facultés de l'entendement. Et il a soigneusement remarqué les bosses du crâne qui étaient le plus développées chez ces sujets. Non content de ces recherches, il les a répétées chez les animaux et s'est assuré, dit-il, que tous ceux qui ont un penchant particulier et très marqué ont aussi constamment la bosse correspondant à l'organe de ce penchant.

Le résultat de ces observations a été la découverte de vingt-six bosses qui indiquent autant de facultés intellectuelles, d'affections ou de penchants. »

Et Laennec énumère sans sourciller d'après Gall les organes et les localisations crâniennes : « 1°) de l'amour physique ; 2°) de la tendresse pour les enfants ; 3°) de l'amitié et de la fidélité ; 4°) de la passion de se battre, de se quereller ou du penchant à ferrailler, très développé, selon Gall, chez des bretteurs et des chiens hargneux. Il en arrive à 5°) l'organe du penchant au meurtre, qui existe chez les assassins et les animaux carnivores. »

« Je soupçonnerais volontiers, écrit Laennec, que cet organe est assez développé chez le docteur Gall. Il écrivait un jour au baron de N. : " Si l'ange exterminateur était à mes ordres, gare à Kaestner, à Kant, à Wieland, et à d'autres personnages célèbres " (ce qui révèle, à n'en pas douter, un penchant homicide). »

En sixième lieu vient « l'organe de la ruse, dont la bosse révélatrice se rencontre vers l'angle antéro-inférieur du pariétal. La panthère, le tigre, le renard, les courtisans possèdent cet organe, et M. Gall, qui ne paraît pas avoir fait une étude aussi approfondie de la politesse française que de la structure des crânes, assure qu'il se trouve chez la plupart des femmes ».

Après 7° l'organe du penchant au vol, vient 8° celui de la bonté d'âme. « Il est situé au milieu du front, entre les bosses frontales, mais au-dessus d'elles. M. Gall assure que cet organe manquait absolument au crâne de Robespierre, ce qui est très croyable. »

Il va sans dire que la bosse de la couleur est très développée chez les grands peintres, celle des sons et de la musique chez les grands musiciens et les oiseaux chanteurs. Mais, remarque Édouard Rist, on n'en fait point accroire à Laennec qui, au cours de ses équipées dans la campagne nantaise, a écouté les oiseaux chanteurs et qui, bon joueur de flûte, connaît ses intervalles musicaux. Voici ce qu'il en dit :

« Le docteur Gall a été conduit à découvrir l'organe de la musique chez l'homme par l'examen du crâne des oiseaux chanteurs chez lesquels cet organe est *très visible.* Si ce fait est exact, l'organe dont il s'agit doit être alors, vu la petitesse du crâne de ces oiseaux, proportionnellement beaucoup plus développé que chez l'homme. Et pourtant quelle différence n'y a-t-il pas, sous le rapport de la musique, entre le premier des oiseaux chanteurs et celui des hommes bien conformés qui est le moins occupé de musique ? Je ne parle pas ici de la qualité plus ou moins belle du son, qui dépend uniquement de la conformation de l'instrument, c'est-à-dire du larynx ; mais de la mélodie ou des airs et de l'harmonie des accords qui constituent à proprement parler la musique. A-t-on jamais vu des oiseaux chanter en parties ou varier naturellement leur chant ? Le rossignol chante un air toujours le même, ou plutôt des notes qui n'ont souvent dans leur suite aucun sens musical, aucune véritable mélodie, et qui tirent tout leur agrément de la pureté, de l'éclat et du volume des sons, de la facilité et de la grâce avec laquelle ils passent du forte au piano. Le serin, qui tient aussi un rang honorable parmi les oiseaux chanteurs, n'entonne naturellement que des intervalles presque toujours faux. Très souvent, il ne fait que rebattre la même note avec un chevrotement qui fait mal à une oreille délicate. S'il entend un instrument quelconque, il se met aussitôt à chanter, mais toujours dans un ton différent et discordant. Il cherche seulement à le surpasser par le bruit, et il s'égosille par cette sorte d'émulation que le discours parlé ou toute espèce de son font également naître en lui. »

Quand on en arrive à l'organe de la sagacité ou de l'esprit d'induction, au développement duquel est liée la faculté de saisir tous les rapports et de comparer, Laennec remarque en passant :

« Les hommes qui bâtissent des systèmes ont tous la bosse de l'esprit d'induction et il serait curieux de savoir si elle existe chez M. Gall.

Je ne sais, écrit plus loin Laennec, si le docteur Gall a prétendu borner à vingt-six le nombre de nos facultés intellectuelles. Mais si cela est, je doute fort qu'il rencontre beaucoup d'hommes de son avis. »

Et de s'étonner plaisamment, conclut Édouard Rist, que ni l'architecture, ni la danse, ni la poésie ne soient mentionnées parmi les penchants innés de l'homme alors que peinture et musique le sont. Et de montrer en souriant de quelle pauvre et superficielle connaissance de l'âme et de l'intelligence humaines se nourrit la théorie psycho-physiologique de Gall. Elle est d'ailleurs contraire à toute morale en ce qu'elle rend l'homme entièrement prédéterminé — donc irresponsable — dans ses tendances, ses penchants et ses actes. Le temps qui a passé a justifié Laennec.

L'erreur aussi peut s'étudier

Après Langevin et Laennec, on pourrait donner sa place à Chevreul. À 87 ans il signait : « Chevreul, doyen des étudiants de France ». Il avait en effet l'avenir devant lui puisqu'il vécut encore dix-sept années pour mourir à 104 ans, confessant tout de même « une certaine lassitude de vivre ».

Chimiste important, Chevreul était aussi un esprit curieux. Aussi voulut-il connaître les rapports entre l'alchimie et la chimie et ne se limita pas seulement à l'alchimie : il se pencha aussi sur la baguette du sourcier et du radiesthésiste. Fit-il bien ? Citant La Fontaine :

J'irais plus haut peut-être au temple de mémoire
Si dans un genre seul j'avais usé mes pas,

Georges Bouchard fait sévèrement valoir que, pendant le temps que Chevreul s'adonnait à ses investigations — se penchant même sur le problème des tables tournantes —, Dumas, Gerhardt, Wurtz, édifiaient, eux, la chimie organique. Le reproche de vagabondage intellectuel est-il fondé ? L'auteur se range du parti de Chevreul qui écrit sans ambages : « Beaucoup d'hommes sérieux trouvent perdu le temps donné à l'étude des sciences dites occultes. Mais s'il est vrai que quelque estime doive être accordée à l'esprit humain, on ne doit pas méconnaître que l'exposé des erreurs, des aberrations, des absurdités mêmes auxquelles l'homme s'est laissé aller fait partie essentielle de cette histoire. »

On peut apporter un autre argument. Personnel. Se pencher sur ces problèmes est sans doute déjà légitime pour un biochimiste, pour un physicien. Pour un médecin réfléchissant sur sa pratique, c'est une obligation. La médecine à base scientifique, lorsqu'elle est opérationnelle, on l'a dit assez, est insurpassable. Lorsqu'elle ne peut rien — c'est *très* souvent le cas — se pose inéluctablement en société de consommation le problème de choisir une pratique autre. Mieux vaut alors dominer ces problèmes pour pouvoir à son tour dominer le désordre de son esprit et ne pas à son insu finir par le trouver sacré.

On ne peut, parvenu à ce stade du livre, faire l'économie, non plus, de réfléchir à la personnalité des gourous directeurs de micro-sectes. La science a cela d'important qu'étant par définition universelle — elle gomme la personnalité de ceux qui la mettent en œuvre. Au moins dans une certaine mesure, la médecine à base scientifique impose donc des moules contraignants, limitant le dérapage. Dans *La Recherche du temps perdu,* Marcel Proust découvre à l'occasion d'une maladie de l'enfance qu'un « imbécile » était « un grand clinicien ». On ne peut mieux exprimer combien les contraintes inflexibles de la rigueur et une démarche stéréotypée remettent certains esprits dans le droit chemin médical.

De la liberté « différente » à la secte « contraignante »

Il n'en va pas de même pour certains illuminés, horlogers trop créatifs, à qui la molle enveloppe des médecines autres permet d'exercer sur des malades le désordre satanique de leur esprit. On connaît le livre à succès de Pierre Accoce et Pierre Rentchnick, *Ces malades qui nous gouvernent*[1]. Il y a un pendant à écrire, *Ces malades qui nous soignent.* On ne peut être que frappé, lorsque l'on entend se confier un gourou de micro-secte ou un marginal d'une des grandes pratiques, par le nombre de fois où une déviation en fait psychiatrique et majeure est retrouvée chez eux, trouble auquel la médecine qu'ils prônent aurait seule donné une réponse salvatrice. C'est parce qu'ils ont, eux, individuellement, bénéficié d'une branche pour se raccrocher au cours de leur naufrage personnel qu'ils concluent « *donc* » que ce système doit avoir une valeur universelle.

Ayant récupéré des atteintes psychologiques qui font cortège à un cancer, à un accident, ayant surmonté une dépression grave dans laquelle ils ont la terreur de retomber, ils n'ont de cesse de vouloir sacraliser l'appui qu'ils se sont trouvé. Et l'on assiste alors à ce phénomène inouï : ces hommes ou femmes, qui clament haut et fort que la science est inhumaine, qu'elle nie la notion d'individu, veulent imposer en fait de la manière la plus exclusive qui soit leur expérience personnelle, leur interprétation propre, leur canon de vie à tous ceux qui se confient à eux. Il y a un mot pour désigner cela : totalitaire. Ce sont alors des esprits déréglés qui prétendent imposer aux autres la manière totalitaire d'agir convenablement. Les règles édictées sont parfois d'une sévérité pénitentiaire, les excommunications monnaie courante, et la punition des tentatives d'évasion sévère. En bref se multiplient les sectes. Et c'est bien contre cela qu'était monté au créneau Roger Ikor après la mort de son fils. Ce passage insensible de la médecine à l'esprit de secte est sans doute — avec la perte de chances — le danger le plus grand né de la pullulation des médecines neuves.

Rien dans ces sectes ne vient jamais tempérer le délire. Faut-il laisser faire ? Roger Ikor bouleversant de douleur et de

1. Stock, 1976.

colère posait d'abord une question qui concernait essentiellement le problème de son fils mort d'un régime alimentaire absurde :

« Quoi de plus indiscutablement malfaisant qu'un régime alimentaire carencé qui détruit l'être ? Mais sur quoi me fonder pour rendre sa malfaisance justiciable de la loi ? Sur les intentions de ses inspirateurs ? Elles se prétendent salutaires. Sur les faits eux-mêmes ? En soi, le végétarisme n'est pas condamnable : on vit fort bien sans manger de viande. M'aventurerai-je alors à fixer un nombre minimal de calories, de vitamines, de protéines, etc., au-dessous duquel un régime alimentaire serait décrété malfaisant ? Si on s'engage dans ce maquis, on n'en sortira pas. Sans compter qu'il n'y a pas seulement la carence qui est malfaisante, il y a aussi l'excès. Condamnerai-je une secte qui conseillerait de manger une douzaine d'œufs à chaque repas ?

Surtout : au nom de quoi empêcher un être humain adulte et responsable de s'alimenter à sa guise, ou même de ne pas s'alimenter du tout si ça lui chante ? Et d'en parler s'il s'en trouve bien, et de le recommander au voisin ?[1] »

Sectes et sectaires

Puis Roger Ikor abordait le font du problème :

« Au fond, qu'est-ce que c'est, une secte ? Littré en donne deux définitions : " 1) ensemble de personnes qui font profession d'une même doctrine ; 2) particulièrement, ensemble de ceux qui suivent une opinion accusée d'hérésie ou d'erreur. " Plutôt vague, n'est-ce pas ? La définition 1 couvre pratiquement n'importe quel " ensemble " humain ; la 2, qui se veut plus restrictive, n'en couvre pas moins tout " ensemble " mis en accusation (par qui ?) pour ses opinions, ce qui revient à désigner toutes les minorités religieuses, politiques, littéraires, scientifiques, sans compter les majorités lorsqu'elles sont attaquées elles-mêmes. Cela fait beaucoup de monde.

En réalité, le mot *secte,* si pâle en lui-même à en croire les dictionnaires, est recoloré, et de quelles couleurs violentes,

1. *Je porte plainte,* Albin Michel, 1981.

par son dérivé *sectaire.* On évoque l'intransigeance, le fanatisme, la férocité bornée, la fureur hallucinatoire, le mysticisme hagard et forcené, et quoi d'autre encore ? »

Oui, c'est bien autour de cela que se construisent les petites chapelles réellement patamédicales qui remplacent le raisonnement par l'émotion imposée et qui soumet. On arrive ainsi — et vite — au n'importe-quoi pour certaines situations individuelles. Un exemple tragi-comique en est donné dans cet écho publié par *Le Parisien libéré.* Quelle domination l'on peut obtenir en déclarant détenir la vérité ! Titre : « Le troublant docteur-la-douceur. » Texte :

« Hôtelier à Villeneuve-d'Aveyron, guérisseur à ses heures, René S..., quarante-quatre ans, est un adepte convaincu des médecines douces, voire tendres. Sa réputation, depuis près de dix ans qu'il fait passer son fluide dans la région, a franchi les limites du département. Une patiente du Lot, venue en consultation chez le magnétiseur, a en toute confiance accepté de subir le traitement préconisé par le " docteur ".

" Ma jeune dame, vous ne souffrez pas d'un cancer du sein, mais d'un fibrome utérin ! " Et d'expliquer par le menu comment parvenir à la guérison : " Vous ne pouvez être soignée que par des spermatozoïdes magnétisés, ils s'attaquent aux cellules malades... " » Faute de spermatozoïdes magiques immédiatement disponibles, le bon docteur offre de sacrifier ses propres petites cellules, pour la modique somme de 80 francs la séance... hebdomadaire !

Le traitement s'avère long. La jeune femme, et pour cause, ne ressent aucun soulagement. Le magnétiseur s'obstine, il n'ose interrompre la cure. Elle le sera, brutalement, par la propre femme de l'hôtelier qui surprend un beau jour magnétiseur et patiente en pleine consultation. La malade, les yeux enfin ouverts, a porté plainte pour viols... » Quittons l'individuel pour les groupes.

Le droit à la connerie

Les efforts de Roger Ikor n'ont pas été vains. Un texte visant à limiter l'effet néfaste des sectes a été promulgué. Non sans difficultés. *Libération* a résumé le problème posé dans les termes les plus nets et les mieux choisis. Après que des dispositions légales ont été prises contre les sectes, *Libération* a titré à la « une » : « Le droit à la connerie en danger. » Tout en posant la question : « Peut-on contraindre les adeptes des sectes à refuser la servitude volontaire ? »

Rapporté à la médecine, le problème devient : et de quel droit les médecins pourraient-ils intervenir dans les choix des individus ? S'ils se sentent en confiance auprès d'un grand délirant et s'accrochent maladivement à son système baroque de raisonnement sur la maladie et la prise en charge du mal, certains malades n'auraient-ils pas grand tort de changer ? On voit d'ici l'ampleur du problème : la société de consommation pousse, encourage à la diversification : plus on diversifiera, plus on vendra. L'État de droit et son système de protection des libertés veillent à ce que les idéologiquement minoritaires n'aient pas juridiquement tort ; mais la science qui charpente la société refuse qu'au nom de tout cela on laisse proliférer le contraire de l'exact qu'ils assimilent au vrai. Le groupe social ne leur donne pas entièrement raison ? Victor Hugo a mis en garde contre « l'exact pris pour le vrai ».

De la secte au pouvoir qui tue

Les misères du « donc » et de l' « ainsi », le « désordre de l'esprit » sacralisé, la constitution de sectes policées par des cervelles fêlées et qui trouvent à s'exprimer dans le champ ouvert à l'infini des médecines différentes ne sont pas une caractéristique propre à l'espace médical. On veut aller plus loin encore. C'est que l'utilisation dévoyée du pseudo-raisonnement aux ordres de l'émotion, source de haine, justifie toutes les entreprises. L'on est très intéressé de trouver, par exemple, dans les justifications du racisme des manières de présenter les faits, fort proches de celles de certaines sectes — ou de certains différents. Un exemple ponctuel sans conséquence puis un drame planétaire permettent d'illustrer le propos.

D'abord un point précis : il y a deux années environ, on tua à Menton un jeune homme qui n'avait pas génétiquement eu l'occasion d'être blanc. C'était le meurtre raciste type, né dans un esprit en désordre. S.O.S. Racisme prit alors son essor et créa son sigle : une main sur laquelle s'inscrivait « Touche pas à mon pote ». Lors d'un journal télévisé de la mi-journée, Yves Mourousi mit à son veston le badge. Les coups de téléphone tombèrent en rafale et Mourousi fut contraint de remettre son veston dans l'état où les racistes auraient souhaité le trouver en entrant.

Le lendemain, le « Droit de réponse » de Michel Polac était consacré aux « potions magiques ». On trouvait sur le plateau des « différents » et de nombreux professeurs de médecine déjà cités dans ce livre, dont l'auteur.

Polac raconta l'affaire Mourousi et proposa des badges. Quelques-uns choisirent de le porter. Une lettre parvint deux ou trois jours plus tard à l'hôpital Tarnier, qui est l'illustration parfaite de ce à quoi peut conduire la soumission non contrôlée à l'émotion raciste :

« Monsieur le Professeur, je vous ai vu exhiber la main jaune de l'infamie ! Vous êtes *donc* pour le viol des petites filles blanches de préférence dans les W.-C. des écoles mixtes par les black-Beurs de 10 à 12 ans. La main jaune " antiblanche et antifrançaise " image de la fourberie, pour les cocus heureux d'être cocufiés et d'être pères de crépus au nom de la solidarité. Je suis raciste. »

On s'en serait douté ! Ce qui fait l'intérêt de la lettre, c'est le « donc » de la première phrase. Car le raisonnement doit s'entendre ainsi : je suis raciste — je ne veux pas être cocu ; vous êtes contre le racisme, donc vous voulez que je sois cocu, vous êtes *donc* pour le viol des petites filles blanches, etc.

Que serait-il advenu si ce courageux anonyme avait été il y a 43 ans le serviteur zélé d'un colonel S.S. ? On le sait trop bien. Ce sont en effet de telles manières de raisonner qui ont été à la base du délire antisémite européen et américain de l'entre-deux-guerres, et de ses conclusions nazies.

Ce dossier doit rester perpétuellement ouvert. Et ce d'autant que l'on voit de temps à autre resurgir les vieux monstres du pseudo-raisonnement repeints en trompe-l'œil. De prétendus hommes de savoir offrent leurs titres à de véritables hommes de pouvoir qui, travestissant alors les problèmes, résument l'Holocauste à une discussion truquée sur les chambres à gaz ou la contagion du S.I.D.A. à un avant-goût du jugement dernier : à droite, très à droite, les bons ; ailleurs, les autres. Comme il faut se préparer, pour les années à venir, à de nombreuses passes d'armes sur ces terrains, il serait bon de garder en mémoire la différence entre émotion, raisonnement scientifique, démarche philosophique. Et surtout, surtout de penser stratégie. Lorsque les néo-nazillons font mine de se placer sur le terrain de la science, c'est une occasion inespérée. Il faut immédiatement refuser de discuter leurs conclusions avant d'avoir argumenté le matériel d'études, les méthodes utilisées et les résultats obtenus. Car c'est comme cela qu'on procède entre scientifiques. Chercher à crier plus fort que celui qui affirme imprudemment ses conclusions, c'est bêtement s'éloigner du terrain où les « faussaires de la science » avaient eu l'imprudence de s'engager. La faute terrible est de donner à leurs arrière-pensées l'occasion de se revêtir des attributs de la raison. Il faudrait simplement se remémorer le petit Chaperon rouge. On ne discute pas, en science, avec la grand-mère, qu'on ne se soit assuré auparavant qu'elle n'est pas un loup déguisé. Des exemples de loups déguisés en hommes de raison, en hommes de science, en voici. Engagés dans la justification pseudo-scientifique de l'antisémitisme.

En 1940, aux Nouvelles Éditions françaises paraît une série sur « Les juifs en France ». Le Dr Montandon avait ouvert la série par *Comment reconnaître le Juif,* puis parut l'ouvrage du Dr Querrioux *La Médecine et les Juifs selon les documents officiels.*

Le Dr Querrioux sait les causes du mal qui accable la médecine et l'abaisse. D'abord il met en condition : « Depuis l'apparition des juifs dans cette profession, on a constaté d'abord des manquements et des abus et enfin des pratiques malhonnêtes qui ont ravalé la médecine au rang du plus bas commerce. Les juifs ont introduit dans la médecine leur esprit mercantile ancestral ; nous avons assisté là comme ailleurs à la réclame sous toutes ses formes, même les plus éhontées, à l'écran, à la radio, dans la presse. Des pages entières de quotidiens vantaient les procédés charlatanesques de tel ou tel " titilleur de nez ", des affiches s'étalaient sur les murs à côté des réclames pour apéritifs ou pour savons de toilette. Les milieux médicaux se souviennent encore du scandale causé par quelques " grands médecins " de Paris, de Marseille et de certaines villes d'eaux qui, il y a quelques années, acceptèrent, dans un journal américain, *The Saturday Evening Post,* de vanter un laxatif : The New Fleischmann's Yeast, moyennant la somme de mille dollars. Parmi les médecins qui acceptèrent de contribuer au lancement de ce laxatif, on compte une majorité de juifs. »

Puis viennent les « pièces » du dossier, les « preuves » :

« Un médecin juif des hôpitaux de Paris prenait comme honoraires, il y a dix ans, la somme de 10 000 francs pour faire un pneumothorax. Le malade ne peut payer que la moitié comptant. À quelque temps de là ne pouvant s'acquitter du solde, ce malade dont l'état empire se voit traduit en justice, poursuivi, traqué par son créancier implacable. Cette lamentable histoire se termine par la mort de ce malheureux à l'hôpital. »

Évidemment, on demande au lecteur de croire sur parole. Ceci encore : « Un jour je suis appelé d'urgence auprès d'une malade : ménage d'ouvriers, habitation modeste de deux pièces. La malade se plaint d'un violent point de côté et paraît très inquiète. Après un examen qui ne révèle absolument rien d'organique, je me hâte de la rassurer. Mais la patiente insiste, me demande si je suis sûr de mon diagnostic et finit par me faire le récit suivant : " Je sens bien que je ne suis pas très malade, mais je désirais en avoir le cœur net. Un de vos confrères sort d'ici et a déclaré à mon mari que j'étais atteinte d'une pleurésie purulente (3 litres de pus dans le côté). Il faut que je sois transportée d'urgence dans sa clinique, sinon, demain matin je serai morte. Le prix de l'intervention ? 4 000 francs pour l'opération à payer tout de suite. Plus les frais de clinique pendant environ un mois. Vous n'avez pas cette somme ? — Oh, en raclant bien les fonds de tiroir... ! et puis vous trouverez certainement quelqu'un pour vous prêter l'argent nécessaire. La vie vaut bien un sacrifice... " Or il n'y avait aucun signe de pleurésie purulente et il n'était même pas possible d'invoquer une erreur de diagnostic. Faut-il vous dire que le premier médecin était juif et propriétaire de la clinique où il voulait envoyer la pleurésie purulente imaginaire. » Vraiment, ces juifs !

Et celui-là n'était pas le pire. Car :

« Un autre médecin juif, propriétaire d'une clinique, fait entrer chez lui une femme qui doit être opérée d'hémorroïdes par un de ses coreligionnaires. Il la garde trois semaines sans intervenir et les frais d'hospitalisation sont payés régulièrement. Enfin il se décide à opérer. La malade au bout d'une dizaine de jours va très mal. Le mari à bout de ressources demande un délai pour payer ce qui reste dû : il est obligé de signer une reconnaissance de dettes. Sur ce la malade est expédiée à l'hôpital où elle meurt quarante-huit heures après. »

Ce n'est pas tout, le Dr Querrioux se fait fort aussi d'expliquer la dénatalité en france. Suivez son regard, vitreux et brouillardeux. « Qui ne connaît les " curetages thérapeutiques ", pratiqués par tel médecin juif, accoucheur des hôpitaux. Ses " honoraires " étaient, disait-on, de 10 000 francs par curetage il y a quelques années (...). Il y avait annuellement à Paris (en 1935) un minimum de 60 000 avortements provoqués et, dans toute la France, un minimum de 200 000. En 1939, de l'avis des gynécologues et des accoucheurs, dans les maternités de Paris, on comptait au moins un avortement pour 5 ou 6 accouchements, mais il est évident que toutes les avortées ne vont pas consulter dans les maternités.

On admettait que le nombre des avortements criminels dans une année dépassait 500 000 ; ce chiffre d'enfants supprimés annuellement dépasse celui des soldats français tués par année de guerre 1914-1918. »

Comme nous l'avons « démontré »

Il ne reste plus qu'à dire d'où cela vient. On s'en serait douté, et l'on est assez loin tout de même de Pasteur, de Claude Bernard, de Cabanis, d'Einstein : « Nous dénonçons le juif car c'est lui qui est à l'origine de la crise morale que traverse la médecine française en agissant par contagion et par concurrence.

Comme nous l'avons démontré, *en médecine la question juive domine toutes les autres*. Nous avons vu qu'il y a une race juive qui se soutient, qui s'entraide, qui se dresse contre tous ceux qui ne la servent pas.

Tous étaient solidaires dans le triomphe et l'opulence du Front populaire.

Ils doivent rester solidaires pour payer tout le mal qu'ils nous ont fait.

Il faut que les Français prennent la place qui leur revient de droit.

Les juifs doivent être chassés de la médecine comme de toutes les professions libérales. »

La même caricature de démonstration scientifique apparaît dans un éditorial signé Maurice Ivan Sicard et qui ouvre un gros numéro spécial antisémite intitulé *Je vous hais*. Au moins le titre est clair. Il date du 15 avril 1944 pour le bon à tirer.

Une photo illustre l'éditorial : on voit des baraquements, de la neige, des hommes en tenue de ville. La légende explicite : « Juifs dans un camp de concentration. La nouvelle révolution fasciste vient de mettre tous les juifs sans exception dans des camps de concentration. Leurs biens furent saisis au profit des sinistrés de la guerre. Un exemple à suivre. » L'éditorial lui-même intitulé « Dernier avertissement » commence aussi par une de ces pseudo-démonstrations aux ordres de l'émotion haineuse : « Nous avons déjà dit qu'il n'était pas nécessaire d'écrire de lourds volumes pour montrer comment la nation juive — qui est aussi une race — pouvait dominer matériellement les autres. Les lois de David et de Salomon ordonnent aux juifs de prêter de l'argent avec intérêts aux goyim, mais interdisent aux Hébreux de prêter avec intérêt à l'intérieur des douze tribus. Ces lois ont toujours été scrupuleusement observées. Or, le placement de 100 000 francs à 5 % à intérêts composés triple en 25 ans. Ces 300 000 francs au bout de 22 années deviennent 900 000 francs. Ces quelques lignes montrent, je crois, l'écrasante et incessante puissance de Sion. Par de rigoureuses lois mathématiques, l'Empire juif se maintient hors de toute atteinte ; sa souveraineté se rit de toutes les polémiques et de toutes les colères de millions d'êtres humains qui sont des ilotes que Juda fait s'entretuer quand bon lui semble. Le juif Disraeli, Premier ministre de Grande-Bretagne, qui était un connaisseur, disait avec raison : *les guerres sont les moissons des juifs*. Les moissons ont été belles depuis cinq ans !

C'est donc par l'argent et l'argent seul que les juifs ont pu s'emparer du pouvoir dans tous les États, et voler, avec un minimum de risques, les autres peuples assez stupides pour ne pas se liguer contre eux. »

Et l'auteur conclut : « Contre cette peuplade négroïde et féroce dont les armes sont singulièrement plus puissantes et plus modernes que les flèches empoisonnées des Cafres et des Zoulous, nous demandons la proclamation immédiate d'une loi martiale aryenne. »

Est-ce à dire, puisqu'il faut conclure ce chapitre, que s'adonner aux médecines douces c'est inconsciemment glisser vers les sectes et même faire le lit du nazisme ? Poser la question sous cette forme, c'est déjà y répondre.

Retour de l'horreur

Non, il ne s'agit pas à son tour de manier la démonstration truquée. Ce que l'on veut empêcher, c'est simplement de parer des vertus inattaquables du raisonnement scientifique certaines proclamations qui sous l'apparence de la logique ne sont que des rationalisations de complaisance mises au service d'esprits éblouis par une émotion vive emportant leur raison hors de ses gonds. Et qui, elles, sont utilisées certes par de gentils hurluberlus mais aussi par d'affreux charlatans ou on ne sait trop qui et auxquels beaucoup ne peuvent s'empêcher de prêter des pouvoirs. On entend dire : « Et si le docteur Mengele avait fait une grande découverte en faisant ses expériences sur les Juifs ? » On peut être rassuré, les Mengele n'ont jamais rien trouvé de scientifique, ne trouveront jamais rien. Ce qui n'est pas scientifique à la base ne le deviendra jamais.

Entre les convaincus du discutable partant du réel et les horlogers des montres molles bâtissant sur l'émotion seule, le fossé est impossible à combler. Les avis donnés par les médias au peuple sur sa santé ne font jamais apparaître cette coupure épistémologique. C'est grand dommage. Voyons alors et en détail ce que sont les modernes « avis au peuple sur sa santé ». Bref, quelles sont les nouvelles que l'on diffuse des soignants vers les soignés par médias interposés. Les médias, fleuron, résumé et courroie de transmission d'une société de consommation toute prête à écraser le raisonnement pour aller de l'avant tellement on gagne du temps à manier l'émotion. Mais n'y perd-on point son âme ?

VI

Avis — incomplets — au peuple sur sa santé

D'où vient que, depuis le début de ce livre, vous ayez pu recevoir chacun des faits rapportés, chaque opinion émise en connaissant finalement assez bien les problèmes évoqués ? D'où vient que cette succession de points de vue divers, de connaissances très dispersées puissent être les vôtres ? Seriez-vous autant d'esprits universels, autant de Pic de La Mirandole sachant tout sur tout ?

Mais oui, presque ! Et il est bien inutile de demander la raison de tout cela. C'est clair : les journaux, les radios, la télévision, tout ce que d'un terme générique l'on nomme les médias (les intermédiaires) sont à la base de cet exponentiel accroissement des faits portés à la connaissance de chaque esprit.

Autres temps, autres plaisirs

« L'homme est si malheureux, écrivait Pascal, qu'il s'ennuierait même sans aucune cause d'ennui par l'état propre de sa complexion. » Il lui faut donc des divertissements : le jeu, la chasse, la guerre, les grands emplois, la « conversation » des femmes. Oui, être « diverti » était l'antidote rêvé de l'ennui, du malheur : « De là vient que les hommes aiment tant le bruit et le remuement. De là vient que la prison est un supplice si horrible, de là vient que le plaisir de la solitude est une chose incompréhensible. Et c'est enfin le plus grand sujet de félicité de la condition des rois de ce qu'on s'essaie sans cesse à les divertir et à leur procurer toutes sortes de plaisir. »

Pour Pascal toutefois, le divertissement était un pis-aller. Et même la déviation par excellence. L'effort urgent à accomplir était au contraire de vouloir aimer la solitude pour pouvoir y chercher et retrouver Dieu. Misère de l'homme sans Dieu. Grandeur de l'homme avec Dieu : c'est sur ce plan qu'auraient dû être développées les *Pensées*. Pascal ne voulait pas non plus de l'imagination comme moyen d'échapper au malheur humain. L'imagination était pour lui « maîtresse d'erreur et de fausseté », elle égarait en effet l'esprit en l'écartant de Dieu. Pascal ne voyait donc là qu'une échappatoire indigne. C'est pourtant l'imagination qui a « diverti » le plus hommes et femmes jusqu'il y a peu. Indéfiniment ouvert, le domaine de l'imagination associant une émotion à un fait observé fait s'évader l'esprit. Chacun des spectacles de la nature, eau grondante, source calme, sommet abrupt, ondulation molle, retour des saisons, apparition de la vie, survenue de la mort, faiblesses du corps, caprices du ciel occupent l'esprit par la création interne d'émotions débouchant sur les interrogations fondamentales : d'où venons-nous ? où allons-nous ? pourquoi le bien, pourquoi le mal ? pourquoi la vie, pourquoi la mort ?

Pour meubler les temps vides d'action, pour divertir, les médias ont remplacé l'imagination. « Car que faire en un gîte à moins que l'on ne songe ? » demandait Jean de La Fontaine. On lui répondrait aujourd'hui : écouter la radio, la télévision, lire les journaux et les livres.

Touchant directement à la vie, à la douleur, à la peur et à la mort, la médecine ne peut que trouver un espace immense dans les médias. C'est désormais en écoutant, lisant, regardant que l'on peut le mieux s'armer pour savoir comment l'ensemble des pratiques médicales peut être utilisé au mieux pour répondre à l'attente supérieure des membres du groupe social : rétablir l'égalité devant la peur, la douleur et la mort.

Ainsi les médias ont-ils désormais le quasi-monopole de donner au peuple des avis sur sa santé. Ce ne sont plus les médecins qui disent le corps, la maladie : ce sont les médias. C'est à partir d'eux que chacun réfléchit à son cas et vient, ensuite, auprès des soignants, médecins ou autres. Le médecin n'est plus devin : il est expert. Mais il n'est plus le seul expert : les médias ouvrent leurs micros, braquent les caméras, ou remplissent les colonnes en piochant dans les prises de position de *tous* les soignants : médecins conventionnels, médecins non conventionnels et non-médecins. Conséquence immédiate : les remèdes de grand-mère, de bonne femme ou de *bonne fame*, les secrets et recettes qui circulaient autrefois de bouche à oreille et faisaient une gentille médecine souterraine contrôlée par l'expérience des anciens deviennent maintenant autant d'affirmations définitives gonflées par celui qui les médiatise.

Autre conséquence en cascade : la notion même d'exercice illégal de la médecine devient impossible à cerner. La question : qu'est-ce qu'un médecin ? devient totalement floue ; et plus encore : qu'est-ce qu'un malade ? Le dialogue médecin-malade ne commence plus en tête à tête, en colloque singulier dans le cabinet du médecin ou au lit du malade : il se fait par l'intermédiaire des médias qui ont introduit un arbitre invisible et présent : le journaliste. Le metteur en scène des rapports médecins-malades, c'est désormais et pour une très large part le journaliste, l'homme des médias, celui de la communication.

Quand M. Tissot écrivait la médecine

Sautant d'une époque à une autre, d'un acteur à son complément ou son adversaire contraire, nous allons maintenant plonger dans ce monde fascinant et tellement controversé : celui du « dire médical » en dehors mais à propos de la médecine.

À dire vrai, le texte écrit, c'est-à-dire le livre, surtout à partir du XVIIIe siècle, avait glissé un coin dans le « colloque singulier ». Mais la diffusion restait mince, même en cas de grand succès, et l'information médicale imprimée y était rédigée par les spécialistes — hommes de l'art — et par eux seuls.

Lorsqu'en 1782 fut publiée une nouvelle édition de *Avis au peuple sur sa santé* dont le premier tirage datait déjà de vingt ans, M. Tissot, l'une des éminences médicales de son temps et dont la renommée était internationale, dit d'abord sa joie du triomphe :

> « Je n'avais destiné ce livre qui parut pour la première fois au mois d'août 1761 qu'à une petite enceinte du pays et à un petit nombre de personnes et je fus très surpris en apprenant cinq à sept mois après sa publication qu'il était un des livres de science qui eut trouvé le plus de lecteur dans tous les ordres. »

Mais pourquoi diffuser cet *Avis au peuple sur sa santé?*

« La diminution du nombre des habitants dans ce pays est une vérité de fait qui frappe tout le monde et que les dénombrements démontrent. Cette dépopulation a plusieurs causes : je me croirais heureux si je pouvais contribuer à remédier à une des principales qui est la mauvaise méthode employée dans les campagnes pour traiter les malades. »

Pour Tissot, les choses sont claires : seul un grand médecin peut s'adresser au peuple.

Depuis que les journaux écrivent la médecine

Le journalisme existait pourtant depuis 1631 grâce à Théophraste Renaudot, né à Londres en 1586. Ce médecin formé à Montpellier fut ensuite appointé comme médecin du roi. Cependant il s'éloigna vite de la médecine pure, fonda un mont-de-piété, puis un bureau d'adresses et bien sûr la *Gazette de France.* Dans le sixième numéro de juillet 1631, paraît une information médicale qui pose déjà tous les problèmes : médecine-commerce-publicité-charlatanerie-affirmations non vérifiées que l'on discute encore aujourd'hui. On lit :

« De Saint-Germain-en-Laye, le 2 juillet, audit an. La sécheresse de la saison a fort augmenté la vertu des eaux minérales, entre lesquelles celles de Forges sont ici en usage. Il y a trente ans que M. Martin, grand médecin, leur donna la vogue; le bruit du vulgaire les approuva. Aujourd'hui, M. Bonnard, premier médecin du Roy, les a mises au plus haut point de la réputation, que sa grande fidélité, capacité et expérience peuvent donner à ce qui le mérite vers Sa Majesté, qui en boit par précaution, et presque toute la Cour à son exemple. »

Le journalisme médical était né. Les journalistes aussi, et les médecins depuis n'ont cessé de ronchonner. En voici d'officiels exemples.

Soutenue le mercredi 19 juin 1907 — à 1 heure, précise-t-on — et présidée par le Pr Roger, la thèse de P. de Lacombe est là pour témoigner de ce que le fond des rapports médias-médecins n'a pas vraiment changé depuis près d'un siècle. Le titre de cette thèse est « la médecine et la grande presse ». On y lit en conclusion :

« Nous avons essayé d'établir les bienfaits que la presse politique a rendus au public par ses campagnes fréquentes en vue de dénoncer les dangers encourus à la suite d'abus des boissons absinthiques, des fraudes vinicoles, des fraudes du lait, les conséquences des logements insalubres, d'un mauvais assainissement des grandes villes, les dangers d'une amenée insuffisante d'eau potable à Paris ; nous avons parlé des conseils d'hygiène donnés à toutes les classes de la société, des leçons de prophylaxie des grandes maladies infectieuses, enfin de ses réclames pour porter à la connaissance de tous les grandes découvertes du jour.

Ces avantages sont réels et tous les efforts de la grande presse n'ont pas été faits en pure perte (...). Malheureusement il est regrettable que ce désir d'instruire les masses ne soit pas généralisé dans toute la grande presse (...). »

Après le miel, le vinaigre :

« À côté de ces avantages il est des inconvénients graves (...), les discussions médicales des congrès, des académies, les divergences de vue des maîtres sur certains points médicaux sont néfastes lorsqu'elles sont portées à la connaissance du public (...). La grande presse oublie trop l'ignorance des profanes en matière scientifique pour ne rechercher dans une nouvelle à sensation que l'importance du tirage.

Elle semble oublier également qu'elle ne doit être et rester qu'un simple traité d'hygiène et non pas un traité de thérapeutique, de symptomatologie, de microbiologie, car le résultat obtenu dans ce cas auprès du public est un danger au lieu d'être un bien.

D'autre part, elle donne asile à des réclames, dangereuses pour la santé publique quand ces réclames font naître des espoirs sans limites (...). »

Ce n'est pas la force précise de Pascal, ce n'est pas à la hauteur de Laennec, mais le texte pose bien un problème aussi vieux qu'Hippocrate, qu'Esculape même, et que ses deux filles.

Esculape, dieu de la Médecine, avait en effet deux filles, Hygie et Panacée. Hygie, sage et sérieuse, collectionnait les conseils de bon sens à l'usage de la collectivité : elle incarnait la sagesse populaire : buvez, mais pas trop ; mangez bien, ne soyez pas un goinfre ; soyez propre et avenant ; ne négligez pas l'amour, n'abandonnez pas tout, prudence, pour lui.

Panacée se promenait dans les bois et les forêts, cherchait des plantes rares ou des substances merveilleuses et proposait ses services : trop bu, trop mangé ? Ce n'est rien, soignez-vous avec cette décoction. Punis par Vénus de trop d'ardeur à lui sacrifier ? Cela ne sera rien : mâchez donc cette herbe rare.

Corvée d'hygiène, délice médical

À travers les temps, des Grecs jusqu'à nous et sans doute avant que le mythe existât, les hommes ont écouté poliment Hygie, ont répété ses enseignements aux autres et n'en ont tenu que peu de compte pour eux-mêmes. Gentille, Hygie ; mais terriblement rabat-joie ! Alors que sa sœur ! Ah, sa sœur ! Quelle sœur ! Privilégiant l'individu, l'extrayant de la collectivité, s'intéressant à lui et à lui seul, lui évitant d'être un rouage anonyme de la machine sociale, Panacée répond totalement au désir de chacun d'être unique.

La « grande presse » de 1907 était donc à l'unisson des hommes de tous les temps : campagne d'hygiène ? Bien, c'est de notre devoir. Allons-y. Comme on va au travail le lundi matin ou le 1er septembre. Parfois, si de gros enjeux étaient en cause, ou si une querelle de notables couvait sous la cendre des bonnes intentions, se battre pour l'hygiène pouvait même se parer de certains charmes. Mais que Panacée promette du neuf, il n'était plus besoin de prier personne : les encriers se débouchaient, les plumes couraient, les lettres de plomb sortaient de leurs casiers, les rotatives tournaient. Et faisaient quelques pâtés. Lesquels non sans raison irritaient notre Lacombe qui soutenait : si l'on peut confier à des journalistes le soin de débiter les recommandations sages de la contraignante Hygie, patinées par le temps et l'accord commun, si l'on peut laisser faire les non-médecins dans le champ du social, on ne peut tout de même les laisser s'embarquer comme cela dans la galère du médical où tout se joue au coup par coup, où des cas très différents se ressemblent parfois beaucoup, où le secret recouvre toujours une partie des choses, où le particulier l'emporte sur le général.

Journalistes mes bons amis, sous-entend Lacombe, pour ce domaine laissez-nous faire. Nous vous appellerons dès qu'il y aura du neuf sérieux.

On sent, hélas, plaqué sur l'ordonnancement rêvé des propositions, le vernis trop brillant du conventionnel. C'est que les médecins eux-mêmes sont les premiers à ne pas jouer le jeu. Les médecins sont fils de Panacée et se soucient d'Hygie comme d'une guigne. Mais surtout, dès 1907, les médecins déjà adoraient les médias même réduits à la seule « grande presse ». Il faut relire *Les Maîtres,* ouvrage déjà cité de la Chronique des Pasquier écrite par Georges Duhamel, pour saisir, au travers de la lutte des Prs Chalgrin et Rohner, cet appétit formidable de faire connaître au public et par la médiation des gazettes que l'on est en fait le meilleur grand-prêtre de Panacée. Le narrateur décrit :

> « Monsieur Chalgrin est arrivé l'autre jour au collège en froissant un numéro du *Matin* entre ses doigts. Il nous a dit : “ Monsieur Rohner donne des interviews aux publicistes. Ce n'est ni sérieux ni convenable. Voilà quelque chose que l'on n'aurait pas fait il y a vingt ans (...). ”
>
> Ce qui m'a navré c'est que deux jours plus tard j'ai vu venir un collaborateur de *L'Écho de Paris.* Il a demandé l'honneur d'un entretien au Patron qui l'a reçu tout de suite et qui l'a gardé plus d'une demi-heure. Le gaillard a publié un article dans son journal. Le patron avait l'air de s'en excuser. Il disait : “ Il s'agit à peine de moi. Il ne s'agit même pas du tout de moi. Je n'ai parlé que de mes idées et de cette vieille maison sur laquelle il faut tout de même ramener l'attention du public... ” On put savoir ainsi comment Chalgrin comptait s'y prendre avec la coqueluche. »

Cependant, on aurait grand tort de croire que les « avis au peuple sur sa santé » confiés par les médecins au travers des médias n'ont d'autre but que de faire connaître aux « gens du monde » la théorie ou la découverte du jour. Ce que fait aussi le Pr Chalgrin c'est, à titre personnel, se réchauffer le cœur auprès d'un journaliste considéré comme confident. Oreste aurait aujourd'hui pour Pylade un escadron de journalistes et les hommes forts de notre temps entretiennent des corps de journalistes comme leurs prédécesseurs des corps de ballet.

Se confier à un journaliste fait naître la félicité la plus vive ; je parle ici en tant que représentant des deux bords, capable de faire une synthèse. Le journaliste a du pouvoir : être écouté par un représentant du pouvoir, c'est déjà bien ; être écouté attentivement comme si l'on était le seul vous fait évidemment penser — à tort — : « Je suis l'homme le plus intéressant du monde. » Car la technique de l'interview est gratifiante, du moins pour ceux qui ne comprennent pas que l'on lâche le plus secret lorsque l'on est habilement mis en confiance. De ce côté-là, et de l'avis unanime, le pied intégral fut proposé par Jacques Chancel avec « Radioscopie ». Une heure à être installé en position de nombril hexagonal, c'était comme une idée neuve pour Einstein, un événement tellement rare !

Il est vrai que, depuis le Watergate, d'autres techniques ont vu le jour. Plus brutales, plus agressives. Mais se faire rudoyer ainsi, en tête à tête, par un journaliste qui en sait moins que vous, c'est aussi bon que de jouer avec un gros minou qui de temps à autre vous égratigne un peu. Ainsi l'on se livre. Tout à la fois confesseur et psychanalyste, l'interview qui flatte et fait chaud devient pour beaucoup l'idéal moment d'une rude journée de labeur. Lorsque l'on lit l'article, parfois les sentiments changent. Qu'importe, c'est un peu comme certaines maladies aujourd'hui vite guéries : c'est ennuyeux à subir mais ça n'enlève rien au souvenir délicieux du moment où on l'a attrapée.

Et le lecteur dans tout cela ? Ce qu'il retiendra n'est pas exactement ce que souhaitait l'informateur, et non plus le journaliste. Car, entre le papier remis et l'article publié, il faut encore certaines opérations remodelantes comme les titres et intertitres rédigés par la Rédaction. Aussi, souvent, le sens s'infléchit : le loup se déguise en grand-mère ; le contraire se voit aussi. La page attribuée joue encore son rôle et les photos à l'occasion jointes ou adjointes. Tant et si bien que le lecteur retiendra souvent les fantasmes du rédacteur en chef plus que la pensée du penseur et la rédaction du rédacteur.

... d'où venait tout le mal

C'est sans doute ce que déplorait Georges Bourgeau dans cette autre thèse soutenue en 1916 et dont le titre dit presque tout : « Les erreurs et les dangers de la grande presse en matière médicale. » La conclusion tombe, abrupte et désagréable :

> « La grande presse s'occupe souvent de médecine. Elle en annonce les découvertes, elle en critique les méthodes, ses informations et ses jugements sont presque toujours entachés d'erreur.

Parfois désintéressée elle doit une part de ses bénéfices à la publicité médicale. Dans ce dernier cas, elle trompe sciemment. Complice des spécialistes, elle devrait légalement être condamnée par les tribunaux.

Mais tant par ses informations gratuites que par celles tarifées, la grande presse est dangereuse pour la santé publique. »

Voici les attendus du réquisitoire :

« Elle détourne les malades des traitements utiles et les jette dans les aventures médicales. Elle aide au succès des mercantis de la médecine au détriment des médecins consciencieux. Cependant elle ne commet point ses actions par malignité délibérée mais beaucoup par ignorance et un peu par intérêt. »

Eh bien !

Georges Bourgeau a collectionné, il est vrai, un bel ensemble de perles d'approximations et d'annonces prématurées : victoires imminentes ou déjà remportées sur la tuberculose, la syphilis, le cancer. En 1916 ! Cependant, avec scrupule, Bourgeau recherche un véritable fautif à clouer au pilori. Il pense d'ailleurs le tenir : c'est M. Doyen qui a cru trouver le microbe du cancer après avoir déjà annoncé le triomphe sur la tuberculose. Mais pourquoi les journalistes croient-ils pareil hâbleur ? Bourgeau trépigne avec quelque raison :

« Les journalistes ne s'étonnent pas et notent avec enthousiasme ; et pas un ne s'écrie avec le poète :

César, cesse de vaincre ou je cesse d'écrire. »

De temps à autre en plus, un journaliste se plante et la réalité dépasse alors la fiction. Ce n'est pas tout à fait « la femme coupée en morceaux menait une vie double », mais tout de même on trouve du ridicule. Exemples relevés par Bourgeau : « Le 10 avril 1914, un enfant blessé par une automobile est amené à Beaujon. Une forte hémorragie l'a affaibli. On propose la transfusion du sang. Le père s'offre aussitôt. L'opération est réalisée mais sans succès. » « Le père et l'enfant meurent des suites de l'opération », titre le journal. Effectivement, c'est gros ! Là encore, pourtant, la vertueuse indignation de l'auteur sent l'ouvrage de commande plus que la sincérité toute nue. La médecine aussi est un métier où l'erreur n'est pas rarissime.

Georges Bourgeau se livre tout de même à une intéressante radioscopie du journaliste et soulève un problème très aigu :

> « Pourquoi le journaliste commet-il tant d'erreurs en médecine ? C'est parce qu'il est crédule.
>
> La philosophie a détrôné les divinités, mais le besoin de croire n'a pas diminué, et c'est à la science que va notre foi. Le médecin est le dernier dieu. Le journaliste ne voit pas l'homme derrière le savant, l'homme avec ses erreurs, avec son orgueil, avec son intérêt. D'ailleurs est-ce que le dévot voit l'homme dans le prêtre ?
>
> Le journaliste croit aussi par intérêt. Il voit, dans la découverte, l'article à faire, le papier sensationnel. Dans sa hâte de n'être devancé par personne, il abandonne toute idée de contrôle — celui des faits et celui du temps.
>
> Le journaliste croit parce qu'il est ignorant. Son excuse de l'être est que, parlant de toute chose, il lui faudrait une énormité de connaissances pour les connaître toutes. Il lui est donc impossible de discuter la découverte annoncée — et on voit facilement que les termes mêmes lui sont étrangers. C'est cette ignorance qui lui permet de conclure du particulier au général, de la physiologie à la thérapeutique, *de l'in vitro à l'in vivo !* »

Est-ce que cela a beaucoup d'importance ?

Tout est faux, l'ensemble est juste

Malheureusement oui. Car il y a un nombreux public qui croit, à son tour, au journaliste.

Le président Pompidou était moins pessimiste lorsqu'il affirmait, paraît-il : « Tout ce que l'on peut trouver de ponctuel dans la presse est faux, mais l'ensemble est assez juste. » On ne sait si Bourgeau aurait été d'accord. On sait en revanche qu'il aurait sûrement mis en avant la spécificité médicale et les dangers particuliers que génère l'erreur médicale médiatisée :

> « Le malade qui se laisse convaincre par un article médical abandonne le traitement utile pour se livrer à

l'aventure d'une nouvelle méthode. Suivre une indication qui n'est pas nécessaire, c'est recevoir un apport étranger, inutile et peut-être dangereux qui peut causer un retentissement sur l'estomac ou sur le rein. Un médicament a toujours une action, et il n'est pas d'idée plus fausse que celle-ci : Si ça ne fait pas de bien, ça ne fera toujours pas de mal.

Mais c'est aussi abandonner le traitement adéquat; c'est retarder la consultation auprès du médecin ou du spécialiste, c'est laisser le mal s'aggraver, se compliquer. Combien voit-on de tuberculeux, syphilitiques qui ont épuisé toutes les ressources de la pharmacopée des journaux avant de venir échouer, incurables alors, dans les hôpitaux ! »

La grande presse n'en a pas fini avec la volée de bois vert. Il y a aussi le problème de « la quatrième page », celle où l'on trouve les réclames ! Bourgeau présente bien les faits :

« La publicité pharmaceutique n'est pas aussi ancienne que la pharmacie. Elle n'est pas née avec elle, mais avec les journaux. Elle a grandi lentement. Les premiers journaux contiennent peu d'annonces médicales. Il faut arriver à 1836, à Émile de Girardin, pour voir introduire en France la méthode — déjà en faveur en Angleterre — car, à cette époque, le *Times* faisait un million de publicité. »

Voyons donc les balbutiements de la publicité médicale par quatrième page interposée :

« La première réclame pharmaceutique parut le 25 juillet 1836, elle annonça la liqueur indienne analysée, brevetée, pour les affections de l'estomac. Le 9 août, le Dr Gervais fit savoir qu'il guérissait les dartres, puis les maladies secrètes. On annonça ensuite le Kaiffa d'Orient, breveté par le gouvernement, les Bols d'Armes, autorisés par ordonnances royales, les pilules Morisson. Puis, le 8 septembre 1836, que M. Canquoin, médecin de la faculté de Paris, vient d'être appelé à Milan pour appliquer sa méthode du traitement du cancer sans opération chirurgicale. »

Si tout s'était borné là ! Que non...

Du miracle pour six sous

« On guérit aussi déjà la goutte par la méthode du Dr Cornet. Plus tard, en 1856, *Les Débats* annoncent que Mme Lachapelle soigne les maladies des femmes, et que le Dr Duval traite le pied-bot. Les eaux minérales tiennent une place importante : Carrès de Saxon, établissements de Vichy, de Hombourg. On parle du bandagiste Rainal, des biscuits dépuratifs Olivier, autorisés par l'Académie de médecine, de Copahine Mège, autorisée par l'Académie de médecine, des pilules de Vallet, autorisées par l'Académie de médecine. » Ce n'est rien encore car : « La grande réclame se fera attendre jusqu'en 1880. Ce seront alors les pastilles Géraudel, les pastilles Brachat, Poncelet, les pilules Suisses. C'est aujourd'hui l'ouate thermogène, les pastilles Valda, les pilules Pink, l'Urodonal, les Lithinés, l'Électro-vigueur, le Pulsoconn. » Horreur ! Bientôt la quatrième page déborde. Bourgeau n'en peut plus : « Cette réclame envahira le journal à toutes ses rubriques, se glissera dans les échos, dans les nouvelles, intriguera par une forme feuilletonesque, ou prendra un masque scientifique en faisant suivre l'article de la signature d'un docteur hypothétique. »

Halte là ! soutient le thésard :

> « Cette publicité pharmaceutique présente des dangers. L'essai d'un remède retardera l'appel du médecin qui arrivera trop tard, une fois les lésions incurables. Combien voit-on, dans les hôpitaux, de syphilitiques, de tuberculeux qui ont épuisé toute la pharmacopée des journaux et toutes leurs économies avant de venir échouer, dans un état lamentable, à Cochin ou à Beaujon ?
>
> Mais que fait le législateur ? Il a fait son devoir. Sans succès. En effet, cette publicité dangereuse est interdite ; car toutes les spécialités modernes sont des remèdes secrets, toutes sont condamnables et devraient l'être. »

Elles ne le sont pas.

Bourgeau fantasmait-il ? Non pas ! Avec la quatrième page, effectivement, la promesse de miracle quitte la fête foraine et l'estrade du bateleur pour rentrer dans ce qui s'imprime. Promenons-nous dans les colonnes. Voici le numéro du 23 juin 1882, de *L'Anille,* journal de l'arrondissement de Saint-Calais dans la Sarthe : il se fait l'écho du vote des députés locaux à l'assemblée, annonce des divertissements : *Serge Panine* sera joué à Saint-Calais par une troupe d'artistes des théâtres du Gymnase, de l'Ambigu et de l'Odéon ; publie une dépêche de Rio de Janeiro confirmant officiellement le massacre de la mission du Dr Couvreaux ; expose largement comment on va vendre certaines fermes du pays ; et en « quatrième page » publie des réclames médicales : le Dr Choffé, ex-médecin de la marine, offre gratuitement son traité de médecine pratique et promet la guérison radicale des malades de tous les organes et des hernies, hémorroïdes, goutte, vessie, matrice, vices du sang, obésité, asthme, etc. Il réside 27, quai Saint-Michel à Paris.

La guérison certaine et sans douleur des plaies aux jambes, ulcères variqueux de toute nature, de vingt et même trente ans, compliqués ou non d'eczéma, « est assurée par M. Mossot, médecin à Bussy-en-Othe dans l'Yonne. L'envoi de prospectus est gratuit ».

M. le comte Cléry à Marseille assure « plus d'asthme, suffocation et toux ».

Les maladies de la poitrine et de la gorge ne peuvent se passer de « la farine mexicaine del Dr Benito del Rio de Mexico ». On annonce « plus de 100 000 malades guéris alors que le plus souvent on les croyait perdus ». Eux « peuvent certifier que la farine mexicaine est le seul remède vraiment efficace pour guérir la phtisie tuberculeuse, la laryngite et la bronchite chronique, le catarrhe pulmonaire, les rhumes, l'épuisement prématuré et toutes les maladies de langueur ». « Se vend par boîtes de 1 kg, 500 gr ou 250 gr au prix de 7,4 et 2,25 frs avec une brochure explicative. »

Mais la palme va aux pilules Suisses. Le texte mérite la publication intégrale. À quoi donc s'attaquent les pilules Suisses ? C'est clairement dit : à « la maladie la plus répandue de notre époque ». Et quelle est-elle donc ? Voici, on verra que chacun peut s'y retrouver.

> « Elle débute par un léger embarras gastrique, s'étend ensuite successivement à tous les organes, affectant principalement le foie et la rate. On se trompe souvent sur la nature de cette affection, mais le lecteur sera à même de juger s'il en est atteint, en se posant les questions suivantes : Les yeux ont-ils une teinte jaunâtre ? Éprouvez-vous des embarras de

respiration après les repas? Ressentez-vous des douleurs sourdes et une fatigue continuelle? Avez-vous le matin la bouche mauvaise, et y a-t-il une couche blanchâtre sur les gencives et les dents? La langue est-elle chargée? Souffrez-vous des hémorroïdes? Avez-vous des douleurs dans les côtés et dans le dos? Ressentez-vous une oppression prononcée du côté droit? Souffrez-vous de constipation? Êtes-vous souvent en transpiration la nuit? Vous mettez-vous facilement en colère, et souvent sans raison? Éprouvez-vous une espèce de vertige et des éblouissements lorsque vous vous levez subitement d'une position horizontale? L'urine est-elle rare, forte en couleur et forme-t-elle dépôt? Éprouvez-vous, après avoir mangé, des renvois et des flatuosités? Avez-vous de fréquentes palpitations de cœur? Il est rare que ces symptômes se présentent simultanément, mais la plus grande partie tourmente successivement le patient et s'accentue davantage de jour en jour s'il n'y est pas apporté de remède prompt et efficace. La science s'est souvent trompée sur la nature de cette maladie; on l'a considérée à tour de rôle comme maladie du foie, dyspepsie, maladie de la rate, mais aucun des traitements appliqués n'a eu un succès réel. Il faut rechercher la cause de tous ces troubles dans une secrétion insuffisante des sucs gastriques nécessaires à la digestion, c'est donc de ce côté-là qu'il faut chercher à vaincre le mal. Pour arriver à ce but, le moyen le plus sûr et le plus prompt est sans contredit les pilules Suisses, devenues en peu de temps si justement célèbres. Elles sont composées d'extraits de plantes rares dont la vertu médicinale a été récemment découverte. Elles détruisent seules et rapidement la cause du mal et, par le fait, le mal lui-même — *En vente dans toutes les bonnes pharmacies au prix de 1,50 frs la boîte.* »

On ne peut que conclure : ah! mon Dieu, que c'est embêtant, je ne suis pas bien portant — et se précipiter évidemment sur les salvatrices pilules.

L'Anille, journal d'intérêt local, n'est qu'une goutte de l'océan. Quelque publication qu'on lise, la « quatrième » fourmille invariablement de faiseurs de miracles.

Le Petit Journal, Le Siècle, La Patrie, Le Matin font chorus. Même *Le Moniteur universel,* journal officiel de l'Empire français, y va de bon cœur. En 1867, par exemple, on trouve de la « publicité franco-anglaise » :

« Découverte miraculeuse : cors guéris en vingt-quatre heures par le Chiropoct Alex Ross. Cette préparation dissout les cors en peu d'heures et enlève jusqu'à la racine. Prix : 4 livres ; par la poste 60 timbres. 248, High Holbors, Londres et chez tous les pharmaciens. »

Or tout cela, on l'a dit déjà, est illégal, strictement illégal. Bourgeau clame son indignation, tout en gémissant sur les journaux, le journalisme, les journalistes, les lecteurs et les annonceurs. L'histoire avait pourtant connu d'excellents commencements et l'on punissait de bon cœur : en 1855, *Le Moniteur de la Moselle* avait inséré les annonces du Rob Boyreau-Laffecteur ; des poursuites furent dirigées contre le gérant du journal, le propriétaire du remède, et le directeur de l'agence de publicité. Tous trois furent condamnés à 600 F d'amende pour annonce de remède secret.

En l'occurrence, le journal bénéficia de l'appel, car le Dr Gireaudeau prouva « qu'il avait une autorisation en ce que son remède était antérieur à la loi et que ceux-ci étaient autorisés ». Mais s'il en avait été autrement, le journal serait resté affligé d'une condamnation. Tout était donc bien mais tout a basculé. Aussi :

> « Pourquoi cette législation n'est-elle pas appliquée actuellement contre les journaux, alors qu'elle l'est quelquefois, trop rarement, contre les produits annoncés ? Les mécontents assurent que la presse est une puissance avec laquelle la magistrature est tenue de compter, affirmation que je me refuse à croire. »

Les retombées de tout cela ? Elles sont navrantes. Bourgeau explose :

> « Mais il y a un comble. C'est la manière dont les journaux qui bénéficient d'une injuste faveur s'en montrent reconnaissants. Complices des pharmaciens condamnés, sans doute ils vont excuser les malheureuses victimes ? Bien au contraire. Ils ne leur ménagent, soit dans la rubrique des tribunaux, soit ailleurs, aucun des attendus de jugement. »

Ajouter l'audace à l'inconscience

« Jamais peut-être l'inconscience du journaliste n'a été poussée plus loin. Et jamais aussi son audace n'a été plus grande ; car il recommence le lendemain à prôner les produits condamnés la veille, sûr qu'il est de l'impunité. »

Horreur ! La conclusion verse dans la morosité :

« Il ne reste qu'à se demander pourquoi les médecins auxquels la publicité porte ombrage ne font pas respecter la loi ; et comment il se fait qu'ils se plaisent à être battus. »

Exhumer et donner tant de place à cette thèse inconnue et d'un niveau moyen pourra surprendre. On a voulu pourtant lui donner de l'importance afin de mieux souligner la pérennité des rapports délicats médecine-information.

Le nez mis par la grande presse dans les affaires de la médecine, les journalistes insuffisants et les fantaisistes ou charlatans protégés donnaient donc en 1916 du prurit aux médecins.

Or on retrouve aujourd'hui le même état d'irritation chez les médecins. Récrites en un style du jour, les pages de Bourgeau pourraient être reprises argument après argument.

La situation est d'autant plus invraisemblable qu'en soixante-dix ans tout a changé : la médecine institutionnelle a progressé, les médias se sont multipliés et diversifiés, les médecines du miracle ou simplement différentes ont aussi fait peau neuve.

Alors ? Il n'est pas inutile sans doute de se souvenir qu'en 1916 on était au plus profond de la plus terrible des guerres jusque-là connues. La médecine, il est vrai, accomplissait certains prodiges mais ne réussissait pas tous ceux qu'elle aurait voulus : les infections tuaient des milliers de blessés correctement opérés, des épidémies se déclenchaient dans les tranchées, les gaz commençaient de semer la terreur. Lorsqu'on fait tout ce qu'on peut, et lorsque malgré tout on se sent débordé, on s'énerve souvent vite. Il faut alors des souffre-douleur, des boucs émissaires. Il est soulageant de pouvoir imputer à une catégorie précise la responsabilité de sa propre affliction. Les journalistes alors tombent à point nommé.

Il faut maintenant réfléchir au pourquoi des ondulations serpentines que dessinent les relations médecins-presse et désormais médecins-médias dans le suivi de l'aventure médico-scientifique. Lorsque la science permet à la médecine d'accomplir un pas en avant, les médias soutiennent immédiatement (et même en font trop), mais pendant peu de temps : celui pendant lequel les nouvelles restent fraîches. Puis, lorsque l'actualité connaît ses jours ordinaires, et comme il faut faire de l'image, du son et des lignes, les médias reviennent vers ce qui a la faveur de l'opinion publique : les traditions, le mystère, l'ésotérisme, la nature, l'inattendu, le surprenant, le crié fort. Les médecins institutionnels se sentent lâchés et crient à leur tour.

Oui, lorsque les grandes découvertes s'étiolent, se font plus rares, a fortiori lorsque de grandes annonces de victoire s'avèrent prématurées : victoire sur le cancer, la folie, la douleur, le vieillissement de tout ou partie de l'organisme, alors les journalistes, comme en 1916, brodent sur les illusions, donnent de la place aux différents, le tout sur un fond d'exaspération publique qui ne supporte plus de devoir attendre, qui ne comprend pas qu'on demeure inefficace contre le S.I.D.A., la drogue, les retombées nucléaires ou les dangers du pyralène.

Le jeu désormais comprend un arbitre

Les journalistes en font d'ailleurs d'autant plus qu'il y a plus de moyens d'information. De ce côté-là, le niveau ne cesse de monter avec des conséquences étranges. Le livre avait mis fin au colloque singulier, en permettant aux non-médecins d'avoir un accès direct à l'information ; le journal avait introduit un acteur de plus dans les affaires médicales : le journaliste, élevé d'emblée à la dignité d'arbitre ; la radio puis la télévision ont encore modifié les circuits en déclenchant des luttes retransmises en direct entre médecins, entre médecins et soignants non-médecins, entre médecins soignants, non-médecins et malades ; bientôt l'informatique et les réseaux vont intégrer d'autres paramètres coupant encore un peu plus les malades des médecins institutionnels : un tel bouleversement ne peut pas être compris ni dominé par tout le monde. Aussi, les rancœurs s'entassent, comme les soifs de revanche.

On ne peut aujourd'hui comprendre ce qui se passe si l'on ne s'efforce pas de saisir la logique de la société de consommation. On avait, sous Louis-Philippe, résumé la révolution industrielle et bourgeoise en deux mots (d'ailleurs utilisés à contresens) de Guizot : « Enrichissez-vous. » La nouvelle révolution de consommation a cette fois pour mot d'ordre : « Gagnez plus et dépensez tout. » Pour faire que tout soit dépensé, pour bannir jusqu'à l'idée même d'économies judicieusement placées afin d'assurer l'avenir des enfants, il faut tenter, tenter sans cesser. On ne peut tenter qu'en donnant plus d'informations d'abord, plus de publicité ensuite pour concrétiser l'affaire.

On a déjà dit à plusieurs reprises que la médecine n'avait pas échappé à la société de consommation. Le besoin de médecin, de médecine, de médicament, de prise de sang, de check-up, de visite hospitalière a donc été exacerbé. Tout un complexe médico-industriel s'est ainsi constitué. Et l'on aurait tort de vouloir à tout prix s'indigner : le public s'est laissé séduire. Il veut *plus* de médecine. D'ailleurs, les hommes politiques qui un temps ont bataillé ferme pour éviter cela reconnaissent actuellement leur défaite et prennent leur parti de ce que « les Français sont extrêmement attachés à leur système de protection sociale ». C'est-à-dire de consommation de santé.

On pouvait, au nom de la spécificité de la médecine, s'imaginer que cette discipline pourrait demeurer située hors consommation, faire une sorte d'isolat médical d'où aurait été bannie la notion de profit, de rentabilité, d'amour de l'inutile.

En fait, l'idée était utopique.

La médecine est aujourd'hui un des plus forts chevaux composant l'attelage tirant la société de consommation.

Là se situe la clé : qui dit société de consommation dit palette de propositions pour chaque besoin. Il faut en société de consommation vingt aspirines, ou plutôt vingt présentations de l'aspirine, trente de la même pénicilline, autant de crèmes à la cortisone, dix variétés de gants chirurgicaux. La société d'abondance se caractérise par la multiplicité d'offres très proches l'une de l'autre mais vécues très différemment par l'acquéreur convaincu de la supériorité d'une des présentations.

Une médecine, la médecine des Facultés, ne pouvait donc suffire. Quand bien même elle se présentait éclatée en spécialités, elle sentait son homogénéité. La logique même de la société voulait du choix. On devait en offrir. Alors revient le tour des médecines autres auxquelles les médias, moteur de la société de consommation, ouvrirent leurs portes. Évidemment.

Les médecins ont cru deux fois que l'on avait enfin reconnu leurs véritables mérites : vers la fin du siècle dernier et après la Deuxième Guerre mondiale. C'était une double erreur de diagnostic. Dans les deux cas ils avaient été poussés par de somptueuses découvertes : celles de Pasteur d'abord, celles de Dubos — Florey — Waksman ensuite.

Chacun à son tour sous les feux de la rampe

Aujourd'hui, les médecines différentes croient que l'heure a enfin sonné d'un honnête retour des choses et que justice leur est rendue : elles se leurrent. Quand bien même il faudrait leur reconnaître certaines qualités — et il le faut —, leur ascension est due en très grande partie à l'appétit inépuisable de la société de consommation. Il y a d'ailleurs un bel avenir pour les esprits inventifs : qui sait aujourd'hui chatouiller le mythe, faire briller l'approximatif et lui donner une coloration médicale crée une nouvelle médecine.

Mais la roue tournera : que les chercheurs officiels découvrent le secret d'une maladie touchant de très nombreux individus, et le miracle antibiotique se renouvellera : on couronnera en grande pompe le Fleming du jour, et une troisième fois, par médias encensés, les médecins prendront l'ascenseur pour la gloire, avec, au septième ciel, les honneurs et la confiance retrouvés. Les médecines douces reviendront au sous-sol par l'escalier de service, et vivront dans l'ombre, ignorées des médias jusqu'à ce que la recherche piétinant les médecins redescende...

Pour le moment, on en est donc au stade où les médecins classiques vivent dans l'espoir de lendemains meilleurs et se défendent en se gardant à droite, en se gardant à gauche. Les médecines différentes vivent dans l'euphorie, prennent la ferveur du public pour une marque de la justesse de leur cause et voient venir à elles quantité de médecins classiques. Voilà tout net un fait de société. Et s'il faut se battre pour effectuer des découvertes décisives, il faut aussi tenir compte des faits de société.

Ainsi, puisque la fête des médecines différentes bat son

plein sur les tréteaux et dans les colonnes des médias, il y aurait sous les apparences de la dignité outragée bien de l'insouciance pour les médecins à ne pas aller y voir. Rendons-nous donc pour quelques pages au sein des saints du saint de la médiatisation médicale. Et visitons un monde dont aucune activité humaine ne peut se passer, d'où se diffusent sans cesse « les avis au peuple sur sa santé ».

La forme moderne des grands salons d'autrefois du faubourg Saint-Germain ce sont les studios de télévision ou les bureaux des grands directeurs de rédaction, ou encore ceux des radios. Et bien évidemment ceux des maisons d'édition.

Il y a quelques différences toutefois entre le salon de Mme Récamier ou celui de la baronne de Nucingen et les studios d'enregistrement ou de retransmission directe d'aujourd'hui.

Don Juan aux enfers

Leur caractéristique première est qu'il n'y a plus de laquais lorsque vous arrivez pour prendre la bride de votre cheval ou permettre à votre cocher de garer son attelage. En dehors de quelques caïds politiques, syndicaux ou industriels, les Rubempré ou Rastignac modernes en mal de médiatisation doivent d'abord chercher à garer leur véhicule. Ce n'est pas toujours simple, ni toujours près. Puis vient le moment d'humilité suprême : celui où il faut se présenter au contrôle. Deux mots caractérisent celui qui reçoit : lassitude et soupçon. Le malheureux invité avait en partant de chez lui la tête toute gonflée de son importance, l'esprit plein d'idées devant éclairer enfin les ténèbres dans lesquelles il jugeait le monde plongé. La séance de parking l'avait déjà un peu défrisé, le passage au contrôle lui remet les pieds sur terre. C'est, rapporté à la corrida, l'épreuve des piques. L'invité en sort « châtié ». Ce n'est rien encore, du moins dans certaines maisons. On n'indique en effet que vaguement à l'impétrant là où il doit se rendre ; ou bien on le confie aux soins d'un cicérone lugubre et ne manifestant, c'est évident, aucun intérêt pour ce qui se doit discuter.

Le sanctuaire approche, il est là. Deux situations possibles. Ou bien la fête, l'émission, est en cours ; on intime donc à l'invité l'ordre de se taire et d'attendre qu'on lui fasse signe d'aller se mettre en place. Ou bien on en est encore aux préparatifs : l'atmosphère alors est, toujours, au grognon. L'invité voudrait parler : il ne pourra pas. La grande et justifiée terreur des animateurs d'émission, c'est que l'invité vide son sac « avant »; auquel cas il sera beaucoup moins bon lorsque viendra le grand moment. On le parque donc avec d'autres invités et l'ambiance n'est pas sans rappeler par sa chaleur l'attente qui précède l'oral d'un grand examen. Souvent cependant, il y a dans le lot des invités un vieil habitué qui fait des clins d'œil aux techniciens, adresse un mot au présentateur, se cale bien au fond du siège au lieu de garder les fesses juste au bord, prend des initiatives comme seul en est capable un enfant de la maison.

Vient l'instant : tout s'oublie, on peut parler. Hélas, le temps est mesuré. L'invité a de quoi tenir une ou deux heures et, fort des habitudes scolaires, veut ne « rien oublier ». On lui donne généralement deux à trois minutes, et il ne peut aller jusqu'au bout d'aucune de ses phrases. Déjà c'est fini.

A-t-il été bon ? Personne ne le lui dit. On lui fait signe discrètement : un autre attend la place. Il sort déconfit et ne se regonflera plus tard qu'en racontant l'histoire. Enjolivée.

Ce qui vient d'être raconté là, c'est essentiellement le passage au « journal » radio ou télé. C'est bien plus agréable tout de même si l'on tombe sur un homme courtois et non pas énervé, et si l'on a une exclusivité, un scoop à sortir. Mais cela, c'est rare !

Tout cela paraît en revanche normal lorsque l'on est habitué à cette façon de faire qui, en fin de compte, est indispensable. On imagine mal, lorsque l'on n'a jamais connu la radio ou la télévision que comme auditeur ou téléspectateur, combien il faut de concentration et de contrôle de soi-même pour paraître détendu et parfaitement libéré. Pas de temps donc pour faire des grâces.

On en fait beaucoup plus cependant pour les grandes émissions où l'on a du temps, pour les grands débats, les émissions de prestige, aussi rodées qu'un moteur Honda ou T.A.G. Porsche avant un grand prix. Là tout se passe bien, on boit même un coup à l'occasion avant de s'installer, bref on est reçu. Et puis l'animateur habile qui a choisi son sujet et ses invités profite de la chaleur communicative pour faire briller son monde sans s'oublier lui-même, le sommet de l'art étant à petits coups de barre de faire aller l'émission de rebondissement en rebondissement. De ces fêtes-là, rarement l'invité sort furieux, sauf si imprudent il s'est découvert et s'est fait contrer méchamment, sauf si, tripes hésitantes et cœur battant la charge, il n'a pas su placer un mot et ne retrouve son élocution qu'une fois les lampions éteints.

On se fait une bouffe et on refait le monde

L'atmosphère est plus détendue encore en ce qui concerne la presse et l'édition. Les bureaux sont feutrés pour le directeur, bruissants pour la rédaction ou les halls de réception. Là on bavarde, on prend rendez-vous pour un déjeuner qui est régulièrement honoré ; on rencontre des amis, on refait la partie du monde menaçant ruine ce jour-là et l'on confie ses projets. Il y a toujours des oreilles attentives, intéressées. Le livre, peut-être, ne verra jamais le jour, l'article ne s'écrira peut-être pas, sera horriblement caviardé, ou la prise de position fera deux lignes dans un article-fleuve : peu importe, on aura dit ce qu'on avait à dire.

De l'autre côté de la barrière, les Mme Récamier modernes (les féministes ont-elles bien réfléchi sur cette formidable perte d'influence? car les métaphores modernes des grands salons d'opinion sont tenues par des hommes) ont elles une autre vue des choses. Il leur faut produire, produire, produire. L'actualité demande sa ration quotidienne d'invités et il faut qu'ils soient neufs pour éviter la monotonie. Les médias font un kaléidoscope. Du nouveau, du neuf, des visages jamais vus, des voix pas encore entendues, voilà ce qu'attend le public. L'encadrement est là pour assurer la pérennité, pour le reste il faut que ça tourne. Qui pourrait-on faire venir ce matin?

Puisqu'en matière de médecine le public attend qu'on rétablisse l'égalité devant la peur, la douleur et la mort, puisque la société de consommation exige qu'il y ait vingt emballages différents pour un produit qui en fait est le même, on conçoit que tout ce qui se présente avec un physique qui passe — beau ou laid —, une voix qui accroche — caverneuse ou de pinson —, tout ce qui est capable de présentation courte et de reparties vives ait sa place dans les médias.

On croirait bien à tort que le copinage a raison de tout et que seules des introductions et recommandations propulsent dans l'actualité. Certes, il y a des secteurs où l'offre dépasse de beaucoup la demande et où les critères de choix sont subjectifs — il en va pour les médias comme partout ailleurs, et les amitiés ou inimitiés jouent ici à plein — mais, en règle générale, être passable veut dire qu'on passera. Le succès à venir est un autre problème. On le verra en abordant « les raisons de l'écho qui résonne ».

Quant au problème du fond et de la forme, il est facile à trancher : les médias ne se préoccupent que de la forme. Si vous êtes de la forme qu'il faut, vous passerez, même chez les adversaires. Certes le fond reprendra ses droits, pour que vous soyez présenté en bien ou en mal. Mais le fait est là : n'importe quel fantasme, chimère, élucubration, trouve place dans les médias pourvu que l'emballage soit correct.

La logique du système c'est cela. Eh bien ? direz-vous. Eh bien voilà : les industriels, les politiques, les artistes ont parfaitement compris l'art et la manière de s'accommoder des médias et au besoin de les utiliser. Les médecins de ce côté-là sont singulièrement en retard. Les médecins n'ont eux rien compris de ce qu'étaient devenues les voies modernes de la communication. Alors que chaque groupe social fait mille grâces et propulse vers les sommets celui qui peut le mieux expliquer la situation du groupe et ses demandes, les médecins officiels vouent aux gémonies ceux qui se montrent et ont l'oreille du public par médias interposés. C'est la meilleure voie d'autodestruction qui se puisse imaginer. Et d'ailleurs le processus est bien engagé.

Les adeptes des médecines différentes ont beaucoup mieux jugé la situation et leurs succès mettent clairement à jour une articulation essentielle des voies de la communication moderne. On veut parler de la connexion édition-autres médias.

Du scoop et du bidon

Il n'y a pas trente-six manières de s'y prendre pour déclencher les médias, il y en a deux : la conférence de presse et le livre.

La conférence de presse se fait à propos d'un coup d'actualité ou pour lancer une campagne. À condition que l'actualité ne soit pas trop réchauffée et que la campagne ne soit pas mercantile à l'excès, les journalistes se déplacent. C'est le quotidien. C'est le métier. Comme les médecins, les pompiers et les valets de chambre, les journalistes viennent quand on les sonne.

Les médecins, les officiels comme les différents, savent comment s'y prendre pour faire retentir la sonnerie. L'entreprise ne manque pas de risques : si le cocorico est poussé à contretemps, si l'orateur se fiche un peu du monde, le fait d'avoir convoqué ensemble les journalistes produit un effet inverse de celui escompté. Le mécontentement de l'un se grossit de l'irritation d'un second multiplié par le persiflage d'un troisième. La boule de neige grossit, se transforme en boomerang et le convocateur se retrouve les bras en croix. Son coup est raté.

Aussi voit-on beaucoup de ceux qui estiment avoir un message à transmettre préférer la méthode que le dernier Horace appliqua aux trois Curiace qui le poursuivaient : prendre les journalistes un par un pour éviter les méfaits du scepticisme contagieux.

Le livre permet ces combats, ou plutôt ces tentatives de séduction séparées. Le livre est donc envoyé à ceux soigneusement repérés sur une liste et censés devoir être preneurs du sujet, beaucoup plus que convaincus de devoir lire chaque ligne. Le fait qu'il n'y ait plus désormais nécessité de couper les pages, opération prise en charge par l'éditeur, autorise en effet tous les rêves : peut-être le livre sera-t-il lu ? Qui sait ?

En règle, il a été feuilleté ; la couverture et le titre ont été mémorisés, le texte en « quatrième » lu de près. En route alors pour l'interview auquel le livre sert de pôle de référence. C'est avec plus ou moins de bonheur, de fraîcheur et de naturel que l'auteur sait glisser : « D'ailleurs, je dis bien dans mon livre... » Rares tout de même sont ceux qui parviennent à s'effacer derrière leur ouvrage tout en restant captivants. À ceux-là des triomphes sont promis.

Depuis que l'écriture est écriture, soignants et soignés ont confié leurs impressions et voulu tenir « les autres » au courant de leurs opinions, expériences, souvenirs et recommandations. Par manuscrits puis par livres. Dans ce dernier domaine toutefois une cassure très nette s'est produite lorsque se mit en place la médecine institutionnelle, la médecine à trois brins dont on reparlera. C'est que cette médecine est d'une épouvantable complication, d'un extrême hermétisme. Vulgariser la médecine est à peu près impossible. On n'en veut pour preuve que l'incompréhension totale du public vis-à-vis du S.I.D.A alors que chaque jour des informations sont données par dizaines à ce sujet. Du haut en bas de la pyramide sociale, on ne comprend rien — mais rien — à la médecine institutionnelle. Discuter de son cas propre avec un malade, même remarquablement intelligent, cultivé, désireux de comprendre, est à peu près impossible. On en est contraint à un « toi Tarzan, moi Jane », qui s'énonce cette fois : « Toi malade, moi docteur » ; « toi bobo ventre, moi trouver gros foie », « toi figure toute jaune, moi penser caillou parti vésicule ». Il n'y a d'ailleurs rien d'étonnant à cela : parler de médecine nécessite de connaître :

1) l'anatomie, qui ne s'imagine en rien du dehors ;

2) la biochimie, avec laquelle rien ne vous familiarise dans la vie quotidienne ;

3) la physiologie, c'est-à-dire le fonctionnement normal des organes, qui est aussi facile à apprendre que les horaires réunis de la S.N.C.F., de la R.A.T.P. et d'Air Inter ;

4) quantité d'autres choses encore, en particulier les maladies.

Voici un exemple de texte médical très simple et très clair, puisque dû à l'un des médecins les plus soucieux de se faire comprendre : le Pr de Sèze, prestigieux rhumatologue :

> « Comment comprendre qu'une inflammation des tendons ou des bourses séreuses de l'épaule puisse être ainsi déclenchée à distance, aussi bien par une maladie de cœur (infarctus du myocarde) que par une lésion cérébrale (hémorragie ou ramollissement cérébral), ou par une lésion de colonne vertébrale cervicale (arthrose cervicale), une lésion du bras, de l'avant-bras ou de la main ou même par un simple changement dans l'humeur affective du sujet (chagrin, soucis) ? (...)
>
> Pour le comprendre, il faut, d'une part, se rappeler quelle est la part du système nerveux dans les mécanismes de l'inflammation ; et d'autre part, il faut connaître la richesse des connexions qui unissent l'épaule à tout l'ensemble du système nerveux végétatif. (...)
>
> Il ne faut pas oublier que l'inflammation est à base de congestion locale c'est-à-dire de vaso-dilatation ; or, les variations de calibre des vaisseaux sont commandées par des

nerfs vaso-moteurs, qui sont eux-mêmes sous la dépendance du système nerveux sympathique[1]. »

Quel non-médecin peut prétendre avoir bien compris ?

On conçoit qu'un étudiant en médecine honnête mette trois à quatre années avant de commencer à s'y retrouver, en travaillant dur. Alors de Sèze devient lumineux.

Les médecins formés dans l'institution ont pour cette raison fort peu écrit pour le public sur les réalités du savoir médical. Ils s'épanchent donc plutôt sur la vie du milieu médical, sur leurs rapports avec les patients, sur le système économique de gestion, mais se contentent en règle générale, lorsqu'ils veulent parler médecine, de donner des recettes pour lutter contre certains symptômes. Ce qui n'a rien à voir avec la démarche du médecin dans son métier. Les avis au peuple sur sa santé demeurent donc incomplets. Toujours. Du moins en ce qui concerne la médecine officielle.

On dit souvent que les médecins ne veulent pas expliquer afin de garder leur savoir et s'en faire un rempart : le raisonnement est trop court. En fait, la réalité profonde est que la médecine est inexplicable en peu de temps. Les médecins dont on considère qu'ils parlent clairement de la médecine ne se font pas vraiment comprendre même si, au grand courroux de leurs confrères, ils acceptent de jouer — dignement — à « toi malade, moi médecin ».

Il est clair comme de l'eau de roche que les médecins d'avant n'avaient pas ces difficultés. Tissot, grand écrivain pour le public, ou son digne disciple Doussin Dubreuil pouvaient à loisir expliquer la médecine. Pourquoi ? Parce qu'ils fondaient leurs dires sur de l'observable quotidien. Les faits au départ étaient les mêmes pour tous, médecins et lecteurs, médecins et malades. Les médecins poussaient les choses un peu plus loin : un point c'était tout.

Lui, au moins, on le comprend !

Texte de Doussin Dubreuil introduisant son ouvrage : *Les Glaires*[2]. Sans savoir exactement ce que Doussin Dubreuil nomme « glaires », le lecteur non médecin le suit assez bien

1. *Connaissance élémentaire du rhumatisme*, Expansion scientifique française, 1956.
2. Rozet libraire, Paris, 1824.

dans son raisonnement, même si certaines tournures anciennes compliquent un peu les choses :

> « On doit entendre par glaire une humeur visqueuse, gluante et transparente, qui ne se détache et ne se vide qu'avec peine : cette humeur résulte soit de digestions imparfaites, soit d'une portion plus ou moins considérable de la matière de la sueur ou de la transpiration insensible, qui, ne pouvant s'échapper par les voies que lui a frayées la nature, est forcée de s'arrêter, soit dans le tissu de la peau, soit dans celui des organes qui l'avoisinent ou qui occupent le centre. La glaire y est coagulée par un principe acide avec lequel elle a de l'affinité, et réduite en une gelée plus ou moins épaisse, dont la couleur et la consistance varient suivant les tempéraments et les organes qu'elle affecte.
>
> Les glaires sont ou blanches ou d'un gris-noir, ou cendré, et quelquefois d'un jaune plus ou moins pâle. Celles qui partent de l'estomac, et que plusieurs personnes vomissent tous les matins, sont plus liquides que celles qui viennent du poumon, et que l'on crache en flocons ou grumeaux. Les glaires que l'on rend dans les urines, et qui, après avoir surnagé un certain temps, vont s'attacher aux parois du vase, ou se précipitent au fond en forme de boue épaisse et gluante ; celles qui s'échappent par la matrice, et qui après avoir séjourné à l'extrémité des vaisseaux qui y aboutissent, forment ce qu'on appelle fleurs blanches (...). »

On comprend. On peut comprendre.

Aujourd'hui, les textes médicaux sont, par rapport aux textes médicaux du temps de la théorie des humeurs, ce que la physique nucléaire est devenue par rapport à l'optique ou à la mécanique. Dans ces deux cas, chacun a vu ce dont on part : loupes, lentilles, roues, leviers. En ce qui concerne la physique nucléaire, tout doit être appris d'une manière abstraite : électrons, neutrons, protons, mésons, bosons, jamais vus !

Il n'y a pas, dans le proche avenir, de méthode prévisible permettant de mettre un terme à cet état de fait, la médecine moderne repose sur des connaissances impossibles ou presque à transmettre vite, sur une conceptualisation difficile à intégrer.

Les spécialistes des médecines différentes, eux, en sont au stade où en était Tissot. Leurs « avis au peuple sur sa santé » peuvent être compris de tous parce qu'ils ont aussi leurs bases dans le concret visible. On reverra cela en jugeant le parcours des différents. On imagine donc volontiers qu'à côté du discours « prétentieux et volontairement incompréhensible » des médecins institutionnels, on juge « familier et clair » le discours des différents. On peut tenir pour assuré que ces facilités de communication ne doivent pas peser pour rien dans le choix fait par de plus en plus de médecins officiels de sauter la barrière. Mais restons à l'essentiel. Parce que la médecine par ses progrès mêmes est devenue trop longue à transmettre, l'on voit, à la vitrine des libraires, ce paradoxe : les médecins, essentiellement, parlent des alentours de leur métier, les différents parlent de leurs médecines. Et lorsque les médecins écrivent sur la maladie, ou bien ils font de petits tirages, ou bien ils se font réécrire par un journaliste particulièrement à l'aise dans le « toi Tarzan, moi Jane » sans assurance d'être d'ailleurs compris. L'auteur ne connaît pas de plus cruelle blessure narcissique que de rencontrer un auditeur ou téléspectateur qui, après l'avoir complimenté sur la clarté de ses propos, lui en fait un récit condensé et satisfait démontrant pourtant purement et simplement que rien — rien — n'a été compris.

Et l'articulation science-médecines dans tout cela ? Comment les médias l'expliquent-ils ? Il y a dans les rédactions d'excellents spécialistes des sciences, quelques très bons spécialistes des médecines. Il n'y a pratiquement personne à se soucier de faire le pont entre les deux. Du moins au niveau élémentaire. On sait expliquer à des millions de personnes comment décolle Ariane ; on raconte très bien la famine du Sahel ; on présente avec talent et souvent avec le recul justifié les médecines différentes. Mais on ne s'essaie que très rarement à plonger dans les rapports entretenus par la science et les médecines au quotidien. Il y a de très bonnes revues, et parfois à la radio, plus rarement à la télévision, de bonnes émissions, le livre offre tout ce que l'on peut espérer comme qualités. L'ensemble cependant de tout cela ne tient seulement au courant qu'une infime minorité de la population. La complexité est une excuse valable : elle n'oblige pas à un abandon des tentatives. Mais, au fait, est-ce bien aux médias qu'appartient le devoir de populariser la science ? Non : les médias peuvent par leurs structures mêmes inciter, engager, perfectionner, mais, tout de même, les grands pourvoyeurs de culture devraient être l'école et les universités. Hélas ! Les « avis au peuple sur sa santé » distribués par les médias à leurs lecteurs, auditeurs ou spectateurs, par les médecins officiels à leurs malades, sont donc gouttes d'eau tombant sur le désert. Il faut être bien optimiste pour espérer voir émerger une oasis.

Cette fresque des avis — incomplets — au peuple sur sa santé — incomplets à jamais parce que impossibles à médiatiser pour la partie médecine scientifique et technique — achève cette première partie du livre consacrée à la peinture du mouvement médical et des caractères principaux qui l'enrichissent.

On objectera qu'il est bien commode pour l'auteur — et même assez mal élevé de sa part — de laisser là son lecteur en lui assurant du haut de son savoir universitaire qu'au grand jamais il ne comprendra rien à rien aux fondements mêmes de la médecine à base scientifique.

Ce reproche serait immérité : toute la deuxième partie de ce livre, celle à venir, s'efforce précisément de démêler l'écheveau du savoir et des pratiques médicales. Cherchons donc désormais à faire « comprendre ». Même si l'on vient de dire que cela nécessite beaucoup de travail.

Deuxième partie

COMPRENDRE

I

Le caducée institutionnel

«Je préfère ne pas donner de définition tout de suite, disait René Dubos, je préfère donner d'abord l'histoire des choses. On comprend mieux.» Même en «donnant» l'histoire de la médecine, il n'est tout de même pas évident que l'on puisse faire comprendre rapidement comment fonctionne un esprit de médecin formé par la Faculté. On s'essaiera cependant, en montrant d'où il vient et quelles secousses de l'histoire ont conduit jusqu'à lui, à comprendre cet être étrange : le docteur en médecine. Tellement éloigné du différent.

D'abord Cabanis

Pour retrouver le moment zéro de la médecine moderne, il ne faut pas repartir plusieurs millénaires en arrière. Deux siècles suffisent et l'auteur propose, pour débuter, une promenade dans Paris afin d'y retrouver la trace d'un grand homme peu connu : Pierre, Jean, Georges Cabanis.

La Seine, le pont des Arts, le collège des Quatre-Nations qui abrite aujourd'hui l'Institut où se trouvent les grandes académies. Cabanis a été membre de deux d'entre elles : l'Académie des sciences morales et politiques, l'Académie française. Peu importe d'ailleurs si, de son temps, ces académies portaient d'autres noms et siégeaient en face, au Louvre. L'important demeure : Cabanis en fut.

Des fenêtres de l'hôpital Tarnier, on voit, au bout des jardins de l'Observatoire, le palais du Luxembourg. Là se réunit le Sénat : Cabanis fut sénateur — entre autres fonctions politiques militantes et de grande importance.

Voici le théâtre de l'Odéon, puis la place de l'Odéon, et la faculté de médecine. La vieille, l'illustre. Dans le hall, une belle statue de Barrias : une jeune femme se dénude, c'est « La nature se découvrant devant la science », allégorie qui résume le triomphe de l'alliance science-médecine.

Avant ce chef-d'œuvre, des bustes de médecins fameux : parmi eux Cabanis, le cheveu bouclé, le nez fin et droit, le regard précis sous un front haut.

Ah, cher grand homme ! Où le trouver encore ? Pourquoi pas rue Cabanis ? Elle n'est pas très longue, pas très large mais ce n'est pas un pur hasard si elle abrite un des temples de la neuropsychiatrie : l'hôpital Sainte-Anne. En son sein, donnant sur la rue, un « Centre Cabanis » et, décorant tout le bâtiment, une énorme inscription : « Il faut remplacer l'esprit de système par l'esprit d'observation », signé : Cabanis.

Que voulez-vous que l'on ait fait des restes de cet homme très grand, dont les mérites encore ont été soulignés par Stendhal aussi bien que par Michel Foucault ? Mis au Panthéon ? Effectivement. Il y est.

En conclura-t-on qu'un châtiment sévère devrait être réservé à qui aurait l'impudence de méconnaître Cabanis ? L'auteur ne s'y hasardera pas et pour des raisons aussi personnelles que précises : il est né à Brive, ville où Cabanis est venu au monde ; il a, de huit à dix-sept ans, frotté ses pantalons sur les bancs augustes du cher lycée Cabanis, et a attendu quarante et une années avant de découvrir l'infinité d'exploits — discrets — que ce nom recouvrait.

Cabanis, assez célèbre pour avoir laissé son nom partout, appartient en effet à la cohorte superbe de ceux qui servent à hisser les héros. Ils forment une classe d'hommes dont le nom est difficile à garder clairement en mémoire, leur œuvre étant malaisément résumable d'un mot. Au mieux les qualifierait-on de « touche-à-tout de génie ». Au pire d' « esprits dispersés ». Aussi faut-il faire un réel effort pour apprendre à repérer ces chevilles ouvrières du progrès. Il est tellement plus simple de fêter celui qui a la chance de pouvoir planter le drapeau sur la position conquise.

Plus simple mais moins profitable : la société qui, la première, saura conférer à ces hommes les honneurs qu'ils méritent aura effectué un pas réel vers la maîtrise — pacifique et créative — du monde.

Entre Sganarelle et le bon Pomme

À propos : qu'a fait Cabanis ? Il a tout d'abord, et avec cent années de décalage, répondu à Molière. Il faut expliquer cela. En prenant son temps.

Molière a moins cherché à réformer la société qu'à la peindre — ou plutôt il l'a disséquée, dégageant le squelette et ses articulations. Tout autant que les petits marquis ou les poètes sans talent, les médecins ont été étudiés à la loupe. Et Molière a dégagé les deux ornières où s'embourbait la médecine : 1) il n'y avait rien de construit dans le raisonnement médical — on y entassait, sans plus ; 2) le langage médical n'était plus qu'un jargon de spécialistes, un galimatias ridicule.

On verra plus loin les raisons du mal : les médecins, dépassés par le déferlement des symptômes observés, ne disposant encore d'aucun point fixe pour dominer la situation, verbalisaient leur angoisse et la concrétisaient en un babillage ridicule et prétentieux.

Les médecins ont en effet toujours eu de quoi être autosatisfaits : il y a tant de malades possédant le bon goût de guérir tout seuls et même la force de surpasser les coups de pique supplémentaires d'un traitement inadapté !

Comme il voyait et différenciait les bons et les mauvais sonnets, Molière distinguait le vrai de la médecine de la fatuité médicale. Mais s'il en faisait rire, ce n'était pas seulement en daubant le côté bouffon des médecins, la perpétuelle palinodie médicale, rétractant un jugement dans le cours même de la phrase au cours de laquelle il avait été émis. C'était aussi en dégageant les deux tares consubstantielles à la médecine d'observation : le déluge de termes pseudo-descriptifs ; l'absence totale de lien de causalité entre les faits décrits.

La naissance de la clinique sera justement la réponse à ces deux objections majeures. Et Cabanis, de sa place, sera l'un de ceux qui auront le mieux aplani le terrain et fertilisé le sol pour que la plantation s'enracine et se développe.

Revenons à Molière et au fatras verbal de la médecine d'observation. Dans *Le Médecin malgré lui,* Sganarelle, bavard, méchant et malin, se voit contraint de tenir le rôle d'un grand docteur. Il faut, lui demande-t-on, rendre la parole à la jeune Lucinde, laquelle aime Léandre, mais dont le père, Géronte, ne veut en aucun cas pour gendre.

Eh bien, Sganarelle, que faire dans le cadre de la médecine d'alors ? Tout. Le péquin s'improvise donc médecin et « explique » le cas de Lucinde. Lucinde est devenue muette ? Qu'à cela ne tienne, voici le pourquoi de l'affaire.

SGANARELLE. — ... je tiens que cet empêchement de l'action de sa langue est causé par de certaines humeurs, qu'entre nous autres savants nous appelons humeurs peccantes : peccantes, c'est-à-dire... humeurs peccantes ; d'autant que les vapeurs formées par les exhalaisons des influences qui s'élèvent dans la région des maladies, venant... pour ainsi dire... à... Entendez-vous le latin ?

GÉRONTE. — En aucune façon.

SGANARELLE, *se levant brusquement.* — Vous n'entendez point le latin ?

GÉRONTE. — Non.

SGANARELLE, *avec enthousiasme.* — Cabricias, arci thuram, catalamus, singulariter nominativo, haec musa, la muse, bonus, bona, bonum. Deus sanctus, est-ne oratio latinas ? Etiam oui. Quare ? pourquoi ? Quia substantivo, et adjectivum, concordat in generi, numerum et casus.

GÉRONTE. — Ah ! que n'ai-je étudié !

JACQUELINE. — L'habile homme que v'là !

LUCAS. — Oui, ça est si biau que je n'y entends goutte.

SGANARELLE. — Or, ces vapeurs dont je vous parle venant à passer, du côté gauche où est le foie, au côté droit où est le cœur, il se trouve que le poumon, que nous appelons en latin *armyan,* ayant communication avec le cerveau, que nous nommons en grec *nasmus,* par le moyen de la veine cave, que nous appelons en hébreu *cubile,* rencontre en son chemin lesdites vapeurs qui remplissent les ventricules de l'omoplate ; et parce que lesdites vapeurs... comprenez bien ce raisonnement je vous prie ; et parce que lesdites vapeurs ont une certaine malignité... écoutez bien ceci, je vous conjure.

GÉRONTE. — Oui.

SGANARELLE. — Ont une certaine malignité qui est causée... soyez attentif, s'il vous plaît.

GÉRONTE. — Je le suis.

SGANARELLE. — Qui est causée par l'âcreté des humeurs

engendrées dans la concavité du diaphragme, il arrive que ces vapeurs... Ossabandus, nequeis, nequer, potarinum, quipsa milus. Voilà justement ce qui fait que votre fille est muette.

On rit : Molière avait du génie. Quel truqueur ! Non : quel peintre ! Car la réalité passe la fiction. Voici ce qu'écrivait dans le *Traité des affections vaporeuses des deux sexes*[1], le docteur Pomme. Les affections vaporeuses, ce sont les « déprimes ». Pomme, pape des vapeurs, dédicace son livre : « À l'Humanité. »

« Humanité ! nom sacré, je ne t'ai jamais prononcé sans attendrissement. Tu fus toujours l'objet de mes sollicitudes. Plus je t'ai vue exposée aux fureurs de l'ignorance, de la routine et de la cupidité, plus j'ai redoublé mes efforts pour te soustraire à cette tyrannie. Mais aujourd'hui que je me glorifie d'avoir terrassé tes ennemis et les miens, je viens te faire hommage du fruit de mes peines, et du succès que je te dois.
Pomme, médecin. »

Voici pourtant un extrait du « fruit de ses peines » et de son « succès ». C'est l'explication de certaines douleurs de tête.

« ... ce sera toujours de la compression irrégulière qui se forme dans les viscères du bas-ventre (attendu la diminution du calibre de leurs tuyaux) et des fréquentes irritations que les différents sucs qui s'y séparent y produisent que dépendront les spasmes qui attaquent la tête. Le sang, comprimé et gêné dans la circulation, refluera pour lors sur les parties supérieures ; celles-ci peu flexibles, comme les autres parties du corps, en seront aisément surchargées d'où s'ensuivront les stases sanguins et lymphatiques dans les vaisseaux intérieurs et extérieurs du cerveau, ce qui procurera des douleurs fixes et vagues sur toutes les parties membraneuses qui tapissent le crâne intérieurement et extérieurement ; c'est-à-dire que si l'engorgement se fait sur la cinquième paire des nerfs et sur les parties où ses ramifications aboutissent, on souffrira des douleurs aux dents, qui seront plus ou moins fortes, suivant le degré de la cause qui agit, lesquelles douleurs en imposeront au chirurgien le plus expérimenté qui ignorera parfaitement le vice que j'assigne. »

Ayant lu Pomme, direz-vous encore que Molière exagérait ? L'on pourrait encore fournir bien d'autres « explications » :

1. Lyon, 1769.

dans la surdité comme dans l'épilepsie, c'est la masturbation qui est en cause ; elle tire du corps des humeurs qu'on peut par un chemin fort simple faire remonter au cerveau. Répandre indûment sa semence, c'est, au propre, se vider la cervelle.

Du degré de certitude en médecine

De Molière à Cabanis, rien ne change. Cela ne veut pas dire que nul n'ait pensé correctement ce qu'il fallait changer, mais nul n'a donné à ses pensées un caractère efficace.

Cabanis, lui, a tout ce qu'il faut pour réussir. Il a connu un itinéraire peu orthodoxe. Né au manoir de Salagnac, élève à Brive du collège des doctrinaires, il y avait eu, pour professeur, le père Berrut, disciple de Condillac qui le marqua sûrement beaucoup. Tous les magisters cependant n'avaient pas la même hauteur de vue : Cabanis se cabra si haut qu'il fut mis à la porte avant même d'en avoir terminé avec sa rhétorique. Son père, issu d'une famille de juristes, ami de Turgot, passionné d'agriculture et ne dédaignant pas la plume, jugea qu'il fallait agir : il conduisit le rebelle à Paris pour qu'il y fît, seul, son propre apprentissage. Seul ? Pas vraiment : Turgot, puissant, veillait aux grains possibles. Voici le jeune Cabanis plongé, immergé dans la philosophie. Pas pour longtemps : il suit à Varsovie un évêque en mission, sans quitter toutefois les grands auteurs ; il lit, il enseigne.

Ses maîtres véritables sont les sensualistes : Locke, mort depuis le début du siècle ; et Condillac qu'il rencontrera bientôt. Les sensualistes disent en termes souvent un peu compliqués ce qu'il ne ferait peut-être pas bon dire en termes trop simples : l'esprit divin ne préexiste pas à tout, c'est aux expériences enregistrées par nos sens que nous devons la construction de nos esprits. Les rapports du physique et du moral de l'homme se nouent aux seuls liens de l'expérience autorisée par les sens.

Voici pour les prémisses. Condillac a complété ces bases d'une méthode qui s'inspire, très explicitement, de la chimie. Autant la médecine d'observation des XVIIe et XVIIIe siècles calquait sa démarche sur les succès et les classifications de la botanique, autant Condillac et après lui Cabanis demeureront émerveillés des leçons de la chimie à laquelle Lavoisier vient de donner son essor définitif. Analyser et recomposer les éléments de toute situation soulevant un problème, voilà la nouvelle approche scientifique définie pour un temps.

Cabanis revient de Varsovie. Turgot l'introduit à Auteuil dans le salon prestigieux de Mme Helvétius. Le voici « du monde » et du meilleur : Condillac est là, Diderot et d'Alembert, Voltaire même, un jour, et Franklin et Condorcet dont Pierre Cabanis épousera plus tard la belle-sœur : Charlotte de Grouchy.

Cabanis pense, parle, traduit, lit. Sa santé s'affaiblit. Dubreuil lui conseille comme traitement de faire sa médecine ! Cabanis y voit une source nouvelle de délices intellectuelles et pratiques. Il sera médecin !

Dès lors tout est joué : un jeune philosophe « sensualiste », à la veille de la Révolution, le 10 décembre 1788, termine un ouvrage qui ne sera publié que dix années plus tard : *Du degré de certitude en médecine,* c'est Cabanis.

Cabanis, tout jeune encore, s'y prend comme un vieux briscard : il ne réfute pas en bloc les reproches « à la Molière ». Non, il prend au contraire grand soin de fractionner les arguments de ses adversaires. Il en fait sept paquets :

> « Voici, en peu de mots, les raisons alléguées par les détracteurs de la médecine :
>
> 1) Les ressorts secrets de la vie échappent à nos regards ; et nous n'avons aucune idée précise ni du principe qui nous anime, ni des moyens par lesquels il exerce son action.
>
> 2) La nature et les causes premières des maladies nous sont absolument inconnues.
>
> 3) Les maladies sont si variées, si susceptibles de complications, qu'on ne sauroit tirer de leur observation la plus scrupuleuse, aucune règle fixe qui serve à les faire toujours reconnoître.
>
> 4) La nature des substances qu'on emploie comme remèdes, est un mystère pour nous : leur manière d'agir sur nos corps, nous est encore plus inconnue ; et vraisemblablement nous n'avons aucun moyen d'arriver à cette connoissance.
>
> 5) Les expériences médicales sont encore plus difficiles que l'observation des maladies.
>
> 6) Si la médecine avoit des bases solides, sa théorie seroit la même dans tous les temps ; sa pratique sur-tout ne

changeroit pas d'un siècle à l'autre : les médecins anciens et modernes, ceux de tous les pays, ceux de toutes les écoles, seroient d'accord, du moins sur les points importans. Mais qu'on parcoure l'histoire de leurs opinions quelle diversité dans les vues ! quelle opposition dans les plans de traitemens !

7) Mais quand les forces vivantes, la nature des maladies, leurs causes et les circonstances qui peuvent les modifier dans leur cours, nous seroient mieux connues ; quand il seroit possible de donner aux principes de l'art, plus de certitude, au tableau de tous les cas, des traits plus distincts et plus frappans ; quand on pourroit déterminer avec précision, les effets de toutes les substances qui sont employées comme remèdes, et qui doivent être regardées comme des espèces de poisons, puisqu'elles n'agissent qu'en intervertissant l'ordre des mouvemens naturels ; quand tous les écrivains de théorie et de pratique seroient d'accord entre eux, ou ne différeroient que sur des points de peu d'importance ; quand la pratique n'exciteroit pas, chaque jour, une foule d'indécentes contestations ; quand enfin il seroit vrai qu'il existe une médecine, et qu'elle a les mêmes bases que toutes les autres sciences : son exercice demanderoit encore tant de connoissances diverses, tant de sagacité, tant d'attention, tant de grandes qualités morales réunies, qu'elle resteroit à la portée de très peu d'hommes, et que, par cela seul, elle devroit être regardée comme n'existant pas, ou plutôt comme une arme dangereuse, mise entre les mains de l'ignorance et du charlatanisme. »

A tout cela Cabanis répond. Effectuant un véritable travail de sourcier, il promène son esprit, explorant chaque pouce du domaine médical, et conclut sur deux points :

Il y a dans le développement d'une maladie des séquences de faits se répétant inéluctablement, régulièrement, d'un malade à un autre. Eh bien ? demande-t-on. Eh bien, repartit Cabanis, c'est en creusant là qu'on trouvera de quoi irriguer et faire prospérer la démarche médicale. C'est à l'étude de ces enchaînements logiques, fondés sur des faits, qu'il faut s'attacher. C'est un NON définitif qu'il oppose à l'esprit de système, lequel ne tient compte que des faits venant à l'appui de la théorie des humeurs — un exemple édifiant en étant Doussin Dubreuil.

Cherchez les enchaînements, ne vous laissez pas aveugler par le spectacle des grandes eaux : sueurs, urines, dévoiements de tous ordres. Peut-être ces réalités-là ont-elles une valeur émotionnelle très grande, mais les étudier en négligeant le reste ne permet pas d'aller loin. Observer la séquence d'événements précis, voilà qui ouvre autrement l'esprit que de goûter les urines et d'élucubrer sur le poumon comme le faisait Toinette.

Premier point. Essentiel : observer. Ce que rappelle l'inscription de la rue Cabanis : « Il faut remplacer l'esprit de système par l'esprit d'observation. » Cabanis ayant dit cela a dit beaucoup. Mais tout le XVIIIe siècle avait dit cela. Aussi le grand coup vient-il de la soumission à une autre maxime : faites du signe avec du symptôme. La découverte du moment où un esprit vraiment pas comme les autres, mais faisant en apparence très peu différemment d'eux, oriente toute une discipline dans une voie nouvelle donne toujours un frisson délicieux. Nous sommes en 1788. Cabanis est tout seul. Bichat, Laennec sont presque encore en culottes courtes. Cabanis, lui, a posé sa pierre. Quelle pierre !

Pur et dur : le signe

Il fait donc bien plus que de recommander l'étude des enchaînements sûrs, tellement différents des divagations de Sganarelle, de Toinette ou de Pomme : il proclame ses exigences à savoir réformer le langage médical. On va voir d'ici quelques pages comment on passe des symptômes observés, déroutants, changeants, variables, incertains, trompeurs, sources de trop d'interprétations, au « signe » pur, dur, inaliénable, dont chacun saisit toujours et immédiatement le sens.

Donnons tout de suite les raisons de ce qui pousse Cabanis à ce geste révolutionnaire. C'est l'esprit d' « analyse » chimique qui préside à cet apurement de la langue médicale. Les médecins vont faire avec les mots ce que les chimistes font avec la nature. Si l'on vous dit : « Voici une pierre jaune, elle est assez friable, constituée de particules parfois brillantes. Elle ne sent rien, mais si vous l'exposez à une flamme, vous ressentirez une odeur détestable », vous pouvez imaginer peut-être de quoi parle votre interlocuteur, ce qu'il veut vous suggérer. Mais s'il écrit sur une feuille de papier la seule lettre S, vous savez avec certitude qu'il vous parle du soufre, dont vous connaissez, si vous êtes instruit, toutes les caractéristiques. Conséquence : gain de temps, rigueur, reproductibilité.

Ce que suggère Cabanis, c'est que, parlant de la maladie, les médecins comme les chimistes écrivent ou disent dorénavant S chaque fois qu'ils le pourront et dans leur code à eux.

Alors, au lieu de dire : une rougeur diffuse du corps, constituant de grands placards où toute la peau est prise sans qu'il subsiste de peau normale et qui va se poursuivre par un détachement des couches superficielles de la peau se faisant en grandes plaques sur le corps et en « doigts de gants » aux mains... on dira seulement : c'est un érythème scarlatiniforme. Et chacun des initiés comprendra, et ce sera rigoureux. On devrait, rue Cabanis, écrire également : Il faut enrichir l'esprit d'observation de l'esprit chimique.

Il va falloir un très long temps aux médecins pour traduire tous les symptômes des maladies en signes ; sur les bases dictées par Cabanis va s'édifier la médecine nouvelle.

En 1809, Landré Bauvais résumera bien le changement désormais solidement enraciné : « Le signe dans son essence est une conclusion que l'*esprit* tire des symptômes observés par les sens... Le signe appartient plus au jugement et le symptôme aux sens. »

Vous, non-médecins, que vous soyez polytechnicien, cordonnier, énarque, agriculteur, et quelles que soient la valeur de votre jugement et la qualité de votre flair, vous en restez dans votre interprétation de la maladie à ce qui tombe sous le sens : le symptôme.

Nous, médecins, nous avons passé des années à apprendre comment transformer le symptôme en signe grâce à notre « jugement » acquis au prix de longues, longues heures d'études. Aussi, lorsque nous parlons, même si nous utilisons en apparence les mêmes mots, nous parlons, en fait, deux langues différentes : vous le langage populaire, nous le langage médical. Ne vous prenez donc pas trop vite pour l'égal des médecins, vous ne l'êtes pas ! Si vous étudiez, évidemment, vous le devenez. Si vous parlez sans étudier, alors vous voilà « Néo-Toinette ou Néo-Pomme ».

Intellectuel, philosophe, médecin, Cabanis, qui comme ses amis voue un culte mythique à la liberté, une valeur qui basculera la monarchie et embrasera l'Europe puis le monde, est résolument athée. Il veut que l'esprit soit débarrassé du Saint-Esprit. Cette conviction matérialiste lui fera écrire quelques années plus tard ce que l'on considère comme son grand classique : *Les Rapports du physique et du moral de l'homme.* Non, pense Cabanis, nourri de Locke dès son plus jeune âge, non, l'esprit ne nous est pas infusé divinement une fois pour toutes : il se construit au contraire au fur et à mesure des sensations physiques enregistrées. Notre moral se forge au feu de notre physique.

Franc-maçon, n'ayant sans doute pas beaucoup pleuré le roi même s'il a réprouvé la Terreur, Cabanis, mort en 1808, subira une mise à l'écart posthume dès la restauration de la royauté. Sa pensée survivra chez quelques philosophes, plus tard chez des psychiatres qui se pencheront à nouveau sur son œuvre, mais que beaucoup, sans l'avoir lue, balaient (quand ils en connaissent l'existence) de quelques mots : idéologue, songe-creux. On ajouterait volontiers une définition de plus au *Dictionnaire des idées reçues* de Flaubert : « *Cabanis :* Ne rien en connaître mais tonner contre. » Freud enfin ne le connaîtra pas. Autre raison d'une longue éclipse dont on entrevoit la fin.

Retour à 1788. Cabanis ne publie pas *Du degré de certitude en médecine*, mais, armé intellectuellement comme il l'est, membre d'un salon influent et d'une loge puissante, il va avec pondération et pas mal d'habileté promener un esprit étincelant et un physique beaucoup moins brillant tout au long des vingt années qui lui restent à vivre et qui verront se dérouler la Révolution et l'Empire.

Au cours des dix années révolutionnaires, et en fonction des circonstances comme des lieux où il se trouve, il fait tout pour mettre ses idées à l'épreuve des faits. Cela donnera des écrits comme *Observations sur les hôpitaux* en 1790, *Essai sur les secours publics* en 1793, *Rapport aux Cinq-Cents sur les écoles de médecine* en 1798.

Et là, sans doute, la partie se joue. Cabanis « vend » ses idées à qui il sait être preneur. Les choses n'ont pas changé. C'est toujours les hôpitaux, les secours publics et les écoles de médecine qu'il faut « tenir » pour orienter les pratiques médicales et leurs utilisateurs.

Sans toujours être approuvé sur-le-champ, Cabanis frappe donc où il faut, quand il le faut. Et ce qu'il sème, le mariage de l'observation et de la recherche du signe, germe bientôt dans certaines cervelles qui vont faire modifier les hôpitaux, les secours publics, l'éducation des médecins.

Ce qu'a prôné Cabanis est tellement simple et paraît

tellement évident qu'on oublie de le citer — et un jour Cabanis se plaindra des emprunts que lui fait Bichat. Mais nombreux aussi sont ceux à ne pas même savoir que Cabanis, et lui seul, a posé les leviers là où il faut.

Sur un sol préparé

Quelque vénération qu'on ait pour l'homme et son œuvre, une observation pourtant s'impose. Cabanis n'est pas le père de la médecine moderne. Vraiment il en a été l'inspirateur. Celui qui a concrétisé l'idée, déblayé le terrain, justifié l'analyse de Molière et invité à faire du neuf.

Invité seulement. Car son œuvre médicale — au sens clinique et technique du terme — est des plus minces. Un petit travail sur le rhume et quelques notes sur le supplice de la guillotine pour affirmer que les exécutés, leur tête une fois tranchée, ne continuaient pas de souffrir. Il y a bien aussi un rapport sur la maladie qui emporta Mirabeau, mais Cabanis, dit-on, ne rédigea ce travail que pour se disculper des accusations insistantes soutenant que lui, piètre médecin, aurait bel et bien écourté la vie du grand tribun. Le reproche semble assez mal fondé. Peu importe. L'essentiel est que sur le champ dégagé, défriché par lui (affirmation de l'existence d'une « certitude en médecine », coup décisif porté aux débords des faits observés), et dans le cadre des structures que son action politique a contribué à améliorer (hôpitaux, écoles, secours publics) puissent s'épanouir pendant tout un siècle les grands rénovateurs français de la médecine.

Ces rénovateurs vont dégager trois manières différentes d'aborder le malade et la maladie. Ces trois abords, quoique par essence fondamentalement distincts, trouveront pourtant entre eux des points d'articulation assez forts et assez immédiats à mettre en œuvre pour que, depuis le début de ce siècle, chaque médecin examinant quelque malade ait obligatoirement recours à un ensemble de leurs trois « manières médicales ».

C'est un des points clés pour qui veut comprendre ce que l'on appelle LA médecine, et qui est dans les faits un ensemble harmonieux mais composite.

La médecine est une tresse faite de trois brins. Chaque médecin examinant un malade va rendre tour à tour trois hommages en mettant en œuvre presque simultanément : la méthode anatomo-clinique — et c'est Bayle et Laennec que l'on saluera bien bas —, la médecine des mécanismes et des fonctions — grâces soient rendues à Bichat et Claude Bernard —, la médecine des causes principales : le grand homme, cette fois, est Pasteur.

Les humeurs en discrédit

Il faut voir cela dans le détail et commencer par l'étude de la méthode anatomo-clinique, la première en date des révolutions médicales et la plus immédiatement accessible à la compréhension des malades. On a quelques scrupules à écrire sur le sujet après Foucault. Il faut tout de même le faire.

Clinos veut dire allongé : la clinique, c'est donc le bâtiment où sont couchés les malades ; la clinique, c'est aussi l'art d'examiner le malade hospitalisé couché ; les signes cliniques sont ceux que l'on recueille au lit du malade en l'examinant ; et la méthode anatomo-clinique est celle qui consiste à imaginer la lésion anatomique, profonde, cachée, à laquelle correspondent les signes cliniques recueillis par l'examen au lit du malade.

L'émergence de la médecine anatomo-clinique s'est déployée sur plusieurs décennies, à Paris.

Mais, avant d'en venir aux anatomo-cliniciens eux-mêmes, il faut dire à qui ils succédèrent. La médecine du Moyen Âge, celle de la Renaissance, celle du Grand Siècle, n'avait pas été pratiquée seulement par des imbéciles. Ce qu'il importe donc de dégager, c'est le corset d'idées étranges qui étranglait le raisonnement des médecins d'alors. La théorie des humeurs a, pendant des siècles, constitué la plus serrée des camisoles idéologiques.

Les humeurs ! Elles expliquaient toute la médecine. Le Moyen Âge raisonnait en fonction d'un système. Un épisode de plus des illusions de la compréhension : tant de fois au cours de son histoire l'homme a cru tenir l'explication définitive du monde, de la vie, de la condition humaine !

Le Moyen Âge avait cette conviction-là. Amalgamant la Bible, Platon, Aristote, Plotin — les Anciens insurpassables —, le Moyen Âge (les Anglo-Saxons disent les âges sombres : *dark ages,* pour mieux marquer leur mépris) s'était donc bâti un système de pensée expliquant *tout.* La médecine relevait de ce système.

Elle se reconnaissait un père spirituel : Aristote, *le* philosophe, et deux fondateurs, le second comptant d'ailleurs beaucoup plus que le premier : Hippocrate et Galien. Selon eux, la maladie relevait de facteurs externes : les saisons, le chaud, le froid, le sec, l'humide, les vents et le soleil, mais aussi de facteurs proprement humains : les fautes morales, individuelles ou collectives, le bonheur ou le chagrin, l'orgueil ou la honte. Le Moyen Âge avait banni la chair, raison et cible de toutes les dépravations. Le corps n'était plus le symbole grec de la beauté, pas encore la matérialisation surhumaine à la Michel-Ange d'un homme ivre des pouvoirs nouveaux tirés de la science : le Moyen Âge gothique prenait pour référence le corps supplicié du Christ, le corps flétri des damnés de l'Enfer (voir l'iconographie du « jugement dernier »).

Les médecins suivaient : le corps du malade, donc, ne s'examinait pas. On pensait savoir « exactement » ce qui s'y passait en cas de maladie. L'homme était fait de muscles et d'os, de cœur et d'entrailles, de cervelle et de parties honteuses, soit. Mais c'étaient là les pièces de la mécanique, sauf accident de guerre, de tournoi, ou de labeur, la cause de la maladie était à chercher ailleurs. Où donc ?

Au sein des quatre humeurs : sang, lymphe (ou pituite), bile jaune, bile noire. Leur mélange harmonieux donnait la crase, et prolongeait l'état de santé.

L'excès de l'une des quatre déterminait le tempérament : trop de sang ? on était « sanguin », porté sur la bonne chère et les plaisirs du corps ; trop de lymphe ? alors on était lymphatique, ramolli, endormi, sans courage, sans bravoure ; trop de bile jaune ? c'était le tempérament cholérique (*cholos,* c'est la bile, le canal *cho*lédoque par où passe la bile, la *cho*lécystite, c'est la maladie de la vésicule biliaire), le cholérique était emporté, violent, bref coléreux ; trop de bile noire ? alors on était mélancolique (de *melanos :* noir et *cholos*), c'est-à-dire déprimé, triste, abattu.

L'intéressant, c'est que la bile noire n'a jamais existé ailleurs que dans l'imagination humaine. Et pourtant elle servait à expliquer tout ou presque. Car que survienne une « cause maladive », pensait-on, la crase virait à la coction ; mal mélangées, viciées, les humeurs s'accumulaient ici ou là, déclenchant l'état de maladie. Point n'était besoin d'examiner le malade, puisque l'on *savait* ce qui se passait en lui. Il fallait seulement, après avoir tout de même jugé de la température de la peau, de l'éclat du regard, de l'allure des urines et de la nature du pouls, chercher au tréfonds de ses certitudes le moyen le meilleur de rétablir la crase. Pour éliminer les humeurs mauvaises, les méthodes ne manquaient pas : vomitifs, purgatifs, clystères, sudorifiques, ventouses et saignées se relayaient, se conjuguaient, s'associaient aussi aux thériaques, médicaments composites dont les ingrédients dépassaient la centaine, de la langue de vipère au venin de crapaud, dont chaque centre médical pensait détenir la meilleure, et dont on défendait qu'elle pouvait s'appliquer à tous les états maladifs et rétablir l'équilibre des humeurs...

L'organe et ses lésions

Un jour on ne voulut plus de ce système car le Moyen Âge, et sa soumission aux « systèmes », s'était écroulé. La Renaissance avait émergé avec sa volonté tendue de ne plus se plier aux dogmes. Par où débuter en ce qui concernait la médecine ?

Les anatomistes de la Renaissance, à travers mille embûches, voulurent redresser les erreurs, innombrables, de l'œuvre de Galien. Le cheminement fut lent, même si chaque étape connut ses chefs-d'œuvre. C'est au XVIIe siècle seulement que Harvey, assez inquiet de ses audaces, posa la pierre fondamentale qui devait conduire aux connaissances complètes de la circulation sanguine.

C'est au XVIIe siècle aussi que la médecine reçut sa grande impulsion scientifique. Sous l'empire de Newton qui avait dégagé les lois du mouvement universel, les médecins voulurent bâtir un nouveau système où attraction, répulsion, gravitation jouaient les rôles essentiels. Descartes s'essaya au sujet : avançant beaucoup trop avec la fausse bonne idée des atomes crochus, mais fondant tout de même la médecine moderne en émettant l'hypothèse du corps-machine distinct de l'âme. Les Modernes ont supprimé l'âme, mais l'hypothèse du corps-machine est toujours celle qui nous guide.

Bacon, avant Descartes, avait pour sa part posé un autre point essentiel : il était, disait-il, de toute nécessité de généraliser aux activités humaines les exigences de la science. Il fallut du temps à ces impulsions pour se conjuguer, et la médecine n'en profita pas tout de suite. La physique ne pouvait décidément pas constituer pour la médecine scientifique un véritable point de départ. On chercha donc ailleurs. On aurait pu, déjà, imaginer la méthode anatomo-clinique. Mais on ne le fit pas. Pour mettre à bas tout le raisonnement médical, pour en changer l'objet, il fallut attendre la période d'ivresse intellectuelle connue sous le nom de « siècle des lumières ».

Au siècle d'or hollandais, on s'était contenté d'exhumer Hippocrate, de louer ses méthodes, de les amplifier et de mettre un peu d'ordre dans le flot des observations effectuées. Pour classifier, on se fonda sur les méthodes des botanistes !

Les botanistes observant les plantes, les arbres, les fleurs, les herbes et les mousses avaient dégagé les critères permettant d'admirables classifications. Les médecins furent éblouis. Eux aussi voulurent classer leurs malades. Pour cela il fallait ne plus ignorer le visage de la maladie. Elle cessa donc d'être un état marécageux, intermédiaire flou et dédaigné entre des causes reconnaissables et des thérapeutiques dûment recensées : elle devint centre d'intérêt. On voulut la connaître, en dépeindre les mille visages, pour en dégager mille variétés : *les* maladies remplaçaient ainsi « l'état de maladie ». Il s'agissait, avec patience, d'observer les malades et de reconnaître chez plusieurs les traits distincts d'une *même* maladie : la médecine d'observation était née ; le XVIIe siècle et plus encore le XVIIIe siècle allaient être tout à elle, et Sydenham fut son héraut.

À tant observer, la médecine aurait pu faire des progrès ; à se contenter d'observer les symptômes et de les classer, elle se limita et même se perdit. Les classifications se compliquèrent, les descriptions s'ajoutèrent aux observations. Le champ pas encore dégagé des obscurités de la théorie humorale s'encombra en plus du trop-plein d'une nosologie foisonnante.

Morgagni ne ménageant pas ses efforts, et pour introduire dans le sujet un peu de clarté, voulut montrer l'importance qu'il y avait d'ouvrir les corps après la mort et de corréler les symptômes de la maladie à l'atteinte de tel ou tel organe. Mais, au lieu de voir entre les symptômes et les lésions anatomiques une relation d'effets à causes, il ne vit dans les lésions anatomiques qu'une occasion d'enrichir la description d'un malade de signes observés supplémentaires. La médecine d'observation demeurait linéaire. La dialectique anatomo-clinique restait à naître et le pas devait s'avérer bien difficile à franchir. Ce devait être la gloire de l'école de Paris.

La médecine d'observation avait donc quitté Galien pour revenir à Hippocrate. On observait, observait, observait. On décrivait, décrivait, décrivait. Sans lésiner sur les qualificatifs. Ce que l'on disait des maladies, la façon dont on les nommait, fait irrésistiblement penser aux efforts des critiques de peinture pour faire saisir aux lecteurs ce qui s'explique tellement mal avec des mots.

On parlait alors de « fièvre bilieuse, putride, continue, maligne, exanthématique », de « péripneumonie catarrhale, bilieuse, putride, épidémique ».

Bref, on se perdait. La méthode « analytique » de Cabanis, tellement vantée dans les pages précédentes, permit d'envisager le discours médical sous un autre angle : plus concis, plus ramassé, reproductible.

Cependant la médecine d'observation ne s'en trouvait pas fondamentalement changée. Elle était en passe de devenir plus claire, voilà tout.

Le point fixe de l'autopsie

Un autre esprit révolutionnaire méconnu se leva alors pour tout changer : Gaspard Laurent Bayle. Un visage fin, un air tranquille, assuré, un regard droit et vif : voilà le précurseur, l'ami, l'âme de Laennec...

Avec Bayle, a-t-on dit, « la maladie va se définir à partir de la mort [1] ». C'est le dernier virage, celui conduisant à la dernière ligne droite : « à l'identification de la maladie basée sur les combinaisons, les concordances ou les fréquences des symptômes », Bayle substitue le « point fixe de l'autopsie ».

Barbier, en 1822, en prend acte dans son *Dictionnaire des sciences médicales :* « On ne recueille plus aujourd'hui les symptômes pour en composer une maladie, pour lui imposer un nom... On observe ces symptômes *mais c'est pour arriver à la lésion qui les produit...* On les laisse, si j'ose ainsi parler, dans l'économie animale, on suit leur route, on remonte à leur origine pour rencontrer la lésion pathologique qui les suscite... » Cette remontée — l'anesthésie n'existe toujours pas — ne pourra se faire qu'après la mort du malade. Il faut donc à Bayle culbuter l'idée que la maladie est inséparable du

1. Marie-José Imbault Huart, Thèse Paris I, 1973.

phénomène de vie. Le respect des institutions ne l'ayant jamais embarrassé, il ne s'en prive pas.

Il lui faut du courage et de la ténacité. Comprenons : depuis les débuts de la médecine on pense qu'il faut accorder l'attention première à ce don généreux du Créateur de toutes choses : la vie. La vie gouverne tous les mouvements du corps. Si cette force vitale, cet élan vital se trouvent modifiés, l'état de santé le cédera à la maladie, avec au bout, peut-être, la mort.

Conséquence logique : pour comprendre la maladie il faut étudier celui qui en est atteint *de son vivant.* S'il meurt, si le principe vital, l'élan vital sont à jamais dissipés, s'évanouit aussi toute chance d'en étudier les altérations.

Conclusion : les médecins n'ont rien à faire des cadavres pour comprendre les maladies. L'étude des cadavres peut enseigner comment sont situés les organes dans le corps, comment ces organes fonctionnent (c'est-à-dire l'anatomie et la physiologie) mais elle n'apporte rien à la compréhension des maladies.

Eh bien, Bayle, ce formidable jeune homme, aidé de son ami Laennec, va défendre le parti contraire. On transformerait volontiers le duo en trio pour donner sa place à Bichat. Mais Xavier Bichat trouvera mieux à s'insérer un peu plus loin.

Donc Bayle et Laennec disent : il faut observer les malades et, lorsqu'ils sont morts, ouvrir vite leur corps pour comprendre de quels organes malades émanaient les symptômes recueillis quelques heures ou quelques jours plus tôt. Ce qui était alors d'une audace inouïe ! Et le signe naît de cette confrontation symptômes cliniques-anatomie. Les signes sont anatomo-cliniques. La lésion de l'organe en est le pivot.

Jamais auparavant on ne parlait des organes. On peut relire la première scène du *Malade imaginaire :* Argan comptant l'argent qu'il doit à son apothicaire Purgon énumère tous les maux dont il souffre. Et ils sont nombreux. Pourtant jamais ou presque il ne prononce le nom des organes auxquels il impute ses malheurs. Croisez aujourd'hui un ami : il vous parlera de son estomac, de sa vésicule, de sa hanche, de ses vertèbres cervicales, de son myocarde, de ses poumons, de ses artères. Impensable au temps du Roi-Soleil.

En fait on parlait bien d'organes : on accusait le foie, le poumon, le cœur, les entrailles, mais en donnant aux mots un sens différent. Dans *Le Malade imaginaire,* Toinette déguisée en grand médecin trouve, on l'a dit, une explication à tout : le poumon. Ce poumon-là, symbolique, n'est ni celui de Bayle ni celui de Laennec. Le poumon « Toinette » est une vague entité, une production de l'esprit dont un hypothétique mauvais fonctionnement, et non une lésion, est à l'origine du mal, un rapide où se brise l'élan vital. Non, encore une fois, ce n'est pas une *lésion* du poumon, vérifiable et facile à découvrir à l'autopsie, qu'évoque Toinette, c'est un trouble mythique du fonctionnement pulmonaire qui engendrerait tout le reste.

Vraiment, il faut méditer cela : comment pourrait-on discuter des mérites respectifs de LA médecine et DES médecines sans savoir la différence entre symptôme et signe, sans percevoir l'abîme séparant le poumon « Toinette » du poumon « Bayle-Laennec ».

Aujourd'hui, lorsque je lis un sans doute très honnête homme écrivant sur « le foie », je ne puis que conclure que : Dextreit = Toinette. Ce que Raymond Dextreit appelle le foie, aucun anatomiste ne pourra le retrouver. Le foie selon Dextreit n'existe que dans son esprit. Mais il convient à d'autres esprits : la médecine des humeurs régulées par les grands organes est une belle histoire où, comme dans les contes de fées, tout est logique, tout se tient, tout est puisé dans l'observation du réel, mais arrangé ensuite sur le mode fabuleux. Les princes et les princesses existent, les châteaux et le sommeil aussi : la Belle au bois dormant est pourtant hors du réel. Le poumon de Toinette, le foie de Dextreit sont aussi hors du réel. Le « merveilleux », pourtant, ainsi qu'il permet aux petits enfants de s'exalter puis de s'endormir, permet aux malades demeurant pour le moment hors des possibilités d'action de la médecine à base rigoureuse et scientifique de retrouver une occasion d'espérer et de retrouver calme et sommeil.

La méthode anatomo-clinique de Bayle et Laennec se situe elle dans le champ de la rigueur, puisqu'elle se propose de découvrir l'origine du mal et de l'objectiver. Bayle et Laennec ont découvert, en autopsiant les morts, les poumons rongés par la tuberculose. Ils ont non pas élucubré sur la phtisie, mais montré qu'elle était bien un « objet », une lésion du poumon, très reconnaissable. L'auscultation inventée par Laennec n'était jamais qu'un moyen d'*imaginer* à partir de symptômes indirects (les bruits produits par l'arrivée de l'air dans les poumons malades) la réalité des *lésions* du poumon que confirmeront l'autopsie si le malade meurt, aujourd'hui les radiographies et la fibroscopie. L'auscultation permettra d'aller bien au-delà de la tuberculose; et, des confrontations multipliées de symptômes recueillis lors de l'examen avec la nature des lésions retrouvées à l'autopsie, naîtront les « signes », concentré de symptômes rapportés à une lésion. Le « souffle tubaire » devient la caractéristique de la pneumonie; la « marée montante de râles crépitants » sera — et demeure — le signe d'un œdème aigu du poumon, la pneumonie et l'œdème aigu correspondant à des réalités physiques objectivables.

Apprendre à imaginer la réalité de la lésion en fabriquant des signes à partir de symptômes est l'opération la plus immédiatement perceptible de la pratique médicale. Même si elle demeure très mal comprise et pratiquement impossible à expliquer clairement. Cette démarche anatomo-clinique pourtant n'est qu'une partie du parcours médical institutionnel. Ce que fait un médecin fidèle aux enseignements de la Faculté, lorsqu'il examine un malade, ne se borne pas à cela. Il cherche aussi à comprendre ce qui a déclenché l'apparition des lésions et quels mécanismes biologiques sont partie prenante à ce dérèglement.

Une comète nommée Bichat

Lorsqu'en 1826 meurt Laennec, Claude Bernard a 13 ans. À sa mort, en 1878, il laissera un héritage considérable : il aura filé le deuxième brin de la médecine : la médecine des fonctions. Comme Laennec, il aura eu des précurseurs. Un tout jeune homme mort à 30 ans : Xavier Bichat, et, bien sûr, son maître et prédécesseur au Collège de France, François Magendie.

Dans la grande cour de la faculté de médecine de Paris, une magnifique statue de David d'Angers campe Bichat en pied, jeune, sérieux. À la main une plume d'oie et un rouleau de papier, on y lit : « Anatomie — La vie, la mort. » À ses pieds les restes d'un cadavre dépecé. Bichat s'interroge : Comment ces restes horribles ont-ils pu vivre un jour? Où est la vie? Comment l'approcher?

Bichat l'a écrit :

> « On cherche dans des considérations abstraites la définition de la vie; on la trouvera, je crois, dans cet aperçu général : la vie est l'ensemble des fonctions qui résistent à la mort. Tel est en effet le mode d'existence des corps vivants

que tout ce qui les entoure tend à détruire... bientôt ils succomberaient s'ils n'avaient en eux un principe permanent de réaction. Ce principe est celui de la vie[1]... »

Dans toute maladie Bichat voit une manifestation déviée de la vie, de ce « principe » inconnu.

> « Il ne faut donc pas aller chercher dans les lois physiques l'explication des maladies. Les lois physiques sont constantes, invariables, elles ne sont sujettes ni à augmenter ni à diminuer... au contraire toutes les fonctions vitales sont susceptibles d'une foule de variétés, elles sortent fréquemment de leur degré naturel (...).
>
> Toute idée de médicament répugne dans les sciences physiques (...).
>
> Par là même que les phénomènes et les lois sont si différents dans les sciences physiques et physiologiques, ces sciences elles-mêmes doivent essentiellement différer. »

Il n'est pas toujours simple de se retrouver au sein de ce langage difficile, à cheval sur deux siècles, mais lorsque l'on y parvient la chose est claire : Bichat est vitaliste. Avant Bayle, qui l'aurait il est vrai peut-être convaincu, Bichat proclame : on ne comprendra jamais les maladies en étudiant la chimie, on ne comprendra jamais la vie en autopsiant des cadavres. Pourquoi alors, durant ses quelques années d'activité médicale, cette fièvre ardente de dissecteur ? Pourquoi David d'Angers a-t-il fait figurer à ses pieds ces restes humains ?

Parce que, écrit Bichat :

> « En parcourant cet ouvrage (sur l'anatomie) on se convaincra assez facilement que l'on ne pouvait bien préciser l'influence immense des propriétés vitales dans les sciences physiologiques avant d'avoir envisagé ces propriétés sous le point de vue sous lequel je les ai présentées. »

Bichat a donc ouvert des cadavres par dizaines, les a obtenus parfois par marchandage avec un fossoyeur, en a fait dessécher, putréfier ou bouillir les organes, les a soumis aux acides, aux alcalis, à la coction. Ainsi, il saura précisément ce qu'anime la vie : des tissus formant des organes et non point simplement des organes. Bichat, dans le traité d'*Anatomie générale appliquée à la physiologie et à la médecine* fonde l'histologie,

1. *Recherches physiologiques sur la vie et la mort*, Paris, 1801.

la science des tissus, dont la combinaison, variée et harmonieuse, forme les organes dans leur diversité.

Que Bichat ait méprisé le microscope — de fort mauvaise qualité en son temps —, qu'il ait cru au vitalisme, quelle importance? En quelques années il fait souffler sur le monde l'haleine d'un géant. Loin d'un Broussais niant les faits et s'accrochant à son système, Bichat filait comme un évadé dans la nuit obscure pour trouver le jour et la liberté. Même si son vitalisme tourne parfois à l'insolite, Bichat a fait avancer les machines de la science et catalysé les énergies, innombrables et libres en cette fin de Révolution française.

Il fallait pourtant absolument que s'avancent à sa suite Magendie et Claude Bernard pour redresser le cap. Dans son *Histoire de la médecine,* le Pr Lichtenthaeler soutient, peu ou prou, que, sans Magendie, Claude Bernard n'aurait été rien, ou, du moins, que Magendie fit tout pour que Claude Bernard pût s'épanouir. N'en doutons pas : Claude Bernard doit à Magendie ce que Laennec doit à Bayle mais on surprendrait certainement, et même on offusquerait les partenaires de ces duos prestigieux si on pouvait leur faire connaître qu'on cherche souvent aujourd'hui à privilégier l'un aux dépens de l'autre. Il y a tant de plaisir à se savoir le précurseur. Qu'importe vraiment le jugement public! Les précurseurs n'enlèvent rien au génie de ceux qui concrétisent et l'inverse est vrai également. Il est un mérite en tout cas qu'on ne saurait contester à Claude Bernard : celui d'avoir dit les choses de manière tellement lumineuse que chacun comprit immédiatement. Le mérite aussi d'avoir poussé ses démonstrations jusqu'à l'excellence.

Le titan était un homme tranquille

Bichat avait l'enthousiasme et la hâte de la jeunesse, Pasteur aura la force d'un volcan et les fureurs de Jupiter, Claude Bernard était un homme tranquille, dont la correspondance restitue les mille et un tracas quotidiens, loin de la grandeur et de l'emphase, des élans et du lyrisme : voilà pourquoi, sans doute, il ne nous reste guère d'œuvre d'art de bravoure pour nous le restituer conquérant. Point de regard tendu vers une vérité qui se cache, point de geste théâtral ou d'attitude allégorique. De beaux portraits tout de même où le regard calme, profond, témoigne de ce qui fit toute sa vie de penseur : la certitude qu'il ne fallait pas aux savants mêler Dieu ni chercher de transcendance dans l'étude des phénomènes faisant du monde et des hommes des ensembles déterminés, analysables donc en termes de physique et chimie pour peu que l'on se plie aux lois rigoureuses de l'expérimentation dont les perspectives d'acquis sont infinies. « Il y a une certaine douceur et quiétude dans l'ignorance quand on s'appuie sur le déterminisme. Le déterminisme est la vérité absolue. Il n'est pas certain sans doute que le soleil se lèvera demain ; mais on est absolument sûr que si rien n'est changé, il se lèvera. C'est le rapport qui est absolu. Ce sont les rapports qui sont les lois absolues des phénomènes. Dieu lui-même en les créant s'y est soumis... »

Cité par le R.P. Sertillanges [1] qui s'enthousiasme : « Que nous voilà loin du déterminisme vulgaire ! », voilà en effet tout Claude Bernard tel qu'en lui-même. Grand et humble.

Qu'en a-t-on fait ? Ce qu'on fait souvent des grands hommes : une caricature. Elle n'éclate jamais mieux que devant le Collège de France ; une triste statue impersonnelle, froide, jure presque avec celle, tellement inspirée, campant, quelques mètres en arrière, de Champollion tout accaparé par ses hiéroglyphes. Mais il y a pire : toujours, ou presque, cette pauvre statue est encore profanée d'inscriptions vengeresses : celles des opposants de la vivisection dont Claude Bernard est devenu l'ennemi juré, la référence absolue.

Les hommes de science, eux-mêmes, ont eu longtemps du mal à percevoir le vrai Claude Bernard. De son vivant et après sa mort, c'est vrai, les hommages furent innombrables et la physiologie qu'il avait fondée sur des bases désormais inattaquables fut adoptée dans le monde entier. Mais les retombées bénéfiques aux malades seront longues à venir. Voyons cela.

Qu'avait fait Claude Bernard ? Il avait d'abord développé le théorique en poursuivant le même but que Bichat — comprendre le fonctionnement du corps humain — et il s'y était pris à l'inverse exactement de Bichat.

> « Le but de l'expérimentation est le même dans l'étude des phénomènes des corps vivants et dans l'étude des phénomènes des corps bruts. (...) En résumé le but de la science est partout identique : connaître les conditions

1. *La Philosophie de Claude Bernard,* Aubier, 1944.

matérielles des phénomènes. (...) Il faut admettre comme un axiome expérimental chez les êtres vivants aussi bien que dans les corps bruts que les conditions d'existence de tout phénomène sont déterminées de manière absolue[1]. »

Claude Bernard affirme bien :

« Je serais d'accord avec les vitalistes s'ils voulaient simplement reconnaître que les êtres vivants présentent des phénomènes qui ne se trouvent pas dans la nature brute et qui par conséquent leur sont spéciaux. J'admets en effet que les manifestations vitales ne sauraient être élucidées par les seuls phénomènes physico-chimiques contenus dans la matière brute[2]... »

Mais en fait l'issue est claire et, si l'on pardonne cette formule triviale, Claude Bernard a bel et bien tordu le cou au vitalisme.

Cette approche toute neuve et théorique de la biologie, cette philosophie tranquille du vivant, ce credo à l'expérimentation vont faire — font toujours — s'accumuler des connaissances neuves. Le diabète, les fontions du foie, la fixité du milieu intérieur, l'action du curare vont immortaliser Claude Bernard. Chaque faculté de médecine a voulu, ensuite, développer son département de physiologie selon les préceptes du Maître ; tout médecin quittant la faculté connaîtra désormais la physiologie selon Claude Bernard. Mais, dans sa pratique quotidienne, pendant des décennies, il n'en fera rien. La physiologie, la méthode expérimentale ne déboucheront sur rien en matière de pratique médicale. Les étudiants en médecine jusqu'à la Seconde Guerre mondiale feront de la physiologie comme les jeunes filles de bonne famille font du piano : en s'y astreignant, en la cultivant, en en retirant certains plaisirs, en s'y ennuyant un peu mais en ne songeant pas, en tout cas, à fonder sur elle leur vie active. Un jour pourtant les esprits s'éveilleront : ce sera la naissance de la réanimation et celle de l'étude des maladies métaboliques. Claude Bernard dès lors devient « opérationnel ».

Un des maîtres mots de Claude Bernard restera celui de « relation » : « L'essence des choses devant nous rester toujours ignorée, nous ne pouvons connaître que les relations de ces

1. *Introduction à l'étude de la médecine expérimentale*, Flammarion, 1952.
2. *Idem.*

choses et les phénomènes ne sont que les résultats de ces relations[1]. »

Ce mot, Pasteur — simultanément et moins explicitement — en fera aussi la base de toutes ses tentatives dans un champ nouveau où, sous une forme « non vitaliste », se réintroduit tout de même la VIE. Va naître ainsi le troisième brin de la médecine.

Le titan est un volcan

1857 : Louis Pasteur entre en scène avec une obsession. Tout au long de son parcours de chercheur, à travers toutes les mises en scène de la nature, Pasteur s'interrogera : que faire des rapports de vie ?

Tout de même, a-t-il le « droit » de parler de la vie ?

Pasteur est normalien, physicien, s'il connaît bien la chimie, il n'est à ses débuts ni biologiste ni philosophe, moins encore médecin. Cette « carence » triple lui impose la prudence : la faculté de médecine est irritable. Pasteur le sait et en tient compte. De temps à autre, et lorsqu'il est parfaitement sûr de lui, le grand homme, sans vider totalement son cœur, laisse au second degré percer son amertume. Et c'est extraordinaire d'entendre ce génie se justifier longuement, aux regards d'un imbécile, d'avoir raison sur la biologie sans être médecin. Toute la vie publique de Louis Pasteur est d'ailleurs une lente ascension vers la dignité de médecin des hommes. Il soignera d'abord la bière, puis le vin, le vinaigre, les vers à soie, les poules et les moutons, les chiens encore, avant, couronnement, de pouvoir enfin se pencher sur l'homme : le petit Joseph Meister, mordu par un animal sans doute enragé, lui permettra de toucher au but.

Quoi qu'il en soit de son itinéraire, Pasteur était donc obsédé par les mystères de la vie elle-même. Dès ses premières études sur les cristaux, il indique clairement que le principe d'asymétrie lui paraît « corrélatif de la vie », et, dès 1857 — il a trente-cinq ans — dans le *Mémoire sur la fermentation appelée lactique*, il énonce avec la plus grande fermeté que le problème l'attirant le plus est bien celui de l' « organisation ». Pour Littré qui a fait ses études de médecine, a été nommé interne des

1. Claude Bernard, *op. cit.*

hôpitaux de Paris, mais n'a jamais soutenu sa thèse — il n'est donc pas docteur —, l'organisation est la plus excellente de toutes les modifications de la matière. En un mot, c'est de la matière qui bouge, de la « matière vivante ». Pasteur ne condamne pas explicitement l'expression « matière vivante », mais toute son œuvre s'inscrit contre elle.

Il n'y a pas de matière vivante. Il y a la matière des vivants et il y a des entités vivantes. Et les moins actives de toutes ne sont sûrement pas ces « animalcules », connus depuis presque aussi longtemps que l'on connaît le microscope. Pour Pasteur, bien des changements incompris de la nature doivent provenir de l'action réciproque d'entités vivantes et des animalcules donc. C'est une prémonition, une « idée préconçue », comme il dit souvent.

Si la pluie et les vents, si les rivières et les glaciers rasent les montagnes comme ils creusent les vallées, les êtres vivants aussi sont à l'œuvre pour, sans cesse, remodeler le monde. Et les fermentations, putréfiant les cadavres et les retournant en poussière comme elles transforment le houblon ou le raisin en bière et vin, ces réactions, postule Pasteur en une « idée préconçue », ne peuvent être que l'effet de l' « organisation » sous sa forme la plus humble. La microbiologie, qui n'a pas encore son nom, naît ainsi en 1857 pour expliquer comment avec du sucre on peut obtenir de l'acide lactique par l'action d'une « levure » vivante. Le *Mémoire sur la fermentation appelée lactique* reste à jamais fameux.

Le problème du vivant, Pasteur le retrouve vite sous une autre forme. On ne nie bientôt plus qu'il y ait des animalcules dans les fermentations. D'ailleurs, on le savait avant lui. Mais beaucoup les jugent conséquences, non point causes. Pasteur devra donc, s'il veut assurer son succès, briser la résistance d'un dogme : celui de la génération spontanée.

Les quêtes épiques de Pasteur, sa victoire incontestée sur les « spontanéités » ont rejailli sur tous les savants et paré la biologie d'une gloire nouvelle.

Mais Pasteur, poussant son avantage, a su aller plus loin et, dans une note [1] peu connue, a posé le problème fondamental de la vie en des termes d'une remarquable simplicité : « La génération spontanée, je la cherche sans la découvrir depuis vingt ans. Je ne l'ai pas trouvée. Peut-être existe-t-elle ? » Mais

1. Pasteur, *Œuvres,* 7 vol., Masson, 1922-1939.

« quoi donc vous autorise à vouloir qu'elle ait été l'origine de la vie », que la vie « n'a pas été de toute éternité... » ?

A ce dilemme fondamental nul ne peut en effet répondre. Sauf à réaffirmer le concept de génération spontanée.

Dans l'apostrophe vigoureuse de Pasteur tient aussi toute une manière nouvelle de poser les problèmes du vivant : la vie ne peut-elle se définir en elle-même ? Ne peut-on l'approcher que par la dialectique ? La vie existe-t-elle avant la matière ? Ou la matière avant la vie ?

Sans s'épuiser sur ce problème pour l'heure insoluble, il faut reporter les efforts sur l'une de ses retombées, abordable, elle, dans le concret : celle des rapports des systèmes vivants entre eux et aussi avec leur support ; ce que l'on nommera plus tard : écologie.

Alors naît immédiatement une science nouvelle, qui traite du rapport des entités vivantes entre elles : microbes contre êtres pluricellulaires, microbes à leur service, microbes au service des microbes, microbes contre les microbes... Voici la route ouverte à la description des fermentations et des maladies infectieuses, à la découverte des vaccins et sérums, à la recherche de la cause principale des maladies : le troisième brin de la médecine est filé ! Celui de la médecine des causes.

À la fin du XIXe siècle, la médecine moderne est donc née du nattage de ces trois courants : le courant anatomo-clinicien : Cabanis-Bayle-Laennec ; le courant physiologiste : Bichat-Claude Bernard ; le courant du rapport des êtres vivants entre eux : Pasteur.

Voilà donc ce qu'il faut savoir pour, sans être trop léger, pouvoir discuter des mérites respectifs de LA médecine et DES médecines autres.

Ayant ainsi longuement développé la mise en place de la médecine institutionnelle, « médecine à trois brins », on proposera maintenant de condenser la démarche médicale en un schéma sur lequel on indiquera précisément, une fois de plus, où les officiels se coupent des différents.

L'éternel médical

Toutes les médecines ont en commun trois objectifs, le premier est de dire ce qui ne va pas : c'est le *diagnostic* au sens le plus large du terme, une connaissance qui s'établit en traversant le rideau de symptômes. Celui qui s'occupe de la maladie cherche son cœur dur sous la buée extériorisée de ses manifestations. Le deuxième objectif est de remédier au mal, c'est le traitement, la *thérapeutique*. Elle s'inscrit dans le système de pensée structurant chaque médecine, mais son but est clair : faire que « ça aille mieux ». Le dernier des objectifs est de prédire l'avenir. Il est fonction de la précision avec laquelle ont été atteints les deux premiers, également aussi de l'expérience propre à l'homme qui prend en charge le malade. Cette capacité à fixer le *pronostic* a fait, à travers les continents et les siècles, la renommée des médecins : elle a justifié leur « importance » quelle que fût la manière dont ils pratiquaient.

Sans aller plus loin, on peut assurer que ces notions ne sont pas correctement enseignées au public. Il suffit d'observer le langage des médias pour remarquer que « diagnostic » et « pronostic » sont des mots employés à contresens au moins une fois sur deux. Diagnostic, thérapeutique, pronostic, voilà pourtant les trois clefs de toute prise en charge d'un malade.

Peut-on maintenant schématiser — modéliser, dit-on aujourd'hui — les opérations aboutissant au diagnostic, à la thérapeutique et au pronostic ? Voici une modélisation.

La prise en charge d'une maladie se fait en mettant en jeu le physique et le mental. Le physique consiste à se comporter, c'est-à-dire à se mouvoir, à adopter une gestuelle caractéristique du type de pratique mise en œuvre. Il consiste aussi à émettre des sons, à parler, à dire la maladie, à interroger le malade. La gestuelle, l'*ergos,* pourrait-on dire aussi, est en relation dialectique avec l'expression orale, le *logos.* Les gestes guident la parole, la parole induit les gestes. Les uns et l'autre ne cessent d'interagir. Cela, c'est la partie émergée de la pratique médicale. Ce que voient et entendent les malades ou leur entourage.

La partie élaboration mentale de la prise en charge est entièrement cachée. Pourtant, tandis qu'il parle et fait des gestes, le médecin se livre à un travail mental qui sous-tend et complète la partie émergée de son activité. Le soignant a appris, il possède une mémoire, il connaît son métier. Aussi va-t-il combiner le gestuel et l'élaboration mentale. Il crée donc des signes à partir des symptômes. C'est la séméiologie, la technique de création des signes. Mais cette création de signes ne s'effectue pas seulement en réponse au recueil venu de l'ergos et du logos. Elle nécessite aussi, et dans le même temps, que les signes reconnus soient rapportés à des entités décrites par les précurseurs, apprises par le soignant. Ces entités sont les maladies. L'ensemble des maladies forme la pathologie.

Comme le logos et l'ergos étaient en rapport dialectique, la séméiologie et la pathologie également. Lorsque, regardant dans une benne qui remonte les skieurs au départ des pistes, un médecin de l'institution voit un malade porteur de lésions autour de la lèvre et dit : « Tiens, des vésicules en bouquet », ce n'est pas qu'il fait œuvre de poète, c'est qu'il a étudié en même temps de la pathologie et de la séméiologie : en fait il dit « vésicules en bouquet » parce qu'il a reconnu un herpès. Et il a reconnu un herpès parce que son cerveau a enregistré quantité d'items conduisant à ce diagnostic.

Ainsi, la démarche de l'esprit ne va pas du recueil préalable des signes à leur addition finale fournissant le diagnostic correct, elle emprunte au contraire des chemins très compliqués.

On peut résumer la prise en charge d'un malade en disant : prendre en charge un malade c'est, auprès de lui ou à propos de lui, faire des gestes de médecin (ergos), parler en médecin (logos), créer des signes à partir des symptômes (séméiologie), créer des ensembles en fonction des signes et de l'environnement (pathologie).

Toutes ces opérations sont dans un rapport dialectique entre elles. Leur conclusion en est l'établissement du diagnostic, de la thérapeutique et du pronostic.

Ce schéma en croix de Malte convient à toutes les formes de pratique médicale. Toutes l'empruntent et cette structure commune explique évidemment la réceptivité du public à toutes les médecines ; à toutes les pratiques. On aura choqué peut-être en écrivant « auprès du malade ou à propos de lui ». Pourrait-on faire de la médecine sans malade ? Oui. Il est des médecines à ne pas réclamer la présence du malade : une photo, un objet personnel, une goutte de sang ou un flacon d'une « humeur » leur suffisent. Et pour les médecins institutionnels, la médecine à trois brins, parfois, se fait par téléphone, bientôt peut-être par minitel et télévision.

Cela posé, il demeure ce fait essentiel : toutes les pratiques médicales obéissent à un même modèle ; se proposent les mêmes objectifs pour déboucher sur les mêmes promesses : rétablir l'égalité devant la peur, la douleur et la mort. Cette analyse renforce la définition de la médecine qui a été donnée : « La médecine est un ensemble de pratiques dont le public attend qu'il rétablisse l'égalité devant la peur, la douleur et la mort. »

La différenciation médicale

Cependant le point de vue d'où l'on se place va construire chaque pratique d'une manière qui la rende unique.

La médecine institutionnelle se propose, au terme de son parcours, de comprendre la maladie en objectivant du réel, en assignant à des supports matériels les troubles ayant justifié le recours au médecin. Dans l'idéal, le médecin au terme de sa démarche sera capable de dire : au sein d'une infinité de facteurs favorisants, la cause principale est « ceci ». Cette cause a retenti sur le fonctionnement normal des organes, tissus, cellules et fluides qui les composent ; ainsi s'est mis en place le mécanisme de la maladie qui se concrétise en perturbations chimiques décelables par les analyses, et lésions des organes visibles à l'œil nu ou au microscope ; ces modifications chimiques (on dit aussi métaboliques) entraînent ces troubles métaboliques et/ou ces lésions font à eux tous la maladie.

En fait cet énoncé final est tout au rebours de ce qui s'est produit dans l'esprit, et c'est précisément en cela que la médecine institutionnelle se rapproche de la démarche scientifique. On a dit que ce qui différenciait la science de la philosophie ou du travail de l'ingénieur ou de la culture en général, c'est que le modèle pensé constituait le point le plus extrême de l'avancée. Le modèle pensé ayant été élaboré par le mental, selon le schéma de la « croix de Malte », les médecins *reviennent en arrière* pour objectiver le réel, pour concrétiser leurs investigations. Les différents au contraire n'auront pas pour impératif incontournable de revenir en arrière pour vérifier le bien-fondé de leur modèle pensé. Ils repartiront en arrière parfois, mais sans obligation, et s'aventureront ensuite, par nécessité, dans les domaines de la création.

Après avoir disséqué le parcours à base scientifique des

médecins institutionnels, avant de s'essayer à comprendre le monde en voie d'exploration des rapports du physique et du moral de l'homme, il faut donc situer maintenant, par rapport à la volonté scientifique d'objectiver le réel, le désir des différents d'expliquer autrement la maladie.

II

Le parcours des différents

Ce qui caractérise fondamentalement l'état d'homme, c'est que, confronté à une difficulté quelconque de l'existence, chacun des humains est susceptible d'imaginer plusieurs solutions au sein desquelles il pourra choisir.

Les animaux au contraire semblent étroitement enfermés dans le cadre d'un déterminisme biologique venu de leur héritage génétique et d'un conditionnement qui leur tient lieu d'éducation. Il n'y a chez les animaux pratiquement aucun processus d' « ouverture d'esprit ». Aussi, face à la peur et à la douleur, un animal réagit-il selon des réactions stéréotypées dont on peut faire aisément la somme. Le sentiment d'une mort imminente ou du moins d'une atteinte gravissime dicte pareillement une attitude prédictible. Face à la peur, à la douleur, à la mort, l'homme réagit au contraire en imaginant quantité de solutions diverses. Elles traduiront dans les faits le désir de rétablir une égalité et se bâtiront en recourant à l'un ou l'autre de ces schémas opératoires dont la somme constitue la technologie de la pensée.

On a vu que la structure de tout acte médical en revient invariablement à la métaphore de la croix de Malte : ergos, logos ; séméiologie, pathologie. Mais le schéma opératoire retenu pour mettre en œuvre cet acte lui donnera son style même et différenciera autant de pratiques.

Selon que le facteur modelant retenu sera l'émotion et/ou le symbole, le modèle philosophique ou le modèle scientifique, la coloration de la médecine créée sera particulière. A l'intérieur de chacun des groupes, une infinité de nuances sera d'ailleurs retrouvée. Ces constatations rendent compte d'une part de la profonde unité du désir médical visant à satisfaire l'attente du public, d'autre part de l'infinie disparité des pratiques.

On veut ici indiquer les grandes lignes caractérisant le schéma opératoire de chacune des médecines différentes. L'entreprise est malaisée. D'une part, être, à plein, un médecin institutionnel ne confère pas un préjugé favorable vis-à-vis de ceux dont on prétend décrire le mode de fonctionnement. D'autre part, chaque médecine — comme la médecine institutionnelle, comme chacune des activités humaines — se fragmente en un grand nombre de sous-écoles, de chapelles, de clubs. Enfin, pour chaque médecine différente, l'on retrouve comme dispensateurs de soins des médecins et des non-médecins.

On décide donc ici de ne pas les nommer tous, et l'on récuse par avance les protestations de tous les marabouts qui promettent par petites annonces désenvoûtements et retours d'affection, et des innombrables guérisseurs précieusement recensés par J. Mandorla et F. Simpère [1] et dont il n'est pas fait mention ici.

On demande de la même façon que ne soit pas tenue pour méprisante l'attitude qui vise par exemple à ne pas accorder à la radiesthésie la place consentie à l'homéopathie et l'acupuncture ; et l'on dit à certains justes troublés à l'idée que la phytothérapie puisse trouver sa place comme « réaction anti-chimique » que toute cette étude est menée en considérant comme facteur essentiel la demande des soignés et non pas le désir des soignants. Le second prétendant tout à fait aller à la rencontre de la première mais les deux n'étant pas superposables.

Puisqu'il faut adopter un certain ordre dans la présentation et simplement pour s'y retrouver, on choisira d'abord de présenter les médecines différentes « accréditées », celles trouvant du crédit auprès du public, des pouvoirs publics, des soignants et en particulier de médecins qui y recourent de plus en plus. Ces trois médecines sont l'homéopathie, l'acupuncture et les médecines manuelles dont on privilégiera ici l'ostéopathie.

1. *Le Guide des guérisseurs et autres thérapeutes*, Philippe Lebaud édit., 1986.

Au commencement était Hahnemann

D'abord l'homéopathie.

La doctrine homéopathique peut se condenser en quelques mots clés : principe de similitude, pathogénésie, dynamisation, terrain.

Le fondateur en est unique, unanimement révéré : c'est Hahnemann.

Il est essentiel, si l'on veut regarder l'homéopathie d'un œil équitable, de ne pas manquer de considérer que ce qui poussa Hahnemann à chercher du neuf fut bien l'état lamentable dans lequel se trouvait la pratique médicale en Europe à la fin du XVIIIe siècle. Véritablement, la médecine d'alors fait honte lorsqu'on en relit les textes écrits : la logorrhée et l'autosatisfaction en étaient les caractéristiques principales alors que, on le devine, les malades mouraient, souffraient et s'angoissaient sans autres secours qu'un verbiage ronflant et des traitements épuisants. Proposer une approche nouvelle de la maladie était indispensable ; mettre un terme au délire thérapeutique une urgence. C'est d'ailleurs à la même époque ce que pensait aussi très exactement Pierre Jean Georges Cabanis.

Réellement, ce que voulut Hahnemann, c'est créer une médecine nouvelle. Douce !

Le « principe de similitude » fut son point de départ. Hahnemann nota que le quinquina pris par un homme *sain* donnait de la fièvre, et ce bien que le quinquina fût alors ordinairement utilisé chez les *malades* pour combattre la fièvre. Hahnemann devint dès lors convaincu qu'il fallait traiter les symptômes de la maladie déclarée par des produits capables de déclencher ces mêmes symptômes chez l'homme sain. Il fallait traiter par les « semblables », telle est la base du principe de similitude.

Dès lors, il fallait expérimenter pour connaître quels symptômes déclenchaient chez l'homme sain la prise de substances ou produits chimiques divers. Créer des maladies chez l'homme sain, c'est faire de la « pathogénésie ». L'étude des pathogénésies est la base de l'homéopathie, et l'on doit reconnaître à Hahnemann l'honnêteté d'avoir testé ces pathogénésies sur lui-même et ses amis. L'arsenal homéopathique, ce que l'on nomme la matière médicale homéopathique, se constitua petit à petit.

C'est plus tard que Hahnemann en vint à imaginer que l'on pourrait utiliser à de très faibles dilutions les médicaments répertoriés. On en arriva jusqu'à diluer trente fois de suite au centième. Mais la dilution infinitésimale n'était pas considérée comme une dilution simple. Il devint rapidement tenu pour essentiel que la dilution ne devait jamais se faire d'un coup, mais par étapes successives et en agitant à chaque fois, pour « dynamiser » la préparation. La trentième dilution faisait un produit trente fois dynamisé. C'est un beau sujet de guerre : les physiciens et les chimistes font valoir avec certains droits qu'à la trentième dilution et même avant il ne peut plus y avoir aucune molécule. Les mêmes justes font valoir que le concept de dynamisation reste une vue de l'esprit et que, s'il reposait sur du réel, toute la chimie deviendrait impossible. Poursuivons.

La dernière particularité de l'homéopathie est la relation établie entre le terrain défini par des caractéristiques en particulier morphologiques et certaines substances homéopathiques. En clair, lorsque l'on traite un patient, on donne non seulement ce qu'il faut pour lutter contre les symptômes mais aussi ce qu'il faut pour équilibrer le terrain. Sur ce point encore, les discussions ne sont pas près d'être closes.

Ce qui vient d'être dit suffit à démontrer que, pour les homéopathes, localiser l'organe atteint n'est pas le fin du fin ni l'exigence première. L'on note aussi que jamais jusqu'à présent les homéopathes ne se sont imposé le devoir des hommes de science : considérer que la théorie demeure sans valeur si n'est pas effectué cet indispensable retour en arrière expérimental qui valide les hypothèses, lesquelles sont émises pour vérifier la théorie même.

Ces deux points sont de première importance. Ni anatomo-clinique dans son parcours, ni scientifiquement confirmée jusqu'à présent dans sa théorie, l'homéopathie du début jusqu'à la fin est bien une médecine parfaitement « différente ».

Un même ventre. D'autres ventres

L'homéopathie certes pourrait être tenue pour sœur jumelle de la médecine anatomo-clinique : l'une et l'autre se sont développées dans le même ventre, celui du siècle des lumières, fécondé par une même semence, le besoin de clarté, de logique aboutissant à un même désir médical : celui de sortir de l'impasse du cocktail frelaté : théorie des humeurs-nosologie d'observation.

La médecine anatomo-clinique et la médecine homéopathique reposent sur des théories profondément logiques au sens cartésien du terme. L'homéopathie n'a pas été validée par l'expérimentation mais les concepts faisant l'armature de sa théorie s'articulent avec la plus extrême rigueur.

Il en va tout différemment pour la médecine chinoise. La philosophie dans le cadre de laquelle elle s'inscrit « procède par symboles donc par analogie et cherche à classer tous les phénomènes par emblèmes. Alors que la logique occidentale est conceptuelle, la logique orientale est emblématique ». C'est ce qu'écrit Claude Le Prestre, un médecin institutionnel décrivant très clairement dans *Les Lieux du corps*[1] ce qu'est l'acupuncture.

Les aiguilles de la sagesse[2]

Les séries clés de l'acupuncture (littéralement : « piqûre par du pointu ») sont : cosmos — énergie — méridiens — points, inséparables de Yin-Yang, de bois-feu-terre-métal-eau ; de foie-rein-cœur-rate-poumon. Il n'y a pas de fondateur connu de l'acupuncture, comme il n'y a pas d'inventeur connu de la boussole. La naissance de l'acupuncture se situe dans le cadre de l'émergence de la médecine chinoise, elle-même intimement liée à la mise en forme d'une philosophie à système souple, reposant sur plusieurs piliers, en particulier le confucianisme et le taoïsme.

C'est dans cette atmosphère intellectuelle que s'est développée la médecine chinoise traditionnelle, associant des massages, des manœuvres portant sur les articulations, diverses gymnastiques, des cautérisations à l'armoise, le recours aux plantes médicinales et à certains médicaments minéraux, enfin l'usage d'aiguilles pour piquer certains points repérés sur la peau.

Cette dernière pratique qui n'a pas de nom propre en chinois a été dénommée acupuncture par les jésuites, importée

1. Docteur Claude Le Prestre, La Table Ronde, coll. L'ordre du jour.

2. Les préférences de l'auteur, on s'en rendra compte, vont, parmi toutes les « médecines différentes », à l'acupuncture.

en Europe et singulièrement en France que l'on peut tenir pour le deuxième grand centre de rayonnement mondial de ce type de médecine.

On cerne donc immédiatement les deux « tentations acupuncturales » qui divisent les Occidentaux. Certains jugent désastreux le fait d'isoler l'acupuncture de son environnement natif et ne veulent planter leurs aiguilles qu'au terme d'une réflexion « chinoise » effectuée à propos du cas de leur malade. Ce sont les traditionalistes. Ils ont ou non une formation médicale préalable.

D'autres considèrent que l'acupuncture est en soi un ensemble assez homogène et assez digne d'investigation pour être arraché au brouillard vaporeux et chinois dont elle a émergé et pour être confiée dorénavant aux raisonnements et aux méthodes de la science. Les défenseurs de cette manière de voir sont presque exclusivement médecins.

Ils ont été considérablement renforcés dans leurs certitudes par la découverte, il y a de cela quelques années, de ce que l'analgésie — la disparition de douleurs — obtenue lors de l'acupuncture avait pour cause la fabrication par le cerveau de substances appelées endorphines et qui produisent des effets analogues à ceux de la morphine.

Cette orientation donnée à l'acupuncture pourrait se révéler très fructueuse : après tout, comme le met en relief René Dubos, Louis Pasteur n'a jamais fait que partir d'une recette perdue à l'origine dans la nuit des temps et entourée même de rites magiques : la fermentation des bières et du vin, pour en extraire la plus scientifique des aventures, la microbiologie.

Peut-être l'acupuncture est-elle le « bout qui dépasse » de progrès décisifs en neurobiologie. Pour le moment, cependant, il faut admettre que l'acupuncture ne prend encore son plein intérêt — intellectuel et thérapeutique — qu'une fois replacée dans son contexte d'origine, fort éloigné par le temps et l'espace des tentatives rationnelles des XVIIIe et XIXe siècles. L'acupuncture demeure chinoise.

Pour les Chinois, le mot essentiel est *énergie*. Il y a une énergie dans le cosmos ; l'homme, trait d'union vertical entre le ciel et la terre, équilibre en lui différents types d'énergie. Cette énergie se répartit selon des lignes que les Occidentaux ont appelées méridiens. Lorsque l'équilibre énergétique est rompu, il est possible de le rétablir en piquant, selon une technique codifiée, certains points de la peau situés sur le passage du méridien. La « tension » entre énergie vitale et énergie perverse est ainsi combattue. Les fonctions du corps reprennent leur cours normal, synonyme de santé. A condition toutefois que soient stabilisés le Yin et le Yang. Ces deux expressions n'ont pas de traduction en français. Elles sont l'équivalent de ce que pourraient être au plan politique la droite et la gauche. Un homme d'extrême gauche trouve toujours plus à gauche que lui ; ou encore : un centriste a perpétuellement à choisir entre être à droite d'un parti de gauche ou à gauche d'un parti de droite. Si l'on ajoute que dans homme de droite ou homme de gauche, homme veut dire aussi bien féminin que masculin, on mesurera que les mots « droite » et « gauche » n'ont pas un sens absolu mais relatif. Ainsi en va-t-il du Yin et du Yang. Topographiquement, l'inférieur est Yin, le supérieur est Yang, mais le supérieur de l'un est nécessairement l'inférieur d'un autre ; le jour est Yang, la nuit est Yin ; le froid est Yin, la chaleur est Yang ; mais là encore le Yin trouve toujours plus froid que lui et devient Yang... Les variations relatives du Yin et du Yang traduisent et induisent les variations fonctionnelles du corps humain. Dans chaque cas de lésions locales, loin de se contenter de soigner la lésion seule il faut établir d'abord la relation de la lésion avec la perturbation d'ensemble du corps humain et agir sur elle.

Bois, feu, terre, métal, eau sont les cinq éléments, en rapport étroit avec les cinq centres énergétiques du corps : le foie, le cœur, la rate, le poumon, le rein. Ces deux ensembles se lient à un troisième, celui des forces perverses : vent, froid, chaleur, humidité, sécheresse, et aux cinq points cardinaux : Nord, Sud, Est, Ouest, Centre...

L'agencement harmonieux du tout fondu dans la philosophie elle-même composite forme la médecine chinoise, située — point n'est besoin d'y insister trop — dans un espace de pensée entièrement différent de celui de la médecine institutionnelle occidentale. Les textes de la médecine chinoise constituent pour certains une base de réflexion respectable d'où peut émerger une pratique médicale sage et raisonnable, pour d'autres un fatras de fariboles d'où l'on a pu extraire — joyau perdu dans la tourbe — la méthode des aiguilles, prémices empiriques de délices moléculaires et cérébraux pour la recherche de demain.

En l'état cependant, l'acupuncture n'a pas d'autonomie viable hors de la pensée chinoise. Les jeunes gens aventureux qui décident, pour gagner leur vie, de s'acheter un mannequin sur lequel sont figurés méridiens et points, puis des aiguilles qu'ils piqueront en fonction des indications d'un répertoire obligeamment fourni, ne font pas de l'acupuncture : ils jouent aux fléchettes. Ce qui, lorsqu'on voit ce que l'on voit, pourrait fort bien fournir une escouade supplémentaire au corps qui grossit sans cesse des horlogers des montres molles.

Les mains du miracle

Troisième médecine différente, ou plutôt groupe de médecines différentes : les médecines manuelles. Le Rapport Niboyet (1984), document intéressant et rédigé avec conscience sur « certaines techniques de soins ne faisant pas l'objet d'un enseignement organisé au niveau national », donne des conclusions libellées en ces termes : « La médecine manuelle exercée par des médecins présente une efficacité certaine et mérite d'être développée. (...) Le problème des non-médecins pratiquant la médecine manuelle, dangereux par leur impossibilité de porter un diagnostic en raison de leur absence de formation médicale, doit être examiné attentivement. Que ce soit les ostéopathes (kinésithérapeutes ou non), les chiropracteurs (également non médecins) et les étiopathes (non médecins), ils pensent chacun détenir seuls la vérité et aussi une nouvelle science inconnue des facultés de médecine qu'ils veulent faire admettre contre l'évidence et la raison. Ils demandent avec insistance avant tout l'arrêt des poursuites pour exercice illégal de la médecine, mais également la reconnaissance comme " une profession ", soit exclusivement de l'ostéopathie, soit de la chiropractie, qui serait distincte de la médecine classique et aussi des médecines naturelles ou parallèles. »

La syntaxe n'est pas parfaite, mais l'on voit bien de quoi il s'agit : une technique efficace est jugée en de mauvaises mains parce que mains non médicales. Voici pourquoi : toujours selon le rapport, la médecine manuelle doit, en préalable, être distinguée du massage : « Le massage est une technique agissant essentiellement sur les tissus mous externes, que ce soit par passages, frôlements, frottements, pétrissage, appui sur des points dits réflexes, etc. La médecine manuelle au contraire a pour but de mettre en tension le plus souvent une articulation déterminée (vertébrale ou périphérique) et parfois d'effectuer un mouvement forcé agissant directement sur des ensembles profonds. Elle met en jeu, plus particulièrement lorsqu'il s'agit de manipulations cervicales, des éléments artériels, veineux, nerveux, osseux. Elle comporte de ce fait des contre-indications dont le non-respect peut entraîner des accidents graves... »

Bref, il y a des zones articulaires capables de déclencher de vives réactions lorsqu'on les manipule, réactions parfois bénéfiques, mais, dans d'autres cas, proches des désastres que déclenchent les apprentis-sorciers. Le rapport signale bien la complexité des écoles se retrouvant sous le label « médecine manuelle ».

Parce que ce livre se veut une réflexion sur les rapports de la science et des médecines, et non une appréciation de chaque médecine différente du point de vue scientifique, on se limitera à l'une des « tendances » de la médecine manuelle : l'ostéopathie.

Même si l'on s'oppose fermement à toute médecine « autre », pour peu que l'on ait la curiosité aiguisée et du respect pour les livres bien faits, on parcourra avec plaisir le livre de Lionelle et Marielle Issartel, *L'Ostéopathie exactement*[1].

Si la médecine manuelle est sans doute aussi vieille que l'homme, « la bannière de l'ostéopathie », nous dit Viola M. Fryman dans son introduction, a été déployée par Andrew Taylor Still en 1874. « Puis, au début de ce siècle, William Garner Sutherland eut soudain la révélation que la barrière sphénosquameuse du crâne était biseautée comme les ouïes d'un poisson pour le mouvement respiratoire d'un mécanisme articulaire. L'ostéopathie envahit alors le champ crânien. »

Enfin, « il s'écoula presque un demi-siècle avant que l'ouvrage *Osteopathy in the cranial field* soit achevé par Harold Magoun pour fournir un document sur les principes d'application et les techniques ostéopathiques au mécanisme crânien, tels que Sutherland les avait définis... ».

Ainsi trois périodes : Still d'abord qui affirme qu'en faisant aller une articulation « au-delà » de ses limites habituelles de mouvement on déclenche de salutaires réflexes qui rétablissent la fonction normale des organes « dépendant » de l'articulation en cause. Puis Sutherland qui « perçoit » le mouvement des sutures crâniennes et conclut qu'en manipulant le crâne on peut prendre en charge quantité de désordres nouveaux. En fait, des mesures assez récentes ont objectivé que, si les sutures

1. Laffont, 1983.

bougent, l'amplitude du mouvement ne dépasse pas 25 microns, c'est-à-dire 25 millièmes de millimètre. C'est peu. Et ce doit être imperceptible.

Lorsque, aux États-Unis, au début de ce siècle, l'ostéopathie commence à s'organiser, paraît le rapport Flexner sur l'éducation médicale. Frère de l'illustre microbiologiste, ce Flexner-là se veut Juste parmi les Justes : il fait interdire, ou presque, l'enseignement de l'ostéopathie et celui de l'homéopathie.

Mais la société de consommation a poussé aux U.S.A. plus fort encore qu'en Europe. Aussi, en 1969, après les chaudes années californiennes, l'obstacle est-il levé. L'ostéopathie sort de la clandestinité. Et trouve vite dans le public un écho favorable.

Les mots clés de l'ostéopathie, tels qu'ils ressortent du glossaire concocté par les sœurs Issartel sont : « Compression, fascia, facilitation, fluctuation, fulcrum, manipulation, mécanisme respiratoire primaire, strain, thrust, tissu conjonctif. »

Le mot *fascia* désigne en ostéopathie l'ensemble du tissu conjonctif fibreux : membranes, aponévroses, gaines, cloisonnements, ligaments, tendons.

Le *fulcrum* est le point mobile où la tension des fascias réalise leur équilibre. Dans le crâne le fulcrum se situe sur l'intersection de la tente du cervelet avec la faux du cerveau.

Le *mécanisme respiratoire primaire* ne concerne ni le nez, ni le larynx, ni les poumons. Non, ce qui « respire » là, c'est le système nerveux central. Le liquide céphalo-rachidien circule — sur ce point tout le monde est d'accord — mais pour les ostéopathes, les méninges enveloppant le cerveau et la moelle épinière participent du mouvement respiratoire comme les os du crâne qui se meuvent, comme le sacrum.

Strain signifie perturbation articulaire et membraneuse. C'est une sorte d'entorse. *Dans* le crâne, les strains de la S.S.B. (symphyse sphéno-basilaire) altèrent son mouvement de flexion-extension.

S.S.B. : jonction entre le sphénoïde et l'occiput ayant un léger jeu articulaire, située approximativement au centre du crâne.

Thrust : mobilisation de faible amplitude et de grande rapidité d'une articulation dans ses limites physiologiques.

Tissu conjonctif : tissu qui supporte et relie les autres organes entre eux. Il peut être rigide — os et cartilages —, il peut être mou, lâche et dense selon la nature et la proportion des fibres.

Le corps entre les mains

Le lecteur sans formation anatomique ou physiologique se sentira sans doute perdu devant ces définitions. Sans entrer dans le détail des explications, on peut tout de même tenter d'éclairer le sujet en mettant en relief qu'il y a deux catégories de mots employés. Certains décrivent des parties du corps et il n'y a rien à redire, c'est là de l'observation — très correcte; d'autres ont été inventés ou choisis pour structurer l'explication que les théoriciens de la méthode ont pensé pouvoir établir à partir des structures anatomiques concernées (réelles dans leur existence et dont on suppose la mise en jeu par la mise en œuvre des manipulations).

On se retrouve là en plein dans le domaine qu'évoquait Laennec à propos de Gall :

1. Tout cela s'appuie sur du réel (les bosses du crâne étaient bien réelles).

2. Les explications données sont dans le fond assez « ingénieuses » et, sans aucun doute, si l'on manie le scalpel du dissecteur, on constate qu'il y a bien manière à réfléchir; il est de première importance de réfléchir sur le rôle du tissu conjonctif, qui n'est pas seulement un auxiliaire mais l'équivalent pour le corps de ce qu'est le verbe dans une phrase.

3. Cependant la théorie se valide ici à la seule lumière des hypothèses. Le raisonnement est une tautologie. L'hypothèse n'est plus ce « désir du fait » cher à Claude Bernard, débouchant obligatoirement sur l'expérimentation contrôlée quelques milliers de fois par l'ensemble de la collectivité scientifique.

Ainsi, l'ostéopathie reste un ensemble théorique et hypothétique sans véritable confirmation expérimentale. La foi de ses adeptes ne saurait tenir lieu de validation.

Cependant la belle histoire que l'on invente pour expliquer le pourquoi des succès ne doit pas faire oublier les succès incontestables. C'est pourquoi l'ostéopathie n'est pas une fantaisie des horlogers des montres molles; elle est une réalisation des convaincus du discutable.

René Dubos, lorsqu'il évoquait ces raisonnements non conclus scientifiquement, disait : « C'est très ingénieux, il y a peut-être quelque chose à prendre pour se lancer dans une démarche scientifique. Mais pourquoi en l'état vouloir écrire des livres scientifiques, pourquoi ne pas en faire un *roman ?* »

Pierre Auger, un jour de nos conversations studieuses hebdomadaires, s'en est allé exactement dans la même direction : « En fait le problème est résolu si l'on décide de nommer ce type de discours science-fiction ! » Les convaincus du discutable, ceux qui ne valident pas expérimentalement leurs théories, ceux qui laissent stériles leurs hypothèses, demeurent dans le domaine du romanesque, de la science-fiction.

C'est parce qu'ils ont perçu cela et qu'ils savent aussi la qualité des résultats parfois obtenus que bien des ostéopathes médecins, ceux en particulier groupés autour de l'école de Maigne, ont, comme l'indique le rapport Niboyet, « conservé les manœuvres américaines les moins traumatisantes sans en adopter la philosophie. (Leur pratique) donne de très bons résultats cliniques. Elle est basée avant tout sur un diagnostic médical approfondi, ce qui lui confère par rapport aux non-médecins une beaucoup plus grande innocuité ».

Il y a cependant dans le « roman » ou la « science-fiction » ostéopathique une dimension que l'on ne peut passer sous silence tant elle revêt de l'intérêt pour la pratique médicale : c'est la place faite à la vie émotionnelle de l'individu. On y reviendra.

La médecine manuelle est le dernier élément du trio des médecines différentes « accréditées », celles largement répandues, étalées sur la place publique, qu'étaye solidement « la ferveur persistante du public » et dont les racines s'insèrent dans le réel.

Des jardins irréels

On change de groupe en pénétrant dans le champ du « merveilleux paramédical [1] ».

Cependant, si l'on était avec l'homéopathie, l'acupuncture et l'ostéopathie dans des espaces fondamentalement différents de ceux de la médecine anatomo-clinique et mécaniste, il y avait des points de passage forts et solides : l'ostéopathie est liée à la médecine institutionnelle par l'anatomie ; l'acupuncture

1. *Médecine et merveilleux paramédical,* Dr. Éd. Laval, Correa, 1942.

par une rigueur d'observation avide qui, si elle débouche sur une séméiologie tout autre, apparente tout de même les deux pratiques ; quant à l'homéopathie, outre qu'elle observe et les symptômes et le malade (là encore pour en tirer une séméiologie toute personnelle), elle discute aussi de médicaments, parfois substances chimiques pures qui même présentées sous leur dénomination latine ne sont pas, pour beaucoup, entièrement inconnues des médecins institutionnels.

Il est bien plus difficile en revanche de relier le magnétisme, la radiesthésie ou l'auriculothérapie à la médecine des Facultés. Les médecins qualifient donc ces pratiques de « domaines du merveilleux », d' « ésotériques » ou de « vues de l'esprit ».

Le public cependant — intellectuels en tête — ne voit pas, lui, grande différence entre le langage des « accrédités » raccordés par des ponts à la science et le langage des médecines « du merveilleux » fondé sur l'émotion symbolique, sur la mise en relation de faits et d'émotions, non pas de faits et de modèles pensés.

Les justes se trompent donc totalement lorsqu'ils estiment que le public saura, parmi ceux parlant du corps et de ses maladies, des souffrances et de la mort, distinguer le bon grain que font les logiques raisonnables, de l'ivraie que matérialiseraient les adeptes du merveilleux. En fait, écoutant le discours institutionnel, le discours des accrédités et le discours du merveilleux, le public ne voit guère de différences. Qu'en raison de succès par eux vérifiés, ou d'une éducation ayant poussé vers le raisonnement logique, certains inclinent plutôt vers l'institution est une chose. Ce n'est pourtant pas une compréhension claire du discours qui détermine l'adhésion. Pour la médecine institutionnelle comme pour les médecines du merveilleux, c'est une confiance donnée qui emporte le tout.

On peut pousser les choses plus loin : lorsqu'il s'agit de son propre corps ou du corps de l'autre, le scientifique le plus prestigieux abandonne assez souvent le modèle pensé au profit de l'imagination symbolique. C'est avec un extrême intérêt que l'on découvre en Linus Pauling, double prix Nobel, un défenseur acharné de la vitamine C dans le traitement ou la prévention du cancer et un prosélyte du laethrile, produit tiré du noyau d'abricot, lui aussi vanté par certains clans aux U.S.A. comme actif contre le cancer. Les méthodes mêmes qui servaient jadis à Linus Pauling pour épingler ses collègues présentant des travaux de chimie insuffisamment mûris lui paraissent autant d'instruments malhonnêtes lorsqu'ils sont en mesure de mettre à bas ses propres croyances.

Incapacité à choisir sur des bases saines entre les médecines, possibilité de compter au nombre des adeptes du merveilleux des scientifiques de tout premier plan, on conçoit que le public s'égare. C'est pourquoi, plutôt que de s'évertuer à démontrer la supériorité de l'un sur l'autre, mieux vaut sans doute en ce domaine aussi se satisfaire de donner l'histoire des choses et leurs origines.

Des fluides, des ondes et du mystère

On commencera par le magnétisme. Il vient du fond des temps, mais sa renaissance est due à Mesmer. Dans *Ursule Mirouet,* mettant en scène deux médecins qui se querellent, Balzac dépeint clairement une inclination qui persiste aujourd'hui chez certains et sous la même forme :

> « Vers la fin du XVIIIe siècle, la Science fut aussi profondément divisée par l'apparition de Mesmer, que l'Art le fut par celle de Gluck. Après avoir retrouvé le magnétisme, Mesmer vint en France, où depuis un temps immémorial les inventeurs accourent faire légitimer leurs découvertes. La France, grâce à son langage clair, est en quelque sorte la trompette du monde. (...)
>
> Mesmer eut donc des adeptes et des antagonistes aussi ardents que les piccinistes contre les gluckistes. La France savante s'émut, un débat solennel s'ouvrit. (...) La Faculté de médecine proscrivit en masse le prétendu charlatanisme de Mesmer, son baquet, ses fils conducteurs et ses théories. (...)
>
> Il est triste pour la raison humaine et pour la France d'avoir à constater qu'une science contemporaine des sociétés, également cultivée par l'Égypte et par la Chaldée, par la Grèce et par l'Inde, éprouva dans Paris en plein XVIIIe siècle le sort qu'avait eu la vérité dans la personne de Galilée au XVIe, et que le magnétisme y fut repoussé par les doubles atteintes des gens religieux et des philosophes matérialistes également alarmés. (...) Mais il aurait fallu reconnaître l'existence de fluides intangibles, invisibles,

impondérables, trois négations dans lesquelles la science d'alors voulait voir une définition du vide.

Le corps respectable des médecins de Paris déploya contre les mesmériens les rigueurs des guerres religieuses, et fut aussi cruel dans sa haine contre eux qu'il était possible de l'être dans ce temps de tolérance voltairienne. Les docteurs orthodoxes refusaient de consulter avec les docteurs qui tenaient pour l'hérésie mesmérienne. En 1820, ces prétendus hérésiaques étaient encore l'objet de cette proscription sourde. Les malheurs, les orages de la Révolution n'éteignirent pas cette haine scientifique. Il n'y a que les prêtres, les magistrats et les médecins pour haïr ainsi. La robe est toujours terrible. »

En 1844, Henri Wiart non plus n'avait pas été impressionné par la haine de « la robe » et rejoignait Balzac qui avait publié *Ursule Mirouet* en 1841.

Wiart croyait dur comme le métal aux vertus du magnétisme, à la magnétisation à distance, au fluide merveilleux qui sauvait des vies. La conclusion de son ouvrage *Les Cures magnétiques,* récapitulatif de ses exploits, témoigne cependant d'une naïveté démagogique que l'on a du mal à lire sans rire.

« Je crois avoir suffisamment prouvé l'efficacité des traitements magnétiques.

Je crois avoir également prouvé que chacun est doué du fluide salutaire.

Ce fluide salutaire, j'ai indiqué les moyens de le diriger convenablement.

Il n'est donc personne qui ne puisse soulager ou guérir quelques-unes des douleurs qui l'entourent.

La souffrance est le triste apanage de l'humanité. Elle se glisse sous les riches lambris comme dans la cabane du pauvre. Elle n'atteint pas seulement le vieillard ; elle glace souvent le sourire sur les lèvres même de l'enfance.

Là, c'est une jeune fille qui contemple avec attendrissement son vieux père infirme. — Là, l'époux voudrait racheter de sa propre vie les tortures de l'épouse. — Là, une mère pâle, à genoux, veille au chevet de son enfant qui pleure.

Puissent ces quelques pages tomber au milieu de toutes ces angoisses comme une espérance.

Ne dussent-elles alléger qu'une douleur, ne ramener le

calme que dans une âme, ne sécher qu'une seule larme, elles n'auront point été inutiles, et je serai largement récompensé de les avoir écrites. »

Désabusé, Wiart? Finalement non car voici donc la « cauda » de Wiart :

> « Mes espérances ont été dépassées, car depuis que parut la première édition de cette brochure, il est plus de cent malades qui se faisant magnétiser par leurs parents, d'après les principes que j'ai indiqués, ont recouvré la santé ou du moins un soulagement notable. La plupart de ces personnes, que je n'ai jamais vues, considèrent comme un devoir de venir me faire part des résultats heureux dont leurs tentatives ont été couronnées. »

Tout n'était pourtant pas rose tous les jours pour les adeptes de Mesmer et les rieurs en commettaient de drôles : témoin cette note de Wiart après qu'il a cité une opinion en sa faveur du docteur Cambray :

> « Cette lettre justifie honorablement le docteur Cambray d'une perfide accusation : d'avoir commis contre nous une chanson *illustrée*, où le magnétisme est traité de bêtise et les magnétiseurs de charlatans, de faiseurs de dupes. Si M. Cambray me croyait digne de l'un de ces titres, me *recommanderait-il* un de ses clients, me parlerait-il de sa *considération*? s'il croyait que le magnétisme fût une bêtise, écrirait-il : *j'espère* que ce moyen *mettra un terme à ses souffrances*? Et d'ailleurs comment attribuer sérieusement à un homme grave et éclairé une œuvre qui ne respecte pas plus la décence que la vérité, les lois de la versification que les lois de la grammaire. Si d'autres preuves étaient nécessaires à la justification de M. Cambray, nous citerions ces paroles qu'il nous adressait il y a quatre mois : " *Monsieur, fussiez-vous dans l'erreur, les efforts désintéressés que vous faites pour soulager l'humanité, devraient imposer silence à l'ironie.* " M. Cambray, homme de 60 ans, aurait-il à ce point chanté la palinodie? Nous protestons de toutes nos forces contre cette supposition injurieuse. »

Où en est aujourd'hui le magnétisme? Le fluide reste toujours aussi mystérieux, mais la faveur demeure. Cependant le magnétisme animal cède quelque place au magnétisme minéral et l'usage des aimants se répand comme en d'autres temps celui du hula-hop ou du scoubidou. Comme toujours les dossiers scientifiques sont vides, et les témoignages de satisfaction nombreux. Mais, en période de crise économique, qui raisonnablement refuserait à l'industriette des aimants de prospérer ? On laisse donc faire. Il y a d'ailleurs dans certains lieux fort honorables des hommes très estimables qui cherchent à prouver que le magnétisme animal comme le minéral font des merveilles démontrables à grands coups d'onde et de particule. Hélas, mieux vaut être presbyte si l'on veut demeurer convaincus. Dès que l'on s'approche de trop près, le mirage s'évanouit ; dès que l'on fouille à fond, tout s'écroule.

Reste ce vieux rêve humain que des émanations mystérieuses relient le vivant au vivant, ou vont du minéral au vivant et se révèlent susceptibles de « rééquilibrer » un ordre naturel tout entier fondé sur les vibrations. Il est bien vrai que vibrent toutes les particules élémentaires mais il est vrai aussi que le magnétisme ne modifie en rien ces vibrations dans un sens favorable à l'amélioration de la santé.

De Balzac à De Broglie

On en est donc pour le magnétisme où l'on en était sous Balzac, et l'on peut encore dire des « preuves » scientifiques d'activité ce qu'écrivait Louis de Broglie il y a quelques décennies :

> « On a beaucoup parlé, on parle encore beaucoup de l'existence possible de phénomènes encore mal connus qui seraient situés d'ailleurs pour la plupart à la limite de la Biologie et de la Physique. Je pense, en écrivant ces lignes, aux phénomènes qui interviendraient dans l'art des baguettisants ou dans les recherches « métapsychiques », ou encore à ces rayonnements mal définis dont l'émission serait liée, selon certaines affirmations, au fonctionnement des organismes vivants. Au risque de contrister beaucoup de personnes de bonne foi, je dois dire que l'existence de la plupart de ces phénomènes ne me paraît pas aujourd'hui établie scientifiquement d'une façon sérieuse. Sans doute, beaucoup de chercheurs honnêtes, animés du seul désir de découvrir des vérités nouvelles, se sont livrés et se livrent à l'étude de ce

qu'ils estiment sincèrement constituer des faits réels d'un ordre encore mal connu. Malheureusement, à eux se sont mêlés trop souvent des charlatans guidés par des sentiments intéressés et cette circonstance fâcheuse rend particulièrement difficile de contrôler l'exactitude des résultats obtenus, d'autant plus que les chercheurs de bonne foi sont souvent eux-mêmes, en pareille matière, victimes d'illusions ou d'autosuggestions. De plus, un grand nombre de ceux qui écrivent sur ces sujets font preuve d'une instruction scientifique générale vraiment insuffisante, confondant les notions les plus distinctes et interprétant les théories de la Physique moderne de la manière la plus fantaisiste. Bien souvent, on en voit émettre gravement des affirmations telles que celle-ci : « Il est bien connu aujourd'hui que chaque substance chimique possède son rayon » et des phrases de ce genre n'ont aucun sens précis pour le physicien sérieux. De toutes ces investigations généralement poursuivies dans des conditions de rigueur insuffisantes par des chercheurs souvent incomplètement avertis et parfois peu scrupuleux, il ne semble pas qu'on puisse jusqu'ici rien tirer de bien établi. Cela ne veut toutefois pas dire que des découvertes solidement confirmées ne viendront pas un jour nous faire connaître, dans ces domaines aussi, des phénomènes à présent inconnus, mais rien ne permet encore, semble-t-il, de l'affirmer[1]. »

Ces lignes donc ne sont pas uniquement destinées au magnétisme mais à la radiesthésie. Les mouvements du pendule et de la baguette du sourcier ont toujours mis les cervelles en ébullition. C'est, à dire le vrai, un phénomène étrange. Mais les scientifiques quant à eux considèrent le problème résolu. Il n'y a rien à comprendre parce qu'il n'y a rien. Que ce soit Chevreul — encore lui — ou Louis de Broglie, la conclusion tombe ferme : le système d'ondes radiophysiques postulé pour rendre compte de la radiesthésie n'existe pas. S'il existait, il serait de nos jours extrêmement facile à enregistrer et mesurer. Dans le domaine de la radiesthésie cependant, les habitudes perdurent. On vient donc de rééditer le livre du père Bourdoux[2].

Ce Corrézien d'Ussel fut une figure d'une grande noblesse.

1. *L'Avenir de la science,* Plon, 1941.
2. *Notions pratiques de radiesthésie,* Éd. Périlhou, 1965.

Franciscain ouvert au monde, il s'est dévoué comme peut le faire un véritable missionnaire pour que soient entourés de soins les Indiens du Mato Grosso. Sa grande barbe blanche lui avait valu le surnom de père Barbablanca et ses récits sur la vie du « Mato » étaient beaux et touchants. Mais le père Barbablanca n'avançait pas seulement dans la forêt brésilienne riche de sa foi chrétienne et de ses trésors de générosité. Il avait aussi son pendule. Et l'on comprend fort bien la genèse de sa passion pour la radiesthésie : ne sachant pas la médecine, et n'ayant pas le temps de l'apprendre, vivant au milieu de populations tout imprégnées encore d'émotion symbolique primitive et souffrant mille maladies, la radiesthésie offrait la voie la plus courte pour aller du malade au remède, puisque le pendule manié par celui qui a le fluide nécessaire sait d'abord désigner la zone malade, ensuite reconnaître le médicament efficace parmi ceux dont on dispose. L'étape du diagnostic est évacuée. Tout simplement.

Le père Barbablanca était respectueux de la hiérarchie de l'Église, de ses dogmes et de ses condamnations de la sorcellerie. Aussi prenait-il grand soin d'être un disciple respectueux de Rome, de sa Compagnie et de la Compagnie de Jésus.

Les pères Vermeersch et Creusen, S. J., auteurs connus et estimés, enseignent, souligne le père Barbablanca :

> « Que prescrire des remèdes dont la connaissance, la préparation et l'application ne supposent pas la science de la pharmacie n'est pas défendu ni par le droit ecclésiastique ni par le droit civil ;
>
> Que ce n'est pas non plus exercer la médecine que d'enseigner l'usage des bains et des lotions ;
>
> Qu'il n'est nullement défendu *(minimo vetatur)* de soigner ses proches et ses familiers, même selon l'art de la médecine.
>
> Que les religieux appartenant à un institut qui assume la charge de soigner les malades, et dont les constitutions sont approuvées, peuvent faire tout ce qui est prévu par leurs constitutions, sauf les opérations graves par le fer et le feu. Dans des cas urgents, cependant, ils peuvent le faire, s'ils s'en croient prudemment capables. »

Et les auteurs ont même ajouté : « Ils en sont excusés ou même y sont obligés par la loi de charité. *Ipsa caritatis lege honestantur, vel praecipuntur.* » Voilà qui est large, raisonnable et donc chrétien.

Rassuré sur ce point, le père passait à la démonstration de la « vérité » de la radiesthésie. La démarche, là, ne repose plus sur rien.

« Il n'est plus question ici d'hypothèse ; le principe est désormais acquis. Tous les corps irradient et émettent des ondes. Tous ont des modalités qui leur sont propres avec effets et influences multiples, en rapport avec : " ... l'espèce, la qualité, la masse, la forme et l'importance des rémanences ou imprégnations des corps par contact plus ou moins prolongé, près ou à distance ". »

Ces dernières lignes, il les emprunte à l'ouvrage d'un ingénieur, M. Chrétien, ayant pour titre *Le Monde invisible et mystérieux des ondes.*

On préférerait que le père Bourdoux ait lu aussi Louis de Broglie. Sans doute n'aurait-il pas écrit ce qui suit :

> « Le principe fondamental de la radiesthésie et de la téléradiesthésie (je ne distingue pas l'une de l'autre) est donc l'irradiation des corps, à quelque règne qu'ils appartiennent.
>
> Par irradiation, entendez rayonnement, émanation, quelque chose qui se dégage du corps minéral, végétal, animal et humain et qui se répand dans l'atmosphère, un peu à la manière des ondes modulées par la voix, s'entremêlant et allant jusqu'aux extrémités du monde.
>
> Ces radiations frappent de façon inconsciente l'organisme humain trop peu sensible généralement pour en ressentir de façon consciente une impression physique. Je dis intentionnellement " généralement ", car il y a des exceptions et plus qu'on ne le pense.
>
> Au moyen d'un multiplicateur, jouant, par rapport au toucher, le même rôle qu'un écouteur pour l'ouïe, l'homme peut percevoir les radiations et, par un acte de volonté, choisir entre des milliards de radiations celle qu'il lui plaît de capter et celle-là seulement.
>
> C'est, direz-vous, ce qu'il faudra démontrer.
>
> Eh bien, c'est ce que je vais essayer de faire. »

Un grand cœur ne fait pas une grande science

Hélas, il n'y parvient en rien. Un de ses arguments, Aristote défendant que chaque mouvement que nous faisons crée des ondes parcourant le monde, n'est pas entièrement faux. On dit volontiers, et cela semble vrai, qu'éternuer à New York peut créer un typhon dans les Caraïbes. On sait aussi qu'il est vraisemblable qu'à chaque inspiration nous faisons pénétrer dans nos poumons quelques atomes exhalés par César lorsqu'il prononça « Tu quoque mi fili ». On ne peut pour autant tirer de ces phénomènes situés dans l'infiniment petit de quoi favoriser le diagnostic médical ou le traitement des maladies constituées. Non, et c'est pourtant là que le merveilleux veut triompher. Il a tort car, si les histoires merveilleuses sont capables d'endormir de petits enfants et si les discours officiels ont l'habitude de plonger dans des siestes inopportunes nombre d'éminences d'estrade, on n'en conclut pas pour autant qu'il y a là des perspectives de traitement de l'insomnie dignes de fonder une nouvelle médecine.

On est aussi en plein dans le merveilleux lorsque l'on aborde certaines variétés d'acupuncture. Glissons sur le *Supprimez vous-même vos douleurs par simple pression d'un doigt,* ouvrage essentiellement photographique dû aux convictions du Dr Roget Dalet, et qui fut il y a quelques années un grand succès : d'une part, chacun sait qu'en appuyant ou frottant à certains endroits l'on soulage certaines douleurs; d'autre part, une dédicace de l'auteur « ça marche quand on y croit » semble vouloir régler la question.

On abordera plutôt l'auriculo-médecine. Fondée par Paul Nogier en France, la méthode a été réintroduite en Chine, ce dont l'auteur — on le comprend — est heureux.

Qu'avance Paul Nogier comme nouveauté? Que l'oreille évoque trop irrésistiblement par sa morphologie un fœtus humain pour qu'il y ait coïncidence simple. Il y a au contraire, soutient-il, analogie opérationnelle. D'où l'idée d'utiliser l'oreille comme une carte invitant à l'acupuncture.

Ce qu'est au fond l'auriculo-médecine, une petite brochure venue de la meilleure source l'explique en ces termes :

> « L'auriculo-médecine est une méthode médicale absolument nouvelle utilisant le pavillon de l'oreille (auricule) pour établir un diagnostic et un traitement.
>
> Le *diagnostic* est possible lorsqu'on sait qu'au niveau du pavillon existe une véritable cartographie réflexe de tous les organes du corps humain.
>
> Le pavillon de l'oreille peut être considéré comme un

véritable tableau de bord sur lequel s'inscrit avec précision l'état de santé du patient mais aussi son état de maladie.

Les points correspondants aux régions malades sont repérés à l'oreille grâce à certains détecteurs.

Un tel examen réalise un véritable " check-up " nerveux qui permet de comprendre mieux que par toute autre investigation le versant sensitif des troubles du malade.

Mais cet auriculo-diagnostic doit être confirmé par l'examen clinique et le laboratoire. Il n'empêche que grâce à cette investigation, le praticien peut éviter des recherches inutiles et coûteuses. »

Chaque zone anatomique de l'oreille correspondant à un organe précis, piquer cette zone c'est se donner les moyens de faire fonctionner ledit organe sur des bases redevenues saines.

La retombée la plus connue du grand public en a été les tentatives d'arrêt du tabagisme par puncture ou passage d'un fil dans l'oreille. Les succès n'ont pas été légion même s'il y en a eu. Il faut dire que beaucoup ont aussi cessé de fumer d'eux-mêmes, ou en ayant eu recours à d'autres poignées de secours.

Le schéma utilisé pour vanter l'auriculothérapie est là encore celui non scientifique constamment retrouvé : aucun modèle pensé n'est construit, ni hypothèses émises. Au lieu d'amorcer ce retour en arrière qu'est la vérification expérimentale ramenant à la réalité objective, les chevaliers du merveilleux font le contraire : roman selon Dubos, science-fiction selon Auger.

Le système bâti satisfait pourtant certaines intelligences et les résultats obtenus font dire leur satisfaction à bien des soignés.

Que faut-il penser des réactions émotives de celui qui découvre que l'on essaie de le guérir en s'adressant à une représentation qu'il porte sur lui (et en deux exemplaires) de ce qu'il était quelque temps plus tôt dans le ventre de sa mère ?

On aimerait — ce n'est pas une boutade — que les auriculothérapeutes se penchent sur les mêlées fumantes des dimanches froids du rugby. Lorsque s'écrasent et se frottent les oreilles des piliers ou des secondes lignes, que se passe-t-il donc ? Et que deviennent, lorsque la retraite a sonné, les porteurs d'oreilles en choux-fleurs ?

La force du sacré

On change une nouvelle fois totalement de registre en abordant les médecines traditionnelles sacrées. Les médecines « accréditées » représentent trois démarches acceptées et empiriquement validées dans bon nombre de pays occidentaux et notamment en France. On a vu les malheurs de l'homéopathie aux U.S.A., mais on y a vu aussi le succès des ostéopathes. Ces trois médecines, trois groupes de médecines, se différencient fondamentalement dans leur démarche de la médecine institutionnelle, mais se rattachent à elle par un « matériau » utilisé à des fins différentes.

Les exemples donnés du « merveilleux » paramédical touchent à un autre groupe d'opérations mentales se donnant aussi pour but de rétablir l'égalité devant la peur, la douleur et la mort, mais passant par l'émotion et admettant, sans qu'on en connaisse aucun support matérialisé, le magnétisme animal, la radiophysique des radiesthésistes ou l'homothétie oreille-fœtus. Mais le merveilleux paramédical n'est pas, du point de vue social, « accrédité » par un succès public de masse.

Les médecines traditionnelles sacrées se situent encore ailleurs, exemple nouveau de l'infinité d'espaces de réflexions que l'homme sait se créer. Il faut cependant définir ce que sont et ce que ne sont pas ces médecines-là. Il serait impardonnable de ne pas recourir ici à l'ouvrage de Claudine Brelet-Rueff justement intitulé *Les Médecines traditionnelles sacrées*[1]. Il y est dit dans l'introduction :

> « Ne confondons pas sacré et religion, ni sacré et magie, ni sacré et superstition ! (...)
>
> Par sacré, nous entendons toute recherche visant à établir une harmonie, un équilibre entre " le dedans " et " le dehors ", entre " l'intérieur " et " l'extérieur ", entre l'individuel et le collectif, entre le microcosme et le macrocosme, ou l'Homme et l'Univers. »

Voyons ce que cela donne comme mises en scène : on égrènera d'abord et dans l'ordre les titres de chapitres du livre. Ce sont : le shamanisme, la médecine des pyramides, la médecine des rites agraires, la médecine des gnostiques, la

1. Culture, Art, Loisirs, 1975.

médecine alchimique, celle des anthroposophes ; l'ayulvédic ou médecine des Védas ; les prêtres médecins de l'Amérique précolombienne ; le Tao et l'acupuncture ; les respirations sublimes ; les médecines africaines.

Déjà, ce simple inventaire fait rêver. Ne rêvons pas. Cherchons une fois encore à comprendre.

L'homme, toujours le même

Comme l'on s'est posé déjà la question : « D'où vient que nous puissions parler de tant de sujets divers concernant toutes les parties du monde et tous les domaines du culturel et du technique ? » pour répondre : les médias nous apportent cette connaissance ; de même l'on doit se poser la question suivante : « D'où vient qu'au travers des cultures qui nous sont tellement étrangères, nous frémissions si facilement à l'évocation de ces médecines d'autres lieux et d'autres temps ? » La réponse vient naturellement : « Des invariances humaines. » Il faut expliquer cela. Voici : on admet aujourd'hui que la Corne de l'Afrique a vu les débuts de l'aventure humaine. Nul n'est capable de dire précisément où se situe le passage de l'animalité à l'humain, quel déclic a fait apparaître la conscience claire, la certitude pour l'homme de sa finitude, les richesses de l'imagination, la capacité de choisir au sein des propositions de l'imaginaire. Toujours est-il que l'homme une fois constitué, et caractérisé par son besoin d'aventure, avatar de son besoin biologique d'imaginer et choisir, est parti peupler le monde, reconstruisant partout autour de sa peau son petit monde subtropical. Avec des peaux, des huttes et des cavernes le long de la vallée de la Vézère, avec des igloos et des fourrures hermétiques près des Pôles.

Sans doute, avant même de commencer à migrer et se différencier, l'homme avait-il sa tête bien faite. Pour résumer la situation, René Dubos déclara lors d'un déjeuner : « En bref, l'homme de Cro-Magnon pourrait être P.-D.G. d'I.B.M. ! » On ne saurait mieux exprimer qu'on a la mentalité et les coutumes — comme les mœurs — et sans doute la « gueule » de son époque, mais que, le patrimoine génétique étant le même, ce sont finalement les mêmes traits de caractère, les mêmes comportements invariants qui depuis des dizaines de milliers d'années s'adaptent pour réaliser cette apparente diversité. Le fond cependant demeure le même. C'est d'ailleurs la grande surprise — et parfois la rédemption — de racistes convaincus que de découvrir à l'occasion d'une aventure commune ces « invariances » de la nature humaine qui devraient être la base d'une fraternité universelle et que viennent hélas obérer les impératifs hiérarchiques et de territoire, dictats venus, eux, de la partie la plus ancienne de notre cerveau, celle qui caractérise les êtres vivants depuis les reptiles. Ce que Jean-Noël Lalande désigne comme « un crocodile dans le cerveau ».

Les invariances humaines font donc que nous pouvons fondamentalement comprendre les médecines sacrées d'où qu'elles aient émergé.

Ainsi de la médecine spagyrique :

> « Médecine alchimique et médecine spagyrique ont souvent été confondues. La médecine spagyrique est une partie de la médecine alchimique.
>
> La spagyrie est l'art de séparer la matière subtile, ou l'énergie, de la matière proprement dite. D'où son nom *spao* qui, en grec, signifie " séparer ", et *ageiro* " rassembler ". Cette énergie subtile, une fois libérée à partir de substances minérales, végétales ou animales, peut s'intégrer à l'énergie propre de l'homme.
>
> Pour parvenir à obtenir ces remèdes spagyriques, l'alchimiste prépare des distillations, des fermentations, des sublimations, des digestions, des cohobations ou distillations répétées.
>
> Les remèdes spagyriques sont des remèdes *ouverts ;* cela signifie que les procédés spagyriques les rendent hautement assimilables sur le plan énergétique par l'organisme dans lequel ils sont introduits.
>
> Des organes tels que le cœur et les yeux sont formés par les forces solaires : leurs affections seront donc traitées par ce métal solaire qu'est l'or. De la même façon, le système génital, qui est vénusien, sera traité par le cuivre, métal gouverné par Vénus. Le système nerveux mercurien sera traité par le mercure[1]. »

Et l'on se laisse aussi bercer par la beauté du propos, en s'initiant dans la médecine des Védas à l'action des gemmes dont voici quelques aspects.

1. Claudine Brelet-Rueff, *op. cit.*

«Jusqu'au milieu du XXe siècle, l'Inde a été le seul pays à employer les pierres précieuses — et, en particulier le diamant — à des fins purement thérapeutiques. Leur flamboiement n'est donc pas uniquement réservé aux célèbres trésors des maharadjahs ou à ceux des temples.

Cette lumière produit une radiation, chaude ou froide, qui peut être fixée dans des teintures alcooliques et permettre de préparer, à partir de ces teintures mères, des granules.

L'Ayulvédic utilise ces gemmes après les avoir réduites en une poudre impalpable, ce qui est difficile à obtenir. Cela s'obtient par *podhamisation.*

Le rayonnement énergétique des gemmes pénètre profondément dans l'organisme et facilite considérablement le développement de l'action d'autres médicaments préparés à partir de végétaux ou autres.

Les gemmes utilisées sont au nombre de neuf : toutes ensemble, séparément ou par groupes [1]. »

Voici deux exemples :

« Le diamant : Pierre de Vénus ou Shukra, sa lumière froide, indigo, agit sur les trois doshas du corps humain.

Le diamant podhamisé, ou cendre de diamant, est utilisé en Ayulvédic pour nourrir les tissus. Cette cendre donne force et aisance. Elle soigne l'anémie, l'anorexie, l'impuissance, la peur des femmes (gynécophobie), les gonorrhées, spermatorrhées, maladies utérines, les mictions difficiles, l'hydropisie, le diabète, l'impotence, l'obésité, les maladies cardiaques, ainsi que l'asthme, la toux et les œdèmes.

Porté en amulette, le diamant, qui règne sur tous les conforts de la vie, permet aussi à l'épileptique ou au fou de retrouver une vie normale et heureuse. Il calme également les migraines. Excellent tonique, il assure une longue vie.

Le moindre atome de diamant insuffisamment podhamisé deviendrait un poison mortel. Deux procédés permettent d'éviter cet inconvénient :

1. Introduire le diamant dans un citron et cuire le tout dans du jus d'agatti pour enlever au diamant sa toxicité. Puis faire une pâte de racines de citronnier broyées dans du jus de bétel (ces deux végétaux doivent avoir au moins trois

1. Claudine Brelet-Rueff, *op. cit.*

ans d'âge). Enfouir le diamant dans cette pâte et podhamiser sept fois.

2. Enfouir le diamant dans une pâte faite de râpures de corne et cuire ; répéter cette opération trois fois pour obtenir une poudre qui sera lavée dans de l'urine de cheval avant de la podhamiser sept fois.

La perle : Gouvernée par la Lune, de rayonnement cosmique orange et froid, elle peut soigner les maladies produites par " excès de chaleur ". Son rayonnement contrôle les sécrétions fluides, la circulation sanguine, le cœur et l'esprit, et il est utile lorsque le sang, les os, la graisse ou les tissus ont besoin d'humidité ; il contrôle également les trois doshas. C'est un tonique du cœur, des poumons (tuberculose, asthme, bronchite chronique), antineurasthénique, tonique des reins, (lithiase rénale), des voies urinaires, du foie, un antilépreux, antivenimeux, antileucorrhéique, antispermatorrhéique, antiacide, laxatif, aphrodisiaque, nutritif, sédatif. La perle embellit le corps et donne un teint brillant.

Purification de la perle : Pour dépouiller la perle naturelle de toute impureté, on la laisse macérer quelques heures, soit dans un bain de jus de nellique, soit dans du vinaigre, soit dans de l'urine de vache. Laisser macérer, puis podhamiser en *nila podham* pour obtenir une poudre fine, impalpable. Il faut prendre 0,10 à 0,30 centigramme de cette poudre, chaque jour, dans du miel [1]. »

Les oreillons et le crocodile

Loin des perles et des diamants, cette fois, comment demeurer émotionnellement insensible au « diable dans la tête » des médecines africaines ?

« Les maladies ont donc la plupart du temps une origine surnaturelle. Elles peuvent être dues au *kélé* chez les Lobis, au *zana* chez les Ashantis, au *gnama* chez les Bambaras. Selon Labouret, " le *gnama* est un fluide nocif, une énergie malfaisante émanant de puissances occultes et ayant pour conséquences la maladie et la mort (...). Ce fluide nocif est particulier à certains dieux et se répand sur les animaux, les

1. Claudine Brelet-Rueff, *op. cit.*

végétaux touchés par eux ". Cette croyance au *gnama*, aux porteurs de *gnama*, se retrouve chez les Samoros, les Bobos, les Mossis, les Sénoufos, les Baoulés, etc. Un exemple : les oreillons peuvent être causés par le crocodile si l'on se baigne dans un marigot fréquenté par cette espèce ou si l'on mange sa viande. Un autre encore : l'outarde défend ses petits en jetant neuf maladies sur les chemins qui mènent à son nid. Elle-même se réserve un dixième chemin.

D'où les gris-gris pour se défendre contre tant de dangers. D'où l'importance que prend la divination pour établir un diagnostic. Le féticheur est souvent aussi un devin, et la patience le meilleur espoir du malade.

C'est d'ailleurs ici que surgit une hypothèse qui sera sans doute bien vite critiquée par les plus sérieux érudits. Si l'on croit que la maladie n'est due qu'aux sortilèges d'influences malfaisantes, aux envoûtements divers et variés qui vous fourrent, vite fait, bien fait, un " diable dans la tête ", n'est-ce pas aussi la plus simple des façons d'expliquer comment et pourquoi on pousse son corps à devenir malade — ce qui reviendrait à " utiliser le terrain " — et ce, aussi, pour guérir. Les Africains vivraient, dans un langage très différent, les meilleurs passages des théories de la psychosomatique. Ainsi, comme chaque psychosomaticien possède ses " formules ", ses " recettes ", qu'il s'agisse de psychanalyse, de training autogène, etc., chaque féticheur possède ses exorcismes. L'un, par des " frictions " et des passes savantes, fait descendre la douleur tout doucement par les côtes, le tronc, les cuisses, les jambes, jusqu'au pouce du pied droit ou du pied gauche selon qu'il s'agit d'un homme ou d'une femme, et, à ce dernier stade, extirpe d'une façon complète et définitive l'esprit malin. L'autre, après s'être retiré dans le secret de la brousse, prépare une mixture étrange dans une marmite ou " canari ", puis, totalement nu ainsi que ses assistants, il sacrifie un coq rouge ou une poule noire et tombe en transes pendant l'agonie du volatile. Enfin tous mangent ce mets sacré coupé en morceaux. Un autre encore frottera le lobe d'un enfant d'une poudre magique et celui-ci saura dire à son réveil, le lendemain, si le " diable " a été détruit.

C'est sans doute dans la direction de cette hypothèse qu'il faut chercher pour trouver une explication convenant à nos structures mentales acculturées à Freud, si l'on veut ne pas écarter *a priori* le mystère des guérisons obtenues par des rites magiques brésiliens auxquels ont donné naissance les religions africaines importées par les Noirs des navires négriers [1]. »

Nous sommes tous sorciers ou gourous

Il n'y a pas que le sentiment puissant d'être tous frères en humanité à se dégager de ces réflexions. On se sent quelquefois non seulement capable d'une adaptation intellectuelle permettant d'accéder à la compréhension mais bel et bien déjà au courant. Serait-ce le souvenir obscur d'autres vies passées incarnées dans d'autres corps ? Ou bien, venues de l'inconscient collectif, quelques bulles des millénaires enfuis ? C'est bien autre chose. Toutes ces médecines en fait se sont perpétuées jusqu'à nos jours et ont persisté même au sein des sociétés industrielles à base scientifique. Quelques-unes sous leur forme originelle, d'autres après un ravalement pas toujours du meilleur goût d'ailleurs. On donnerait volontiers comme thèse à un étudiant en médecine d'établir un parallèle entre les médecines traditionnelles sacrées telles qu'elles sont décrites par Claudine Brelet-Rueff et les médecines douces d'aujourd'hui telles qu'elles sont vantées dans quantité de publications.

Il faudrait en conclusion se poser tout de même une question : *la* question. Si tout cela est magnifique, tient compte de l'homme dans toutes ses dimensions, guérit le paludisme comme les autres fièvres, se rit du cancer, met un terme à la folie : pourquoi ces succès ont-ils été étouffés ? pourquoi le chiffre de population du globe a-t-il stagné si longtemps ?

Lorsque l'on a effectué quelques missions médicales dans des pays non développés, lorsque l'on a suivi les cercueils, lorsque l'on a senti la banalisation de la mort, la quotidienneté de la misère, on mesure que les succès des médecines sacrées ne sont pas à la hauteur des thèmes qui élèvent les âmes et courbent les corps vers les divinités et les esprits. Comme on sait désormais qu'à Versailles la vie de château n'était pas toujours gaie, on sait aussi que les médecines sacrées, sublimes dans leur mythologie, étaient au plan de l'efficacité notoirement insuffisantes.

1. Claudine Brelet-Rueff, *op. cit.*

Il n'empêche que la connaissance des médecines sacrées permet de mieux comprendre la permanence du médecin, toujours proche du grand prêtre du lieu et du moment.

Dans les sociétés industrielles, le sacré à l'ancienne manière n'a peut-être plus sa place, mais l'itinéraire personnel d'Auguste Renan passant du respect de ses maîtres au séminaire à l'amitié passionnée de ses frères, les grands hommes de science fondant la médecine nouvelle, a résumé le transfert effectué. Les médecines ne sont plus sacrées mais les soignants restent tout de même près de ceux dont on pense qu'ils détiennent la clé de l'avenir. Et l'on pense pouvoir aujourd'hui soutenir ceci : tant que la science s'est montrée à découvert, les chercheurs ont été les nouveaux grands prêtres et les médecins étaient tout près d'eux. Depuis que la science « cache » ses prodiges et les incorpore à « la nature des choses », les grands prêtres redeviennent pour une partie du public ceux qui disent savoir la nature.

Les différents peuvent alors réémerger du cul-de-basse-fosse où la science pour toujours avait cru les avoir précipités.

III

Le physique et le moral de l'homme

Le « programme » institutionnel a été exposé. Ceux des différents ont suivi. Mais peut-on chercher à faire comprendre les médecines sans étudier les propositions faites pour comprendre les rapports noués entre l'esprit et le corps ?

Il est tout à fait probable que la médecine des justes, dans les années à venir, changera de base, de référentiel, de paradigme. La recherche de la vérité par objectivation du réel demeurera son impératif inébranlable, mais rapporter les symptômes à un organe précis, déceler la cause d'une agression extérieure ayant endommagé cet organe, ou corriger les troubles de fonction de cet organe devenu moins performant ou même carrément contre-productif ne restera peut-être pas — sans doute pas — le but intangible.

C'est que l'organisme sur ordres du cerveau possède en lui de quoi corriger tous les désordres possibles, y compris faire repousser un membre disparu. Ces capacités de défense et/ou de régénération sont pour le moment quasiment inexploitées. Il n'est pas certain que la situation demeure en l'état : on sait en effet aujourd'hui que « Maître cerveau sur son homme perché » n'est pas la pelote de fils électriques passifs capables seulement de couacs sous forme de courts-circuits. Non : le cerveau est un poste de direction « chimique » contrôlant la chimie tout entière de l'organisme. Réagissant de manière opportune, il peut donc repousser les infections, déboucher les artères, lutter contre la sénescence, faire cesser la douleur et, sans aucun doute, aider à faire repousser un membre. Le cerveau commande chaque cellule, chaque tissu, chaque organe, chaque membre. La médecine plus tard sera peut-être exclusivement cérébrale.

On est encore loin du compte. Pour longtemps, les rapports du physique et du moral de l'homme se nouent au sommet d'un Olympe environné de vapeurs épaisses. Mais, s'ils se nouent, les observateurs humains ne saisissent, hélas, à leur grand dépit que quelques bribes étouffées du discours auguste qui « là-haut » se tient.

Les informations, pour l'heure, sont fragmentaires, éparses, insuffisantes, déformées. À partir de ces miettes pourtant, certaines prétendent reconstituer le festin, dire qui l'a ordonné, apprêté, qui en a profité, quelle était sa signification. Volent alors des mots : esprit, gnose, placebo, croyance, surnaturel, rationalisme, libre arbitre...

Prononcer ces mots-là, à New York comme à Budapest, à Paris comme à Londres, c'est décider de mettre fin à une réunion agréable pour la transformer en affrontement parfois violent. Il y a comme cela des mots capables de déclencher toutes les fureurs. On peut dans d'autres registres utiliser aussi : nucléaire, vivisection, torture. Il serait instructif, une fois le groupe parvenu au stade des invectives, de décider d'un examen médical exprès des protagonistes : ainsi serait apportée une démonstration convaincante des rapports du physique et du moral de l'homme : visages convulsés et cramoisis, ou tout au contraire d'une pâleur de mort, cœurs battant à tout rompre, tension artérielle élevée de plusieurs points seraient des indices certains de ce que la perception par l'oreille et l'intégration par le cerveau de propos jugés offensants peuvent, par déclenchement « moral », retentir immédiatement sur le physique.

Proposition n° 1

Un « exemple » apporté par Jean Racine : Phèdre confesse enfin son secret, elle aime Hippolyte, fils de Thésée, son époux. Elle raconte à sa suivante Œnone la naissance de son amour :

Je le vis, je rougis, je pâlis à sa vue ;
Un trouble s'éleva dans mon âme éperdue ;
Mes yeux ne voyaient plus, je ne pouvais parler ;
Je sentis tout mon corps et transir et brûler.

Je reconnus Vénus et ses feux redoutables,
D'un sang qu'elle poursuit tourments inévitables.

En quatre vers, Racine décrit la situation : des modifications physiques induites par un événement « moral » puis, en deux alexandrins supplémentaires, il place le facteur déterminant hors du domaine humain. Ce sont des pouvoirs supérieurs, ceux de Vénus en l'occurrence, qui règlent les passions des hommes livrés en aveugles au destin qui les entraîne. Le tragique humain se situe précisément là : les hommes se battent pour gagner un combat qu'ils savent perdu d'avance ; leur existence est décidée ailleurs ; leur vie est prédestinée. Le jansénisme de Jean Racine émerge là : C'est une théorie du corps-machine soumis à l'esprit divin conditionnant l'esprit humain.

Proposition n° 2

Si l'on a utilisé pour titre de ce chapitre « le physique et le moral de l'homme », c'est pour souligner que la rupture avec la conception racinienne de la destinée humaine fut entérinée au tout début du XIXe siècle par les douze *Rapports du physique et du moral de l'homme* lus par Cabanis à l'Institut national, dans le courant de l'an IV pour les six premiers, les six derniers ayant été publiés ultérieurement.

Tant de découvertes ont depuis été effectuées, tant de théories se sont construites, des hypothèses ont été lancées en si grand nombre qu'il est difficile de relire aujourd'hui Cabanis. Il faut au préalable se replonger dans l'air du temps en réintroduisant des erreurs aujourd'hui redressées, en reconsidérant comme importants des événements oubliés. Si l'on y parvient cependant, on découvre ceci : Cabanis, regroupant tout ce qui s'est écrit depuis Locke sur le sensualisme, et profitant de sa qualité de médecin, forge une arme solide pour affirmer :

> « Les opérations de l'intelligence et de la volonté se trouveraient confondues, à leurs origines, avec les autres mouvements vitaux : le principe des sciences morales et par conséquent ces sciences elles-mêmes rentreraient dans le domaine de la physique. Elles ne seraient plus qu'une branche de l'histoire naturelle des hommes. Il résultera, je crois, de la lecture de cet écrit que telle est en effet la base des sciences morales.

Le lecteur s'apercevra bientôt que nous entrons ici dans une carrière toute nouvelle. Je n'ai pas la prétention de l'avoir parcourue jusqu'au bout; mais des hommes plus habiles et plus heureux achèveront ce que trop souvent je n'ai pu que tenter et mon espoir le plus solide est d'exciter leurs efforts; car, je le confesse sans détour, cette voie est, à mes yeux, celle de la vérité... »

Ce que Cabanis dit est tout simple : il n'y a pas un « esprit » fondamentalement distinct d'un « corps-machine ». Il y a pour chaque homme un corps « sensible », bâtissant ses activités mentales, son psychisme au fur et à mesure qu'il sent et perçoit, enrichissant ainsi les bases biologiques de ses parents.

Pour enfoncer le clou, Cabanis va étudier tout ce qui, modifiant la « machine », modifie aussi l' « esprit » : les aliments, les climats, les maladies, les passions, pour conclure : les relations sont tellement intimes que les deux ne font qu'un.

Ces douze Rapports ne faisaient pas une attaque antireligieuse réglée et, aujourd'hui, les hommes de foi admettent pour la grande majorité que les sensations bâtissent pour une grande partie le psychisme. Pourtant Cabanis, comme Darwin plus tard, avait touché à un domaine trop brûlant pour qu'on lui pardonnât.

Proposition n° 3

Ce n'est pas le purgatoire que l'influent journal *Nature* promettait récemment à Rupert Sheldrake, c'étaient les flammes de l'enfer. Ou plus précisément celles du bûcher des hérétiques, « The best candidate for burning there has been for many years » (le meilleur candidat au bûcher qu'on ait vu se lever depuis bien des années), écrivait en effet *Nature*.

Qu'avait donc fait l'incontestable, jeune et talentueux homme de science que ce play-boy de Rupert Sheldrake est à coup sûr? Il avait, au moyen d'un raisonnement mathématique, semble-t-il impeccablement conduit, répondu « oui » à une question tout à fait lancinante : la télépathie existe-t-elle?

En fait Sheldrake voulait répondre aux questions suivantes : pourquoi avez-vous appris à conduire beaucoup plus facilement que votre père? Pourquoi vos enfants sont-ils aussi à l'aise avec les techniques vidéo et informatiques que s'ils avaient été conçus uniquement pour cela ?

Sheldrake, réfléchissant, proposa une réponse : toute acquisition de connaissance par les hommes crée un « champ morphogénétique » qui induit « une résonance morphique » immédiatement transmise à travers le temps et l'espace. Bref, ce que l'un découvre au pôle Nord, un autre en est immédiatement et totalement inconsciemment averti au pôle Sud ou à l'équateur, ou n'importe où dans le monde. Ainsi, le fonctionnement de chaque cerveau retentit sur le monde entier et des milliers de cerveaux pensant à l'unisson favorisent aux autres un apprentissage qui se fait donc beaucoup plus vite : « Et voilà comment votre fils est aussi facilement habile en vidéo ou expert en micro-informatique ! » L'esprit — qui n'est plus l'esprit sain — survole bien le monde.

Proposition n° 4

L'esprit est sur le monde mais cet esprit est saint. Seule la grandeur de Dieu peut rendre compte de phénomènes surnaturels. Les miracles en sont une démonstration. Pascal, qui n'était pas un scientifique de deuxième main, l'affirmait. Oui, il y a du surnaturel sur terre. Oui, il y a des miracles : « Cela se peut, une puissance supérieure l'autorise. » « Les miracles et la vérité sont nécessaires à cause qu'il faut convaincre l'homme entier en corps et en âme. »

Georges Bertrin, professeur à l'Institut catholique de Paris, dans son *Histoire critique des événements de Lourdes — apparitions et guérisons* [1] écrit :

> « D'une manière générale, on peut dire avec assurance que toute interprétation des guérisons merveilleuses de Lourdes qui exclut le miracle tombe nécessairement devant trois faits incontestables : le nombre extraordinaire de ces guérisons qui ne permet pas de faire intervenir le hasard heureux d'une fortuite rencontre, leur nature même par lesquelles elles dépassent souvent le pouvoir des forces créées, et enfin la manière dont on les voit fréquemment s'accomplir : il en est par exemple d'une soudaineté que les procédés de la nature ne connaissent pas.

1. Marette éditeur, 1913.

Chacune de ces considérations est capable de produire la foi au surnaturel. Les trois ensemble forment un faisceau lumineux qui fait le plein jour. »

Beaucoup applaudissent. Le Dr M. particulièrement :

« Je viens de fermer votre livre sur Notre-Dame de Lourdes et je vous apporte le tribut de mon admiration. Votre chapitre sur la suggestion, hardi, imprévu, est d'une grande force de démonstration et d'une exactitude absolue du point de vue scientifique. Je vous ai vu avec joie réfuter " La foi qui guérit ". Cette publication fut une faiblesse de Charcot pourtant esprit grand et rigoureux. »

Proposition n° 5

Charcot, dans *La foi qui guérit*[1], a écrit :

« Les faits que, dans ma pratique spéciale déjà longue, j'ai eu l'occasion d'observer, ne sont pas isolés tant s'en faut car la *faith-healing* (la foi qui guérit) et son aboutissant le miracle — sans attacher à ce mot aucune autre signification que celle de guérison opérée en dehors des moyens dont la médecine curative semble disposer d'ordinaire — répondent à une catégorie d'actes qui n'échappent pas à l'ordre naturel des choses. Le miracle thérapeutique a son déterminisme. Les faits dits miraculeux ont un double caractère : ils sont engendrés par une disposition spéciale de l'esprit du malade : une confiance, une crédibilité, une suggestibilité comme on dit aujourd'hui constitutives de la *faith-healing* dont la mise en mouvement est d'ordre variable.

D'une façon générale, la *faith-healing* ne se développe pas spontanément dans toute son intensité curatrice.

Un malade entend dire que dans un tel sanctuaire il se produit des guérisons miraculeuses : il est bien rare qu'il s'y rende immédiatement. Mille difficultés matérielles mettent un obstacle au moins temporaire à son déplacement : il n'est pas commode à un paralytique ou à un aveugle, quelque fortune qu'il possède, de s'embarquer pour un long voyage. Il interroge son entourage, demande des renseignements circonstanciés sur les cures merveilleuses dont le bruit lui est

1. Félix Alcan, 1897.

parvenu. Il n'entend que des paroles encourageantes non seulement émanées de son entourage direct, mais souvent encore de son médecin. Celui-ci ne veut pas enlever à son malade un dernier espoir, surtout s'il juge que la maladie de son client est justiciable de la *faith-healing* qu'il n'a pas su lui-même inspirer. La contradiction dans la circonstance n'aurait, du reste, d'autre effet que d'exalter la croyance à la possibilité d'une guérison miraculeuse. La *faith-healing* commence à naître, elle se développe de plus en plus, l'incubation la prépare, le pèlerinage à accomplir devient une idée fixe. Les déshérités de la fortune se mortifient en sollicitant des aumônes qui leur permettront de gagner le lieu saint ; les riches deviennent généreux vis-à-vis des pauvres afin de se rendre la divinité propice : tous prient avec ferveur et implorent leur guérison. Dans ces conditions, l'état mental ne tarde pas à dominer l'état physique. Le corps rompu par une route fatigante, les malades arrivent au sanctuaire l'esprit éminemment suggestionné. " L'esprit de la malade, a dit Barwell, étant dominé par la ferme conviction qu'elle doit guérir, elle guérira immanquablement. " Un dernier effort : une ablution dans la piscine, une dernière prière plus fervente, aidée par les entraînements du culte extérieur, et la *faith-healing* produit l'effet désiré ; la guérison miraculeuse devient une réalité. »

Proposition n⁰ 6

La Vérité des miracles opérés par l'intercession de Monsieur de Paris. Ouvrage dédié au Roy par Monsieur de Montgeron, conseiller au Parlement [1].

« Il est vrai que jusqu'ici on a tâché de persuader Votre Majesté que les miracles dont j'établis la certitude ne sont qu'imposture et illusion et que ceux qui les publient ne songent qu'à s'en faire un instrument de parti. Je voudrais, Sire, pouvoir faire entendre ma voix à tout l'univers et dire à ceux qui l'habitent : Venez et voyez les œuvres du Seigneur. Admirez les prodiges qu'il opère. Oui Sire, depuis plusieurs années le Dieu des Dieux fait enten-

1. Utrecht, 1737.

dre sa voix parmi nous. Tout Paris en a été ému, le bruit en a retenti dans tout votre royaume. »

Sur la tombe de Monsieur de Paris, un diacre janséniste, s'étaient en effet produits quantité de miracles. Des paralytiques avaient jeté leurs béquilles, des aveugles recouvré la vue, la demoiselle Thibaut avait dégonflé et cicatrisé. La tombe devient un objet de désordre public, du moins en jugent ainsi les autorités. On déménage donc les restes. Monsieur de Montgeron, lui-même miraculé, brisera sa carrière à défendre la réalité des miracles.

Les textes comme les planches naïvement gravées — avant-après — ont été lus et vues par Charcot ; évidemment : hystérie.

Proposition n° 7

Alexis Carrel, prix Nobel de médecine, dans son opuscule *La Prière*[1] :

> « Ce sont les effets curatifs de la prière qui, à toutes les époques, ont principalement attiré l'attention des hommes. Aujourd'hui encore, dans les milieux où l'on prie, on parle assez fréquemment de guérisons obtenues grâce à des supplications adressées à Dieu ou à ses saints. Mais quand il s'agit de maladies susceptibles de guérir spontanément ou à l'aide des médications ordinaires, il est difficile de savoir quel a été l'agent véritable de la guérison. Ce n'est que dans les cas où toute thérapeutique est inapplicable, ou a échoué, que les résultats de la prière peuvent être sûrement constatés. Le bureau médical de Lourdes a rendu un grand service à la science en démontrant la réalité de ces guérisons. La prière a parfois un effet pour ainsi dire explosif. Des malades ont été guéris presque instantanément d'affections telles que lupus de la face, cancer, infections du rein, ulcères, tuberculose pulmonaire, osseuse ou péritonéale. Le phénomène se produit presque toujours de la même manière. Une grande douleur. Puis le sentiment d'être guéri. En quelques secondes, au plus quelques heures, les symptômes disparaissent, et les lésions anatomiques se réparent. Le miracle est

1. Plon, 1944.

caractérisé par une accélération extrême des processus normaux de guérison. Jamais une telle accélération n'a été observée jusqu'à présent au cours de leurs expériences par les chirurgiens et les physiologistes.

Pour que ces phénomènes se produisent, il n'est pas besoin que le malade prie. Des petits enfants encore incapables de parler et des incroyants ont été guéris à Lourdes. Mais, près d'eux, quelqu'un priait. La prière faite pour un autre est toujours plus féconde que celle faite pour soi-même. C'est de l'intensité et de la qualité de la prière que paraît dépendre son effet. A Lourdes, les miracles sont beaucoup moins fréquents qu'ils l'étaient il y a quarante ou cinquante ans. Car les malades n'y trouvent plus l'atmosphère de profond recueillement qui y régnait jadis. Les pèlerins sont devenus des touristes, et leurs prières inefficaces.

Tels sont les résultats de la prière dont j'ai une connaissance certaine. A côté d'eux, il y en a une multitude d'autres. L'histoire des saints, même moderne, relate beaucoup de faits merveilleux. Il n'est pas douteux que la plupart des miracles attribués, par exemple, au curé d'Ars, sont véridiques. Cet ensemble de phénomènes nous introduit dans un monde nouveau dont l'exploration n'est pas commencée et sera fertile en surprises. Ce que nous savons déjà de façon sûre, c'est que la prière produit des effets tangibles. Quelque étrange que la chose puisse paraître, nous devons considérer comme vrai que quiconque demande reçoit, et qu'on ouvre à celui qui frappe. »

Proposition n° 8

Le Pr Landouzy expliquant le toucher des écrouelles :

« Il est de connaissance vulgaire que les Rois de France recevaient, par grâce divine, le jour de leur Sacre, entre autres privilèges, celui de guérir, par miracle, les écrouelles. Bien peu de nos monarques manquèrent à la cérémonie du " toucher royal " qui faisait partie du rituel du sacre au même titre que le serment et l'élection du Roi, sa consécration, la bénédiction des ornements royaux, de l'anneau, du sceptre, de l'épée de Charlemagne, le couronnement et l'intronisation. Le toucher des malades atteints d'écrouelles était le premier acte solennel par lequel le roi prouvait aux peuples : que l'onction de la Sainte Ampoule, reçue des mains de l'Archevêque de Reims, Primat des Gaules, lui conférait un pouvoir surnaturel; qu'il était *politiquement* l'Oint du Seigneur. Le toucher sera la première chose que fera Henri IV dès son entrée dans sa bonne ville de Paris, quelques semaines après son sacre[1]. »

Voici d'ailleurs comment le médecin de Marie de Médicis conte l'événement (à lire lentement au rythme de la langue d'alors) :

« Le jour de devant que cette cérémonie se célèbre, le Roy, la commence, en se trouvant en prières de Vespre, et quelquefois même à celles qui se font avant le jour, afin de se rendre Dieu favorable et propice... Cela fait, tout bruslant du feu de charité, il entre en un lieu grand et spacieux apresté pour recevoir commodément les malades. Car il nous est souvent advenu d'en compter plus de quinze cents, et principalement environ la Pentecoste, où on célèbre la solennité du Saint-Esprit.

Tout autant qu'il y a de malades sont exactement, et selon que l'art le commande, visités par le premier Medecin, et par les autres Medecins et chirurgiens du Roy, au rapport desquels ceux qui ne sont point détenus de scrophules, sont déboutez avec une telle acclamation du peuple, que les Gardes du corps et les Archers de la garde ont assez de peine à appaiser le bruit, et à ranger les malades en leur place. Les Espagnols, je ne sçay par quel privilège, occupent toujours les premiers rangs, les autres estrangers les suivent, et les Français sont tous les derniers.

Tous les malades estans à genoux et tenant les mains jointes et levées vers le Ciel, et faisant force vœux et supplications se jettent aux pieds de Sa Majesté, attendans de luy le remède divin de leur guarison[2]. »

1. *Le Toucher des écrouelles,* Masson, 1907.
2. Landouzy, *op. cit.*

Une dégradation volontaire

On s'étonnera peut-être qu'au milieu de cette partie du livre intitulée « Comprendre », et alors qu'utilisant un mode professoral et universitaire l'auteur s'efforçait jusque-là de mettre à nu les structures propres à la médecine institutionnelle et de décrire le parcours des différents, il se décide brusquement à déverser sans aucune précaution ce torrent de prises de positions contradictoires. On se demandera avec raison où est passée l'intention affichée : démêler les rapports de la science et des médecines, rendre le sujet désormais assez clair pour que chacun ayant à se plaindre de sa santé et à choisir le soignant et le traitement à lui les mieux adaptés puisse — en y consacrant le temps qu'il faut — parvenir à se donner les chances les plus complètes de choisir pour le mieux. Et de guérir enfin. En vérité.

La vérité pourtant est étrangère à la pratique de la médecine. Après avoir, tant dans « le caducée institutionnel » que dans « le parcours des différents », brossé un tableau net, clair, poli, ébarbé de toute contradiction, il faut désormais proposer une dégradation volontaire dudit tableau idyllique, rassurant, propret et douillet. Donc faux.

L'articulation du physique et du moral, du soma et de la psyché, de l'âme pure et du vil corps, de la chair et de l'esprit, du matériel et de l'éthéré, du vulgaire et de l'altier, fait le lieu idéal pour entreprendre cet indispensable travail de dégradation.

Le dire d'abord : le schéma de fonctionnement cérébral sur lequel nous avons fondé toutes les analyses, en fonction de quoi l'on a distingué des catégories, bâti des schémas, est lui-même un modèle pensé, non pas un acquis scientifique incontestable. Que le cerveau puisse se penser lui-même, voilà qui pose d'ailleurs un problème en soi. Ne dit-on pas qu'il faut être extérieur à un système pour pouvoir le comprendre ? Cela n'est-il pas connu sous le nom de théorème de Gödel ?

Comment, dans ces conditions, le cerveau humain pourrait-il dominer ce qu'il produit lui-même comme pensée ?

La neurobiologie pourra-t-elle résoudre le problème ? ou faudra-t-il plutôt faire confiance aux travaux issus de la théorie des catastrophes de René Thom ?

Quoi qu'il en soit, les rapports de ce qui souffre et meurt

avec ce qui prend peur et pense sont, en l'état, impossibles à définir. On signalera au passage que la définition donnée de la médecine, « un ensemble de pratiques dont le public attend qu'elles rétablissent l'égalité devant la peur, la douleur et la mort », prend grand soin de mélanger au sein des attentes ce qui tient au réel objectivable et ce qui se situe en deçà.

On cherche habituellement dans des considérations trop abstraites ou trop matérielles la définition de la médecine. On la trouve mieux, je crois, dans l'aperçu général qui vient d'en être donné, justement parce qu'il mêle le matériel et l'abstrait.

Qu'est-ce en effet que la peur ? Elle est, dit Littré, cette « passion pénible » excitée en nous « par ce qui paraît dangereux, menaçant, incertain ». Qui ne sent que, par ricochet, elle touche immédiatement au matériel du corps ?

Et la douleur ? Physique ou non, elle est le point de passage obligé de tout processus pathologique, le dénominateur commun de la non-normalité. Chaque rencontre médicale est un rendez-vous avec la douleur.

Quant à la mort qui reste pour la médecine un adversaire définitivement hors de sa portée matérielle — la sauvegarde des corps —, elle se pare spirituellement de mille promesses pour quantité d'hommes sur cette terre.

Ainsi la médecine, ayant affaire à la peur, à la douleur et à la mort, cogne à chaque pas sur les liens invisibles mais vulnérants que font les rapports du physique et du moral.

Les hommes étant locuteurs cherchent invariablement à se tirer du guêpier des situations en forgeant quelque bon mot bien flou donnant un temps l'impression de dominer la situation. Nous avons avec « placebo » et « psychosomatique » de quoi parer au plus pressé : nous pouvons nommer. Et dès lors avoir moins peur. Mais l'aigu de l'interrogation demeure.

La tentation pour quelques-uns est de fuir : et chercher refuge au désert, au sommet d'une montagne, ou en un lieu de recueillement volontaire. D'autres préféreront se donner l'illusion de pouvoir réaliser une synthèse. Prétention humaine, assurance prise à bon marché contre l'angoisse. Qu'il est réconfortant de se dire qu'ayant lu tous les livres il ne reste plus qu'à conclure. Un dernier groupe préfère considérer que les choses sont en l'état et que l'on peut se mettre sérieusement au travail, puisqu'il est probable que les grands problèmes demeureront insolubles.

C'est bien ce parti, au fond, que prennent les soignants

ayant à affronter la peur, la douleur et la mort qu'on leur apporte comme matière première pour y exercer leur talent. Je demandais un jour à Lewis Thomas : « Bref, vous dites comme Socrate : Ce que je sais, c'est que je ne sais rien ? » Il réfléchit un instant et répondit : « Non, je sais que je sais beaucoup de choses... mais je n'y comprends pas grand-chose. »

L'écheveau du placebo

Cette boutade nous permettra de quitter le pessimisme de la raison pour l'optimisme de la volonté. Et nous permettra donc, en toute méconnaissance profonde des choses, de dire incomplètement ce que l'on croit devoir dire à son tour sur le placebo, la psychosomatique, la mémoire ; en une expression : sur les rapports du physique et du moral chez l'homme.

Commençons par le placebo et donnons-nous beaucoup de recul pour l'aborder. Les temps sont à la mesure, aux contrôles. Il se répand communément l'idée selon laquelle « contrôlé » voudrait dire tout à la fois : juste et vrai. Le christianisme, disait André Malraux, a introduit une équivalence entre « justice » et « bien », les Romains avaient de la justice une vue plus courte. Délaissant l'âme pour le psychisme, l'appréciation pour la mesure, les sociétés modernes se sont forgé un code de bonne conduite qu'une cour suprême se charge progressivement de sacraliser. Cette cour suprême, juge impartial que les humains construisent au-dessus et en deçà de leurs esprits — du moins font-ils comme s'ils le pensaient —, c'est l'informatique. Privilégiant l'intelligence logique séquentielle, réalisant le grand dessein cartésien qui est de diviser le problème en autant de parties qu'on peut le découper pour les résoudre ensuite une à une, l'informatique donne une impression de sécurité rassurante. L'impartial existe : on le rencontre dans les mémoires.

L'ordinateur, ainsi, peu à peu élevé à la dignité de « justice suprême », menace de nous faire sombrer dans la raison. Il nous sème de fleurs le bord des précipices. Il limite pourtant notre vue en nous renvoyant sans fin à nos premières observations, alors qu'il est communément admis qu'il nous fait progresser.

L'ordinateur exerce en médecine des ravages déjà sérieux. La manière dont on sélectionne, juge et distingue les futurs médecins et leurs élites repose désormais sur un système informatisé dont on peut penser avec quelque raison qu'il est *a disaster for medical education.* L'ordinateur postule que le tout est la somme des parties. C'est insulter le cerveau humain que d'imaginer cela. Avec les informations qu'on lui donne, le cerveau « fait du sens », transcende les données brutes, leur donne une signification supplémentaire. Interroger par questions informatisées, demander que l'on réponde d'une croix à un fragment de problème, c'est se passer de chercher à savoir si le problème dans son ensemble a été dominé, si le sens en a été compris.

En matière d'évaluation de l'efficacité des médicaments, l'ordinateur pareillement s'efforce de gommer un problème d'une importance essentielle. C'est de l'effet placebo qu'on veut parler ici.

Le mot *placebo* — littéralement « je plairai » — a changé de sens. Paule Fougère rappelle qu'on l'utilisa d'abord pour désigner « les Vêpres de l'office des morts qui débutaient par le psaume *Placebo domino in regionem vivorum :* je plairai au Seigneur sur la terre des vivants ». On utilisa ensuite le mot pour caractériser la démarche des flatteurs. On disait au siècle dernier « aller à placebo » pour « décrire la démarche d'un écolier cafard mouchardant ses condisciples ». Dans l'espoir évident de plaire au Maître.

On considère actuellement le placebo comme « un traitement absolument inactif administré en lieu et place d'un traitement actif à un malade ignorant cette substitution ». Lorsque le médecin ne sait pas lui-même qu'il donne un placebo, l'opération réalisée est dite en double aveugle.

Il faut rester un instant sur cette technique dite du double aveugle et s'interroger sur ce qu'on veut en retirer. Le désir est de mettre à nu la vérité : le médicament est-il actif ou non? L'industriel qui souhaite vendre un médicament doit faire la preuve sans contestation de cette activité. Voici ce qu'on lui impose. Il doit préparer son produit de manière orthodoxe et en produire aussi une contrefaçon parfaite. Le médicament et son substitut doivent avoir la même présentation physique, doivent déclencher les mêmes sensations lors de leur administration (goût pour les comprimés et les gouttes, douleur pour les injections intramusculaires, caractéristiques cosmétologiques pour les produits à usage dermatologique, etc.). Mais — tout est là — le substitut ne comprend pas le composé dont on veut tester l'efficacité, celui que l'on nomme le principe actif.

Puisque c'est fait en double aveugle

En principe, lors de l'essai du médicament en double aveugle, le médecin ne sait pas s'il donne un produit contenant le principe actif ou sa contrefaçon. Et le malade l'ignore de même. Les effets du produit administré, espéré efficace ou présumé « bidon », sont suivis avec une grande attention par le médecin et le patient. Tous les événements sont consignés par écrit sur des documents désormais prérédigés. Les dossiers sont souvent énormes et le suivi peut être quotidien.

Lorsque tous les facteurs prévus par le protocole de l'essai ont été totalement traités par l'ordinateur, lorsque tous les dossiers sont bouclés, commence l'interprétation des résultats. Puis le secret est levé : on sait désormais qui a reçu le produit contenant le principe actif et qui a reçu le placebo. On réordonne alors les résultats à la lumière crue du secret dévoilé et l'on établit l'activité réelle du médicament par rapport à son placebo. Les statisticiens déploient leurs méthodes, les ordinateurs ronronnent encore. Que demander de plus juste, de plus précis ? Comment pourrait-on faire pour s'éloigner plus des causes d'erreur ?

C'est depuis une quarantaine d'années que ces méthodes peu à peu se sont imposées. Elles sont aujourd'hui la règle. Les consommateurs ont poussé l'administration à les généraliser et l'influence d'Ivan Illich et de Ralph Nader n'ont pas été minces à cet égard. Mise sous haute surveillance, l'industrie pharmaceutique tout entière est passée sous les fourches caudines du double aveugle.

Aujourd'hui on vit avec cette technique. Assurés. Rassurés. Le monde de l'évaluation fait taire les doutes. Justice est faite. En réalité, la vérité est moins éclatante. Et d'abord parce que les aveugles ne sont que borgnes. Le malade ne sait pas s'il reçoit le placebo ou le principe actif mais — du moins aux U.S.A. et bientôt de manière généralisée en France — il doit être d'accord et averti de tout avant de participer à l'essai. Le médecin qui prescrit sait, lui, qu'une procédure de double aveugle est en cours. D'ailleurs, dans le monde, lorsqu'un médicament nouveau est testé, lorsqu'une molécule neuve est développée, quantité d'essais échelonnés se déroulent. Question : et si Rupert Sheldrake avait raison ? Si chaque médicament donné produisait par le biais d'une ébullition cérébrale la création d'un champ morphogénétique donné, responsable d'une transmission télépathique de l'information ?

Le double aveugle perdrait alors de son éclat comme de sa réputation. On trouve des choses bien étranges dans les résultats des études menées en double aveugle. En tant que rapporteur devant la Commission d'autorisation de mise sur le marché des médicaments, je n'ai pu qu'être surpris par certaines conclusions se recoupant mal. Lorsqu'il s'agit de démêler le très gros du très mince, les résultats sont clairs mais, quand il faut comparer du très proche, la méthode semble toucher ses limites. Les résultats en effet ne s'énoncent pas bon ou mauvais, de manière manichéenne : pour interpréter les données recueillies on fait appel à des statisticiens. Pour vérifier qu'aucune malice ne les a inspirés, on les fait contrôler en commission par d'autres statisticiens, et la conclusion tombe, parfois inattendue : un médicament (la préparation contenant le principe actif) est quelquefois efficace chez 30, 40, 50 % des patients... mais le placebo revendique les mêmes succès. Que penser alors ? Que les malades sont imaginaires ? que les maladies guérissent toutes seules ? que le médicament marche par une voie, le placebo par une autre ? Mais comment cela pourrait-il être puisque — tout de même — le malade *ne sait pas* s'il reçoit le « vrai » médicament ou le placebo ?

Le médecin qui guérit ?

Il y a enfin une étude paraissant sérieuse (mais en ce domaine on ne saurait trop se méfier) qui semble devoir laisser penser que les résultats dépendent des raisons d'espérer du médecin. Voici le compte rendu de ce très court travail publié dans un journal du top-niveau avec comité de lecture tatillon : *Le Lancet.* On pourrait le résumer ainsi :

« Placebo : l'espoir du prescripteur fait guérir le receveur. »

C'est en effet une bien étrange étude qu'ont rapportée dans *Le Lancet* du 5 janvier 1985 Richard H. Gracely et ses collaborateurs du National Institute of Health à Bethesda, aux U.S.A. Soixante malades avaient subi une extraction dentaire sous anesthésie locale. Dans les suites, ils devaient recevoir un antalgique. Deux groupes de malades furent créés : dans l'un les patients recevaient soit l'antalgique, soit le placebo. Dans un deuxième groupe, les malades recevaient soit un antalgique, soit un placebo, soit un produit susceptible d'augmenter la douleur. Les auteurs ont comparé les résultats obtenus chez les malades des deux groupes recevant le placebo.

La constatation est d'un très grand intérêt : dans le groupe où l'alternative était simplement placebo ou antalgique, les patients ayant reçu du placebo ont effectivement eu un effet bénéfique notable. En revanche, dans le groupe *où les médecins savaient* qu'il était possible pour leurs malades de recevoir un produit aggravant la douleur, les malades qui avaient reçu le placebo ont statistiquement beaucoup plus souffert que ceux du groupe précédent. La seule interprétation que l'on puisse donner de ces constatations est que ce qui se passe dans la tête du médecin retentit sur les sensations éprouvées par le malade. Il y a de beaux jours pour ceux qui militent en faveur de travaux scientifiques concernant la transmission de pensée ! Dans une très courte Lettre reprenant cette information et datée du 9 février 1985, J. N. Blau, de Londres, en profite pour rappeler que l'essentiel de l'activité médicale est bien de communiquer sa confiance au malade. Comme il le conclut : « Appelez cela effet placebo ou pas, c'est tout de même la base de nos succès ! »

Cela fait réfléchir. Il est tout de même extraordinaire que l'attente d'un médecin se concrétise dans le corps d'un malade qui ne savait rien de rien ! Mais est-ce vrai ?

En règle, c'est l'attente du malade qui est plutôt réputée conditionner l'effet obtenu. Le *New York Times* du dimanche 13 février 1983 rapportait en ce sens une observation dont l'extrême banalité fait tout l'intérêt : une femme se présente à l'hôpital de Gounesville en Floride. C'est une habituée. Elle vient en urgence et demande qu'on la soulage d'une douleur de la hanche. Les médecins pensent qu'elle est « *hooked on the needle* », que c'est une intoxiquée mentale de la piqûre, se proclamant parfois soulagée avant même que l'aiguille ait été retirée de sa chair ! Aussi se résout-on à lui prescrire un placebo. Sans doute un peu de sérum physiologique. L'infirmière refuse d'obtempérer. Sur des bases morales. Elle juge que c'est se moquer du patient. Les médecins passent outre. On fait un placebo. Le soulagement est immédiat. Tout l'intérêt vient justement du problème éthique ainsi soulevé. A-t-on le droit de se « moquer » de la malade ? Où était dans ce cas le « consentement éclairé » qui est aux U.S.A., pour le malade, une obligation formelle ? La blouse blanche des médecins les absout-elle automatiquement du mensonge ?

Presque tous les médecins en France répondront oui. Naguère on prescrivait du « sérum américain ». Aujourd'hui, l'arsenal placebo s'est renouvelé, mais il continue d'être utilisé chaque jour.

Il est évident — nous changeons ici de préoccupation — que l'effet placebo a ses limites. Aucun placebo jamais n'a encore fait repousser un membre, ni rendu son cerveau à un malade victime d'une grave hémorragie cérébrale. Mais les placebos ont certainement « guéri » beaucoup d'herpès, quelques tuberculoses, quelques cancers et surtout ont pu amener pendant quelques semaines une amélioration transitoire mais spectaculaire dans certaines affections chroniques graves.

Cependant il est toujours loisible de discuter pour savoir s'il s'agissait réellement d'un placebo : car le médicament utilisé, même s'il n'était que poudre à duper les crédules, se parait de mille vertus.

Les hommes rompus aux méthodes d'évaluation des thérapeutiques ont cependant trouvé un élément important pour démasquer — a posteriori — que l'effet observé était seulement un effet placebo : ce dernier s'amenuise avec le temps. Lorsqu'un médicament s'avère actif dans 10 % des cas, au bout de plusieurs années d'utilisation il se stabilise définitivement à 10 % d'activité. Si un placebo donne 50 % de succès à ses débuts, son effet s'amenuise rapidement pour tendre vers zéro.

Lejonc et Brochard ont rapporté qu'en 1929 50 à 70 % des patients souffrant d'angor (d'angine de poitrine) répondaient favorablement aux xanthines (ces corps dont Barbeau dit qu'ils sont la seule et unique cause du cancer). Au fil des ans cette belle efficacité s'étiole avec l'apparition de la Khelline et de la vitamine E efficaces à 90 % en 1949... Ces produits tombent en désuétude au cours des années cinquante avec la démonstration de l'origine placebo, de leur action et avec le développement de la chirurgie vasculaire. On a vu ce qu'il fallait penser des 65 à 77 % de coronariens guéris de leur angine de poitrine par la ligature puis la non-ligature de leur artère mammaire interne.

Voulez-vous que nous rendions le problème plus complexe

encore ? Plus un médicament est actif, plus l'effet placebo qui l'accompagne est important.

Aux premiers temps de son apparition, lorsqu'elle était la *glamour girl* de la pharmacie, la pénicilline a guéri quantité de maladies qui lui sont pourtant parfaitement résistantes : migraines, cancers, asthme ! Et peut-être peut-on expliquer par l'effet placebo le fait qu'il suffisait au début de dix fois moins de pénicilline qu'aujourd'hui pour guérir la même infection grave.

Et l'effet nocebo ?

Passons à l'opposé pour démontrer qu'il n'y a pas de médaille sans revers : donné à un malade auquel il fait peur, un médicament se manifeste par des effets nocifs inattendus. On parle d'effet « nocebo ». Reidenberg administre un placebo à 670 adultes. Ils ne savent pas qu'on leur donne un produit inerte. Et ils remplissent un questionnaire où ils doivent mentionner les désagréments subis qu'ils imputent au « médicament ». 256 personnes sur 670 se plaignent des effets désagréables du produit pourtant inerte : 78 se sentent fatiguées, 52 ne peuvent plus se concentrer intellectuellement, 46 se disent somnolentes, 44 ont le nez bouché, 41 saignent des gencives, 37 se perçoivent instables, 28 ont mal à la tête, 21 mal aux muscles, 17 ne dorment plus et quelques-unes souffrent d'urticaire ou d'autres réactions allergiques.

Tous ces patients étaient des volontaires sains !

La situation, on le sent, est donc quasiment indémêlable : lorsque l'on ose rentrer dans certaines zones contestées, l'erreur peut venir de mille points. Et il n'est pas possible de dire si certaines pratiques médicales et leur aboutissant, l'acte thérapeutique, sont jugés satisfaisants parce que l'acte est actif ou, au contraire, parce que d'autres facteurs entrent en cause.

Posons bien le problème : les tests en double aveugle et les études statistiques séparent à la perfection médicaments et placebos lorsqu'il s'agit d'affections graves aiguës. On demandait un jour à l'inventeur de la L. Dopa, un médicament qui bouleversait le traitement de la maladie de Parkinson : « Au bout de combien de cas avez-vous su que le médicament était actif ? » L'inventeur se leva et répondit sobrement : « Un ! »

Le congrès au cours duquel cette scène se passa était en revanche consacré à un médicament qui aurait pu être un bon anti-parkinsonien car des tests sur les rats laissaient entrevoir une action possible : pendant tout le congrès les études en double aveugle et les statistiques volèrent. Parfois haut; bas dans d'autres cas. Et le congrès se sépara sans que l'on sût au juste si le médicament était ou non un placebo. Quant à la L. Dopa, son effet placebo s'étant estompé du fait de la découverte d'autres produits plus actifs encore, les résultats obtenus sont carrément moins bons que lors de la période euphorique du lancement.

On tue un empereur

Il faut revenir sur un point à peine esquissé : l'effet placebo des médicaments se manifeste-t-il plus spécialement pour certaines maladies? Tout ce qui a été dit jusqu'à présent de cette énigme à décourager un sphinx qu'est l'effet placebo semble bien indiquer que ledit effet est proportionnel au quotient psychique de la maladie. On reviendra plus tard sur le problème de la psychosomatique, mais il est à peu près sûr que les soucis font éclore quantité de cas d'herpès — et en particulier génitaux. C'est un plaisir que de disculper un honnête homme d'affaires revenu d'un séminaire épuisant mais monacal avec un herpès génital ! Edmond Rostand, lui, faisait fort bien dire à l'Aiglon que la tuberculose pouvait être la rançon d'une mélancolie d'exilé. On disait à Paris que Metternich empoisonnait l'Aiglon. Non, c'était autre chose :

Mais France, s'il se meurt ton Prince impérial
Pourquoi dissimuler la beauté de son mal?
Ce n'est pas d'un poison grossier de mélodrame
Que le duc de Reichstadt se meurt. C'est de son âme !

Et le malheureux Napoléon II recommençait sur-le-champ de tousser et cracher le sang.

C'est donc dans ces maladies impliquant l'âme et la chair, le physique et le moral que les placebos ont le plus de chance de donner satisfaction. Dans l'herpès on pourrait s'écrier, paraphrasant l'Aigle de Meaux : « Placebo des placebos et tout est placebo. » Dans la tuberculose, le cancer, les cas de réussite durable grâce à des substances en réalité semble-t-il inactives sont très rares mais existent. Aussi sont-ils montés en épingle. Ce qui renforce l'effet placebo et fait clamer plus fort encore les mérites de la substance discutée. Colère des médecins exploitée sur le mode polémique : renforcement nouveau de l'effet placebo.

On pourrait avoir l'impression, à lire tout ce qui vient d'être écrit, que les prescripteurs se trouvent donc dans une situation effarante : qu'ils ne savent finalement rien de ce qu'ils font, et qu'ils peuvent tout au plus dire, parlant de leur malade : « Je le soignai, un phénomène se produisit que nul ne saurait expliquer, et le malade guérit. »

En fait, il n'en est évidemment pas ainsi. Quantité de molécules commercialisées ont une activité réelle incontestée. Quantité d'autres, il est vrai, sont difficiles à démarquer de la substance inerte pure.

Le lecteur s'étonnera sans doute du caractère touffu de l'information présentée. Pensera n'y rien comprendre. Se demandera si cette dissertation sur le placebo a pour visée de jeter le discrédit sur les médecines des différents ; ou au contraire de planter une cruelle paire de banderilles dans l'épaisse encolure de l'industrie pharmaceutique ; ou enfin de dauber avec prétention de malheureux médecins engagés dans une partie de colin-maillard où leur échappent tour à tour le malade, la maladie et le médicament ou la technique de soins...

On serait parfaitement heureux si le lecteur concluait qu'il sait désormais beaucoup de choses sur le placebo, mais que réellement il n'y comprend rien. Alors pourrait-il s'interroger sur les voies qu'il faut emprunter pour aller vers la lumière, vers la compréhension.

On demande penseur génial

Il serait effroyable de se limiter à une satisfaction affichée de ce que les essais médicamenteux (ou ceux portant sur des techniques de soins différentes) sont désormais l'objet de procédures souvent convenables et bien codifiées. Il serait navrant que les seules recherches entreprises visent à trouver un équivalent convenable du « double aveugle » pour les cas où aucune substitution neutre n'est possible, l'acupuncture par exemple. Ce qu'il faut en revanche, c'est utiliser le placebo comme un levier. L'effet placebo est la voie royale qui mène à la compréhension des rapports du physique et du moral de l'homme. Et nous possédons sûrement à l'heure actuelle de quoi faire le pas décisif.

En lisant *La Leçon de Pasteur*[1] de René Dubos, que comprend-on d'essentiel ? Qu'un grand révolutionnaire ne crée pas les matériaux caractérisant le domaine incompris dans lequel il choisit d'opérer. Il se contente de recomposer, de redisposer les matériaux pour en faire apparaître le sens. C'est, en fait, bâtir une théorie ou un modèle pensé. Il en confirmera la justesse de sens par des expériences concluantes.

L'important, cependant, est de saisir que les ingrédients dont le révolutionnaire va disposer selon son gré pour faire du sens nouveau étaient non seulement déjà disponibles mais utilisés de manière différente pour concourir à une autre théorie, un autre modèle pensé, celui-ci très insuffisamment validé par l'expérience.

Avant que Louis Pasteur ne pénétrât dans le champ de ce qui devait devenir la microbiologie, on savait « tout » sur les fermentations du lait, de la bière, du vin, du vinaigre. On avait une idée « très précise » de ce qu'était le ferment, substance chimique dépourvue de vie favorisant ladite fermentation, la levure de bière était connue, manipulée depuis longtemps mais, pour expliquer que le vin se piquait, que les cuvées de bière pouvaient être de piètre qualité, pour rendre compte des mécomptes des producteurs de vinaigre, on faisait appel à des explications n'impliquant pas le vivant. On avait aussi compris depuis longtemps que les maladies les plus fréquentes, en particulier les maladies contagieuses, ainsi que la putréfaction des cadavres formaient autant de phénomènes très proches des fermentations. Mais comme on souhaitait s'en tenir à des considérations trop abstraites ou purement chimiques, on avait élaboré le concept de miasmes, particules « immatérielles » susceptibles de transmettre la fermentation d'un moût à un autre, d'un corps humain à un autre corps humain.

La grande révolution pastorienne fut de démontrer que les miasmes n'étaient pas immatériels et qu'ils n'étaient rien d'autre que ces « animalcules » connus, classés, répertoriés depuis la première description de Van Leuvenhoeck ou ces « levures » ou champignons microscopiques, qui pour ces derniers faisaient déjà les délices classificateurs des botanistes.

La deuxième partie de l'effort fut de faire tomber le dogme

1. Albin Michel, à paraître.

de la génération spontanée : il ne s'agissait ni plus ni moins que d'appliquer aux micro-organismes mis en cause le principe *omnis cellula e cellula* affirmé bien avant Pasteur par Muller et son école.

On comprend à l'énoncé de tels faits que l'on puisse parfois soutenir que Pasteur n'a rien fait puisque toutes les parties du puzzle avaient été mises à jour avant lui. Rares sont en effet ceux capables de comprendre que le chercheur de génie, révolutionnaire, est celui qui recompose la réalité connue en mettant simplement fin à un vice de raisonnement. Eh non, les miasmes n'étaient pas immatériels ! Dès lors on tenait l'adversaire. L'hygiène pouvait démarrer cette fois sur des bases claires : plus de mise en avant d'influences « pernicieuses », vaseuses, impalpables. Avec les micro-organismes on pouvait agir en connaissance de cause.

Il faut aujourd'hui un autre Pasteur pour mettre du solide dans la conception de l'effet placebo. Il est en effet impensable de continuer à se satisfaire au sein du monde scientifique, engagé — c'est sa seule mission — dans l'objectivation du réel et la mise au jour des lois de la nature —, de se satisfaire donc de proclamer que le placebo n'est rien et que c'est ce rien qui peut donner jusqu'à 70 % de cas de guérisons.

On retrouve là un point essentiel de la définition de la médecine que nous remettons sans cesse en avant : « La médecine, avons-nous dit, est un ensemble de pratiques dont *on attend* etc. » C'est l'attente du public qui donne le ton, non pas le désir des soignants. Puisque l'attente est satisfaite dans un grand nombre de cas par le placebo, c'est que le placebo « est ». Qu'on ne vienne plus se réfugier alors sous l'inactivité « totale », « complète » du placebo. On refait ici la même erreur qu'avec l'immatérialité des miasmes.

La nullité qui peut tant

Non, si l'effet placebo obscurcit tellement les discussions sur les mérites respectifs de la médecine institutionnelle et des médecines différentes, c'est tout simplement parce que le mot placebo est lancé comme une insulte, un constat de vide, de nullité.

Plaisante nullité que celle capable de satisfaire autant d'êtres vivants et pensants.

Le milieu scientifique doit prendre le problème du placebo autrement qu'il ne le prend. Il faut s'y plonger à la Pasteur. Hélas, les Pasteur sont rares. Pis même, leurs succès ayant bouleversé le monde, on persiste à ne pas chercher à comprendre la manière qui fut la leur. C'est un malheur pour la collectivité scientifique dans sa majorité de penser ce qu'elle pense de Pasteur.

Non, le placebo ne constitue pas un terrain bien dominé permettant, par l'emploi de techniques appropriées, de démêler ce qui est vraiment actif de ce qui n'est qu'illusion, supercherie.

Si la supercherie guérit, c'est qu'elle fait appel à des mécanismes de guérison puissants. Ce sont ces mécanismes qu'il est urgent de découvrir. La foi guérit? Sans doute. Mais en se rangeant — pour un instant — du côté des partisans du surnaturel, en soutenant que la Vierge, à Lourdes, est bien apparue à Bernadette Soubirous, qu'auprès de la grotte sacrée s'effectuent, en effet, des miracles d'origine surnaturelle, perd-on un seul instant l'occasion de se demander comment s'y prend moléculairement Dieu pour rétablir dans le corps des miraculés l'ordre biologique des choses?

Sans toucher en rien à la foi, au sacré, sans entrer dans des discussions où tout vraiment a été dit et qui ne progressent guère plus, sur la valeur « réelle » de l'homéopathie, du magnétisme, de la radiesthésie, il faut, armés des moyens et des outils de la science, comprendre comment s'y prend la nature pour faire que « rien » — le placebo — donne « beaucoup » : l'amélioration ou la guérison.

Qui hausse les épaules devant le placebo, qui ne veut pas en faire aujourd'hui sa préoccupation première, qui rit et se moque manque au devoir le plus sacré du scientifique. Il faut comprendre l'effet placebo, voie royale, on le redit, qui doit conduire à la compréhension des rapports du physique et du moral de l'homme. Qui dominera l'effet placebo apportera en médecine la révolution attendue depuis précisément la révolution pastorienne.

Qui dominera l'effet placebo comprendra sans doute une large part de ce que l'on a coutume de nommer les manifestations psychosomatiques. On a déjà dit combien l'usage intempestif de cette expression pouvait semer de trouble et de confusion dans l'esprit des patients. Deux au moins des malades dont l'histoire est rapportée dans « Les contes de la guérison après la maladie » imaginaient lorsque l'on recourait à l'expression « psychosomatique » pour expliquer la genèse de leurs troubles, qu'on leur reprochait tout à la fois un dérangement mental et/ou une volonté de tromper le monde en simulant des troubles organiques.

Ce que veulent dire les médecins en parlant de psychosomatique — du moins les médecins l'admettant pour une réalité —, c'est que quantité de troubles visibles, auscultables, photographiables, ont pour origine une « tension nerveuse », une « émotion mal digérée », l'accumulation de soucis et tracas « rongeant l'esprit ». Crises d'asthme, migraines, poussées d'hypertension, ulcères de l'estomac, colites, et quantité de manifestations en particulier dermatologiques sont ainsi rapportés à des événements purement émotionnels, à des stress, des accidents.

Une jeune femme, à chaque dispute avec son mari, voyait sa langue gonfler démesurément : œdème de Quincke typique. Un homme, cette fois, ne déclenchait d'eczéma dû au contact avec une mousse particulière que s'il s'était auparavant violemment querellé avec sa femme. Toute la littérature du XIXe siècle est pleine d'opulentes baronnes ou d'innocentes créatures se pâmant à l'annonce d'une effroyable nouvelle.

On peut évoquer encore une relation psychosomatique mais moins immédiate, moins claire, pour expliquer l'entrée dans la maladie chronique cette fois de nombreux individus des deux sexes : le cancer, la tuberculose, certaines maladies cardiaques auraient ainsi pour certains un déclencheur essentiellement psychique. Nul n'affirmerait que la tuberculose est due à autre chose que le bacille de Koch, mais il faut convenir que la rencontre d'un bacille et d'un sujet sain ne fait pas automatiquement une tuberculose, on est même très loin du compte. On fait donc entrer en ligne le « terrain ». Chaque spécialiste de médecine différente se fait son idée du terrain. Celui de l'homéopathe ne recouvre pas celui de l'acupuncture qui diffère du terrain reconnu par l'ostéopathe, etc. Les psychosomaticiens pensent, eux, que l'élément essentiel du terrain tient aux relations que nouent le physique et le moral, le second tenant le premier sous sa coupe. Là se séparent d'ailleurs deux manières de voir. Quelques « somaticiens » de formation — on veut dire des médecins formés à la médecine anatomo-clinique et mécaniste et demeurés à elle fidèles — commencent, dans le cadre de leur spécialité ou de la médecine générale, à examiner la lésion pour la distinguer, la reconnaître et la classer. Ils passent ensuite à l'étude intéressée du contenu psychique de leur malade et tentent de jeter un pont pour expliquer l'apparition de l'objectivable (les symptômes) par la constitution sous diverses influences du contenu psychique. Chacun de ces psychosomaticiens privilégie l'une ou l'autre des approches aujourd'hui connues et utilisées pour évaluer ce contenu. Ainsi reconnaîtra-t-on de curieuses passerelles jetées entre l'histoire « psychique » du malade et le développement « somatique » de ses lésions.

D'autres psychosomaticiens vont à rebours, ou plutôt vont droit au psychisme. Ces radicaux n'accordent que peu de place au soma. Qu'il soit non conforme à l'attente leur suffit. Peu importe que soit touché l'estomac plutôt que le poumon, le cœur plutôt que la peau, le côlon de préférence au foie. Le fait essentiel demeure qu'il s'est passé « quelque chose » d'anormal. Ce « quelque chose », disent les plus extrémistes, ne peut être qu'un dérèglement psychique. Occupons-nous de cela et de rien d'autre. Le symptôme somatique n'est rien, le déclenchement et l'entretien par le psychique sont tout. On voit jusqu'où cela peut mener : les enragés de ce type d'explication font une véritable secte, se refusant à soigner les malades, pensant qu'il suffit de parler à la tête pour guérir le corps.

Dans la discussion qui s'enfièvre, volent des noms fameux qui peut-être n'opineraient pas forcément : Freud, Mélanie Klein (les femmes gardent toujours leur prénom même lorsque la dispute bat son plein), Jung, Lacan, Bettelheim et Charcot.

Ma tête est malade

La leçon à tirer de tout cela est que la psychosomatique vient gêner encore un peu la perception cohérente qu'on pourrait avoir de la médecine. L'effet placebo faisait déjà douter du bel édifice diagnostique et thérapeutique établi, puisque laissant penser que la guérison ne viendrait peut-être pas d'une méthode que l'on croyait pourtant adaptée au cas comme la clé à la serrure, la psychosomatique vient parfois affirmer trop crûment que le microbe n'est rien, que le terrain est tout, et que le cerveau commande en fin de compte l'ensemble. Privées de logique thérapeutique par la disgrâce de l'effet placebo, les médecines se trouvent amputées cette fois de leur logique étiologique par les insinuations du compte rendu psychosomatique.

Qu'on ne voie pas dans ces affirmations un exercice de style, une plaisanterie de destructeur voulant jouer à brouiller les cartes. À chaque malade surgit, lancinante, la double interrogation : et si le mal venait d'en haut? et si la guérison venait d'en haut?

Effet placebo et déclenchement psychosomatique ne sont peut-être que deux aspects d'un même mécanisme réglementant tout ou presque tout.

Pourquoi l'étude de l'effet placebo serait-elle alors privilégiée? Pourquoi ne pas faire porter tous les efforts sur les affections psychosomatiques, à supposer qu'on puisse en reconnaître d'assez stéréotypées pour pouvoir entreprendre leur étude sur des bases réellement scientifiques, c'est-à-dire avec l'espoir de pouvoir objectiver la base réelle si possible moléculaire de leurs manifestations dans le champ du perceptible? Parce que l'effet placebo offre cet avantage, inestimable du point de vue scientifique, qu'un des deux facteurs entrant en jeu — le placebo — est par définition parfaitement connu. Le placebo est ainsi le cheval de Troie idéal. Dans le cadre de la médecine psychosomatique, les deux ancres sont libres, leurs extrémités ne sont aucunement fixées. La démarche scientifique ne peut s'appuyer sur aucune base solide.

Peut-être cependant faut-il s'y prendre comme Cabanis conseillait de le faire dans *Du degré de certitude en médecine :* épurer d'abord la langue (dans ce domaine, vaste programme), s'attacher ensuite à reconnaître des séquences simples régulièrement retrouvées d'un malade à l'autre. Un intéressant travail américain a ainsi montré que certains spasmes de l'œsophage dont l'origine psychique pouvait être tenue pour extrêmement probable allaient régulièrement de pair avec certaines caractéristiques psychiques aisément repérables.

Une bonne quantité de travaux de ce type, nets et indiscutables, pourraient faire grandement progresser le débat. Cependant ce ne serait pas assez. On a vu comment la pensée de Cabanis avait déblayé le terrain et comment, sur ce terrain-là, avait alors germé la méthode anatomo-clinique à laquelle Cabanis, médecin de formation mais non pas ou si peu praticien, n'avait évidemment pas pu songer.

La découverte à laquelle pourraient se raccrocher les observations claires de la recherche psychosomatique serait évidemment une compréhension de ce qu'est exactement la mémoire. Pour l'instant, nul n'en sait rien. Certains soutiennent qu'une idée, un concept sont matériels, qu'un circuit neuronal objectivable s'est formé lorsque s'est installée l'idée que la rupture de ce circuit ferait disparaître l'idée, et que la mémoire est la capacité du cerveau à rebrancher ce circuit sur les structures de la conscience. D'autres ont évoqué un mécanisme holographique, mais il y a peut-être autre chose à trouver. Melvin Cohn soutenait, il y a déjà pas mal d'années (c'était en 1968 à New Delhi), que la différence devait être nulle entre reconnaître un antigène pour un lymphocyte et retrouver l'air de « Yankee Doddle » pour un être humain. Faudrait-il donc penser que le cerveau n'a pas le privilège de la mémoire ? Sans doute : une bactérie possède une certaine forme de mémoire.

Le Vel' d'hiv' pour mieux comprendre

Tout de même, le jour où l'on saura ce qu'est la mémoire, que de problèmes seront mis au clair ! Partisans et adversaires de la psychanalyse sauront enfin ce qu'est l'inconscient. Qui sait si Pierre Dac et Francis Blanche (voir plus loin) ne deviendront pas alors autre chose que les pionniers de l'esprit loufoque ? Et l'on comprendra aussi la base de ce qui faisait écrire à Pierre Surbatis, il y a trente ans, dans *L'Équipe* les sensations d'après course d'un coureur cycliste de « six jours » au temps où les six jours duraient cent quarante-*cinq* heures. Ces quelques lignes feront une conclusion peut-être inattendue à un chapitre consacré aux clarifications scientifiques espérées pour ce qui concerne le physique et le moral de l'homme, mais elles donnent assez bien la mesure du brouillard opaque qui entoure encore le roc dont la médecine scientifique prétend pouvoir jusqu'au bout accomplir l'ascension. Voici les commentaires intriguants de Surbatis.

> « Lorsque, le dernier spectateur sorti du vélodrome, les balayeurs, dans une lumière soudain vieillie, commencent à faire la toilette du Vel' d'hiv', le coureur, séparé de son vélo, redevient M. Tout-le-monde.
>
> Le plus sage serait de rentrer se coucher. Mais celui qui fait un métier pareil ignore le mot sage. Alors, suivant le

mouvement, le coureur répond aux invitations de gens dont le curieux snobisme consiste à voir de près et à présenter ce phénomène qui, cent quarante-cinq heures durant, a fait courir Paris.

Et c'est une septième nuit d'euphorie que le coureur va vivre, tenu en éveil par l'énervement de la course qui n'est pas près de le quitter. Les Six-Jours ne prennent vraiment fin qu'à la maison. Mais le " chez-soi " est devenu étranger. (...) Vingt-quatre heures de sommeil, voilà ce qu'il faudrait. Eh bien ! Non ! Une fois allongé dans le noir, il y a toujours Berretrot qui annonce des primes, Yvette Horner et son accordéon qui joue des valses, qui font valser le lit, et les clameurs de la foule, en bruit de fond. Il y a aussi et surtout le cœur du coureur qui a conservé le rythme de la course. Il lui faudra deux jours pour se calmer. En attendant, il résonne comme une enclume sous les coups de marteau d'un forgeron inlassable. Et le sommeil ne vient pas.

Et le six-dayman est le premier levé, le lendemain, après avoir sombré une heure ou deux dans un sommeil agité et coupé de cauchemars.

Cauchemars et non rêves, car ce sont toujours des chutes fantastiques qui précipitent dans un grand trou noir le coureur trempé de sueur.

Puis la vie quotidienne reprend, avec cette différence que les jambes sont maintenant gonflées et douloureuses, la tête lourde, " l'assiette " pointilleuse sur le choix des sièges. Et cet homme, qui n'a plus le courage de marcher, plus de cerveau pour penser et dont la plus grande ambition est de dormir, obéit, dans une sorte d'instinct animal, à une force qui l'appelle au Vel' d'hiv', dès le lendemain de la course. Non pour reprendre l'entraînement. C'est tout prosaïquement l'appel de la " paie " qui ranime les énergies. Et pour quelques heures, le coureur oubliera ses souffrances. Il discutera comme un marchand, il s'agitera comme un businessman dictant son courrier, et gardera la tête lucide d'un ministre des Finances. Le voilà bien le vrai doping des six-daymen : une enveloppe bourrée qui, selon son épaisseur, fait oublier bien des ennuis ! »

Lorsque le jour sera venu où l'on saura ce qui fait pédaler dans sa tête un cycliste descendu de son vélo et le tient éveillé, lorsque l'on aura compris l'effet placebo — ou doping — d'un bon paquet de billets de banque, il est probable en effet que la compréhension du métier de médecin, de l'état de malade et de la situation de la santé sera plus abordable au plan scientifique.

Les rapports du physique et du moral de l'homme auront cessé de brouiller les observations. Il sera loisible alors de savoir en quoi la médecine institutionnelle et les médecines différentes se distinguent vraiment, et en quoi l'intégration d'un rituel peut, semble-t-il, guérir des maladies.

Pour l'instant, rien n'est encore atteint. Sachons attendre avec la modestie souhaitable.

IV

La confusion des genres

Les incertitudes où en sont encore les hommes de science — et tous les autres — quant à ce qui se cache exactement derrière les mots clinquants de placebo, psychosomatique et mémoire ont pour conséquence une première difficulté à évaluer précisément la médecine institutionnelle et toutes les pratiques médicales différentes. Sachant qu'on ne sait pas le sens de ces mots, on comprend qu'on ne comprend pas la part réelle et spécifique que peut revendiquer dans un cas précis la technique thérapeutique mise en œuvre à propos d'un malade bien défini. On perçoit mieux en revanche ce que voulait signifier Ambroise Paré, chirurgien du roi, en énonçant son aphorisme : « Je le pansai, Dieu le guérit. »

On se réjouirait cependant à bon compte en imaginant que les incertitudes planant sur les rapports du physique et du moral de l'homme sont seules à rendre difficiles la compréhension et l'évaluation des diverses pratiques médicales.

Avant de décrire, dans le prochain chapitre intitulé « Les raisons de l'écho qui résonne », combien ce qu'on *dit* des médecines prend de distance avec ce que celles-ci accomplissent dans les faits, il faut pour l'instant encore poursuivre ce travail que nous avons appelé de « dégradation » volontaire et qui permet de passer d'une compréhension purement intellectuelle et artificiellement éclaircie des mécanismes de l'acte médical, de ses justifications et de ses résultats, à une approche « réaliste » de cet ensemble.

Tant de verres déformants se glissent entre le mouvement moléculaire auquel la science ramène finalement la maladie, et la représentation que s'en fait un cerveau humain — modèles pensés, émotions et symbole — qu'il faut choisir plusieurs points de vue pour faire saisir où naît principalement la confusion des genres.

On se limitera ici à quatre approches, quatre occasions de confusion que l'on intitulera successivement science ou art ; méli-mélo ; chatouille ou gratouille ; patients et pathophiles.

Comme il fallait un traître dans les comédies italiennes du XIXe siècle, ou un ballet dans les opéras de la même époque, il faut à ce chapitre un *must :* quelques pages sur la dualité science-art en médecine.

On fera pour commencer appel, une fois de plus, à Pierre Jean Georges Cabanis. Le 29 brumaire an VII, Cabanis joue une partie délicate. Il vient lire devant le conseil des Cinq-Cents son *Rapport sur l'organisation des écoles de médecine :* il faut les organiser en se fondant sur les *certitudes* de la médecine, qui ne pourront que s'accroître pour peu que l'on choisisse la voie convenable pour cheminer.

Est-ce véritablement une science ?

Et Cabanis, ramassant les éléments avec lesquels il a cherché à convaincre, proclame : « La médecine a donc des principes que l'esprit peut saisir. Ses connaissances peuvent former un ensemble méthodique, elle est véritablement une science. » Ces propos méritent un commentaire. Si la science est l'opération qui vise à la découverte des lois de la nature, peut-on dire que la médecine institutionnelle est scientifique ? Il est vrai que, confronté au malade et à sa maladie, le médecin cherche avec rigueur. Il cherche des signes le conduisant à se représenter, en trois dimensions, le processus anormal ayant pris place dans le corps de son patient. Mais s'il cherche, s'il veut « découvrir », c'est par rapport à du déjà connu.

Est-ce être scientifique que de résoudre des énigmes dont on sait qu'elles ont à coup sûr une solution déjà écrite ? En réfléchissant dans un système donné qui, par définition, a justement embrassé la totalité d'un secteur et y a tout classé, on est capable de tout classer par rapport au référentiel choisi, on ne fait pas de science réelle au sens de découverte de l'inconnu, mise au jour d'une partie de la nature, des lois qui régissent cette partie et qui, jusque-là, seraient demeurées interdites à la connaissance humaine.

Un auteur tout de même pourrait apporter de l'eau au moulin de Cabanis : c'est Thomas Kuhn. Dans son ouvrage, *Structure des révolutions scientifiques* [1], il distingue *la science révolutionnaire* qui crée le nouveau paradigme, le nouveau référentiel obligé — par exemple : les micro-organismes sont à la base des maladies contagieuses — de *la science normale,* laquelle, au sein de l'espace de recherche créé par l'installation du paradigme, se propose de résoudre des énigmes ponctuelles, ayant forcément une solution — par exemple : la fièvre typhoïde est-elle une maladie causée par un micro-organisme ? Oui, dès lors qu'Eberth en a trouvé le germe responsable.

Cependant, confronté à un malade précis, le médecin ne fait pas même de la science normale : suivant le schéma général de la croix de Malte et se référant aux paradigmes de la médecine à trois brins, il s'efforce de repérer dans le corps de son patient les symptômes, signes et entités pathologiques déjà correctement explicités dans les livres. Bref, le médecin posant un diagnostic découvre bien la réalité du processus pathologique ayant conduit le malade jusqu'à lui, mais il ne découvre pas du neuf *enrichissant* la connaissance médicale. Ce qu'il découvre en posant le diagnostic de fièvre typhoïde, pour s'en tenir à cet exemple, servira — et comment ! — à son malade, mais n'aidera en rien ses confrères pour comprendre mieux un cas futur, puisque la description symptomatologique, séméiologique et pathologique de la maladie était déjà inscrite dans les livres.

L'acte médical quotidien s'appuie sur les résultats de la recherche scientifique : il n'est pas en lui-même scientifique. Il est rigoureux et c'est déjà beaucoup. Mais rigueur n'est pas science. Il n'y a pas de science sans rigueur. Il y a de la rigueur sans science.

La médecine alors serait-elle un art ? Reprenons et complétons la citation de Cabanis : « La médecine a donc des principes que l'esprit peut saisir, ses connaissances pouvant former un ensemble méthodique, elle est véritablement une science. Ses procédés peuvent être soumis à des lois : elle est véritablement un art. »

L'art médical, disait Littré, c'est « l'emploi déterminé de

1. Flammarion, 1972.

certaines connaissances pour obtenir non pas une vérité scientifique mais un résultat pratique qui est le but de la médecine ». Littré et Cabanis se rejoignent là : parce qu'elle s'est vouée à l'objectivation du réel de la maladie, parce qu'elle utilise pour cela ce qu'a permis de découvrir auparavant la méthode scientifique, la médecine est rigoureuse, elle est déterminée. En fonction de quoi les buts pratiques vers lesquels elle tend — soulagement et guérison des malades — peuvent être jugés de l'extérieur, soumis à l'appréciation des hommes de loi. On se doit d'insister : ce qui fait la grandeur de la médecine fondée sur la science, c'est qu'elle peut être soumise au jugement. On reverrait en étudiant, si l'on voulait redéfinir l'esprit des lois, combien en effet il est difficile de s'y prendre avec ces ensembles non déterminés que font certaines patamédecines. C'était bien là les difficultés sur lesquelles butait Roger Ikor.

Ce grand médecin est grand en art

Science ou art? Les deux mots sont depuis Cabanis largement tombés en désuétude ou, plutôt, le mot science s'est replié vers les laboratoires et le mot art fixé chez d'autres créateurs. On trouve cependant dans cette interrogation « science ou art? » un élément à ne pas négliger. Le médecin, s'il ne fait pas de recherche scientifique dans le plus quotidien de son métier, ne s'appuie pas moins, on l'a dit, sur les découvertes de la science en cherchant obstinément à retrouver chez son patient la réalité d'un trouble qu'expliquent l'anatomie, la physiologie et la chimie : en ce sens il tutoie la science. Sa rigueur est à base scientifique. Mais il est aussi artiste en ce sens qu'outre qu'il découvre, il crée aussi, en quelque sorte, dans le monde extérieur, une sorte d'œuvre d'art, de comédie à deux, avec dialogue-échanges-conflits-confidences-confiance donnée, création du colloque singulier, parce qu'il est médecin, parce que l'autre est malade. Le mot comédie doit évidemment être entendu dans son sens le plus noble.

Or, dans un acte médical, ce qui se crée ainsi occulte souvent ce qui se découvre. Le « bon » médecin sera jugé tel par ce qu'il aura guidé et mis en scène comme dialogue. On en revient ainsi au schéma de la croix de Malte. L'axe séméiologie-pathologie, c'est la rigueur cachée du médecin appuyée sur la science. C'est la partie « scientifique » de la médecine. L'axe ergos-logos, c'est la partie émergée de la médecine, la partie créée de l'acte médical. Sa composante « art ».

Lorsque Marcel Proust écrit : « Nous comprîmes alors que cet imbécile était un grand clinicien », il signifie très précisément : ce piètre artiste recourait comme il le fallait aux acquis de la médecine à base scientifique.

Et la citation de Proust permet d'aller très loin : lorsque, profane, l'on juge le médecin, on ne juge que l'artiste. Lorsque l'on guérit, on le doit souvent à ce serviteur de la science. Il n'est pas tellement évident de démêler l'un de l'autre, et ce d'autant que l'art du médecin, on l'entrevoit maintenant, entre pour une bonne part dans le déclenchement de l'effet placebo. « Il a dansé et il a plu », peut-on lire gravé sur la pierre d'une tombe où fut enseveli il y a deux mille ans un saltimbanque romain. « Il a soigné et il a plu », pourrait-on dire aussi pour caractériser la deuxième branche de la démarche médicale. Et si « plaire » est tellement important, si l'art du soignant peut retentir sur le moral du soigné jusqu'à modifier son physique et guérir sa maladie, on conçoit immédiatement que ceux aussi qui « plaisent » mais en s'appuyant cette fois sur des pratiques empiriques, sur des connaissances non validées par l'expérimentation, donc non scientifiques, puissent revendiquer aussi des succès, comme un joli garçon peut revendiquer des succès féminins parce qu'il a plu.

Si l'on peut envisager le doublet science-art sous l'angle du « rigoureux » et du « créatif », on peut aussi l'aborder en tentant de démêler l'exact du vrai. C'est Jacques Dufresne dans un article rédigé pour le *Devoir* de Montréal qui a mis en avant ces vers de Hugo dédiés à la science. Lisez-les en marquant fort — par jeu — la césure à l'hémistiche.

Tout se démontre ici. Le chiffre, dur scalpel,
Comme un ventre effrayant ouvre et fouille le ciel.
Dans cette atmosphère âpre, impitoyable, épaisse,
La preuve règne. Calme, elle compte, dépèce,
Dissèque, étreint, mesure, examine ; on ne sait
Rien hors de la balance et rien hors du creuset ;
Elle enregistre l'ombre et l'ouragan, cadastre
L'azur, le tourbillon, le météore et l'astre,
Prend les dimensions de l'énigme en dehors,
Ne sent rien frissonner dans le linceul des morts,

Annule l'invisible, ignore ce que pèse
Le grand Moi de l'abîme, inutile hypothèse,
Et met du plomb aux pieds des lugubres sondeurs.
A l'appel qu'elle jette aux mornes profondeurs,
Le flambeau monte après avoir éteint sa flamme,
La loi vient sans esprit, le fait surgit sans l'âme ;
Quand l'infini paraît, Dieu s'est évanoui.
Ô science ! Absolu qui proscrit l'inouï !
L'exact pris pour le vrai !

C'est à la même conclusion que parvenait en fait Einstein en énonçant cette phrase tellement citée : « La science permet de tout mesurer et généralement cela ne sert à rien. » Albert Einstein expliquait alors que mesurer précisément tous les décibels provenant d'une symphonie de Mozart était sûrement un exercice rigoureux — exact — mais ne donnait finalement qu'assez peu d'indications — et même dans ce cas pas d'indications du tout — sur le plaisir pris, le vrai du bonheur de l'auditeur.

La demande médicale s'obscurcit quelquefois des divergences entre l'exact et le vrai. S'il est exact que l'on puisse trouver un jour trop ou trop peu de globules blancs dans le sang d'un malade, il n'est pas vrai que cette variation soit l'explication « vraie » des troubles ayant justifié le recours au médecin. On reverra plus loin comment la confusion entre l'exact et le vrai fait le soutien des pathophiles.

Les égarés de l'exact

On choisira pour l'instant de demeurer du côté du médecin. Lui aussi souvent s'égare parce qu'il prend l'exact pour le vrai ou au contraire parce qu'il ne fait pas cela. Un exemple : une vitesse de sédimentation à cent à la première heure peut signifier que se développe un cancer. Cependant nombre de personnes voient leur vitesse de sédimentation s'élever pareillement sans avoir le moindre cancer. S'ils sont porteurs d'une maladie évidente, l'explication sera vite trouvée. Mais même dans ce cas, et a fortiori chez des personnes absolument normales au regard de tous les autres examens pratiqués, doit-on s'acharner à rechercher un cancer ? On imagine déjà la difficulté mais le lecteur se sent là du côté du médecin, puisqu'il partage son hésitation quant au futur. Le lecteur lâche en revanche le médecin lorsque le drame est consommé. Exemple : un malade pendant cinq années avait une vitesse de sédimentation à cent à la première heure. Le médecin a cherché et n'a rien trouvé. Deux années plus tard, il a recommencé, toujours rien. Trois années de plus et un cancer se manifeste : le médecin alors est accusé et sur des bases en apparence solides : comment ? Il est écrit dans tous les livres qu'une telle anomalie biologique doit faire rechercher systématiquement un cancer et lui ne s'y est résolu que deux fois ? Il est impardonnable. Il est possible d'ailleurs que certains tribunaux suivent. Ils auront pris l'exact pour le vrai. Si les médecins suivaient cette pente-là, on verrait une augmentation vertigineuse des dépenses de santé dans tous les pays. Il faut donc bien admettre dans de nombreuses circonstances que l'exact ne sous-tend pas le vrai, qu'une anomalie décelée n'implique pas automatiquement l'existence d'une maladie en évolution.

L'exact en médecine ne devient le vrai que lorsque l'environnement lui fait produire du sens. Mais cette distinction subtile apparue comme une évidence au fil des années de pratique n'apparaît pas clairement aux yeux des juges, du public, des malades. Autre illustration des rapports tumultueux de la « science » et de l' « art ».

La contrainte biologique pesant le plus sur l'homme est celle le forçant à être anthropocentrique. Toute perception du monde passe par le cerveau, et en particulier par ce néocortex associatif, propre à l'homme. L'exact est toujours moins humanisé que le vrai. La science actuelle a pour pâture l'exact. On peut espérer qu'elle saura un jour s'y prendre avec le vrai, ce qui signifiera qu'elle aura su ne pas céder aux pièges de l'émotion.

L'homme dominant l'émotion — l'imagination, aurait dit Pascal — pourrait avec facilité passer de l'exact au vrai. Incorporer des valeurs proprement humaines aux démarches scientifiques ferait accomplir un pas essentiel. On n'en prend pas le chemin en se confiant comme on le fait parfois aux ordinateurs.

Il n'y a pas de démonstration plus convaincante des désastres de l'exact pris pour le vrai que la formation des médecins fondée sur une méthode dévolue pour l'essentiel à satisfaire *in fine* l'ordinateur corrigeant les copies. Un examinateur lisant une copie rédigée, ou mieux encore écoutant un candidat à l'oral, a quelques chances de saisir le vrai de la qualité de l'examiné. Celui qui prend connaissance des calculs de l'ordinateur ayant traité une grille de réponses s'approche beaucoup plus près de l'exact que le précédent ne s'approchait du vrai. Mais une parcelle de vrai a incomparablement plus de retombées bénéfiques qu'un grand morceau d'exact.

Comprendre, être efficace

On veut signaler encore un dernier avatar du problème science-art que l'on présentera sous le label comprendre-guérir.

Le but de la médecine est de guérir. C'est le désir du soignant. Il peut y parvenir sans avoir vraiment compris et ce n'est pas le moindre des paradoxes de la médecine réputée scientifique. Un exemple là encore d'une grande portée du fait de sa parfaite banalité : celui de l'aspirine. L'histoire de l'aspirine débute en un humide lieu. Des hommes et des femmes en grand nombre y souffraient de rhumatismes. Un homme de foi, persuadé de ce que Dieu dans sa bonté disposait toujours dans la nature de quoi parer à un mal que cette même nature avait engendré, entreprit donc de rechercher ce qui, dans les pays humides, aiderait à lutter contre les douleurs du rhumatisme. Il en vint à penser aux saules dont il sut préparer un extrait. Saule se dit en latin *salex*. L'extrait de saule purifié et sous sa version chimique prit le nom de salicylate. Et les salicylates ont une activité certaine contre les douleurs du rhumatisme. De l'industrie des salicylates, de la chimie de l'acide salicylique naquit un jour l'acide acétyl-salicylique : c'était l'aspirine. On sait ce qu'il advint.

Peu importe ici que l'histoire soit aussi belle qu'on vient de le raconter, l'essentiel demeure que nul ne sait au juste pourquoi l'aspirine soulage tant de douleurs. On agite aujourd'hui le mot de prostaglandine. C'est de l'exact qui ne fait pas encore du vrai.

On guérit donc quantité de douleurs sans comprendre vraiment ce que l'on fait. On connaît la formule de l'acide acétyl-salicylique, on sait les doses à employer, on prévoit les accidents possibles. Pourtant on ignore encore ce qui se passe précisément. Et cela gêne les hommes de science. Cet empirisme qui couvre d'ailleurs une surface considérable du champ médical est vécu comme une faiblesse. N'être, pour l'aspirine et ses usages, scientifique que pour une partie de l'affaire crée du malaise.

D'où le rêve de bâtir désormais la guérison sur une compréhension parfaite en s'attaquant aux bases moléculaires de la maladie. Et l'espoir le plus fort se nourrit des connaissances s'accumulant sur le point de départ moléculaire de ce qui commande tout dans une cellule, l'acide désoxyribonucléique, l'A.D.N. Une fois, pensent les biologistes de la biologie moléculaire, que l'on saura tout sur l'A.D.N., on saura tout sur le fonctionnement cellulaire, donc sur ses dérèglements. Et on aura par là même compris la maladie.

Rêve qui n'est pas insensé. Pratique qui, trop généralisée, occulte cependant d'autres méthodes qui ont réellement fait leurs preuves.

À supposer que René Dubos soit mort à l'âge de 5 ans du rhumatisme articulaire aigu qui devait faire de lui un grand malade et qui finalement lui fournit seulement de quoi proposer une définition de la santé ménageant une place aux atteintes physiques, à savoir : la santé, c'est la capacité qu'on trouve en soi de réaliser ce que l'on désire entreprendre, à supposer donc que Dubos n'ait pas vécu, sans doute, aujourd'hui, les antibiotiques, retombées de ses études sur l'antagonisme microbien, n'existeraient-ils pas. Il fallait en effet être un peu spécial pour affirmer : Vous voulez lutter contre les infections, donnez-moi donc une pelle[1].

Mais la biologie ayant avancé, la génétique en particulier, n'en serait-on pas aujourd'hui à demeurer impuissants devant la tuberculose et la syphilis en cherchant l'ouverture dans l'étude moléculaire de leur A.D.N. ? On verrait sans doute fleurir les publications sur tel gène découvert au sein du B.K. et responsable de certaines de ses productions, à leur tour parties prenantes dans la maladie. Et n'espérerait-on pas qu'en « antagonisant » ces productions on pourrait définitivement venir à bout de la maladie ? Oui, si — pure hypothèse d'école — les antibiotiques n'avaient pas été découverts, on penserait sans doute qu'il faut comprendre la tuberculose pour la vaincre.

Comprendre et guérir, sans être antithétiques, ne sont pas non plus dans un rapport séquentiel. Or c'est malheureusement

1. Pour plus de détails, le lecteur se reportera à l'ouvrage de Jean-Paul Escande, *La Vie, mystère et raisons* (à paraître).

ce que laissent entendre bien des chercheurs, compétents, honnêtes, et sûrs d'avoir seuls raison. Sur ce dernier point ils ont pourtant tort. Mais, comme leur groupe a le pouvoir, ils n'en tiennent guère compte. Que le traitement contre le cancer, la douleur ou le vieillissement artériel vienne d'une autre approche, ce pouvoir serait en partie perdu car on aurait alors mieux mesuré qu'on peut parfois être dans le vrai — guérir la tuberculose — sans avoir dominé toutes les facettes de l'exact — les bases moléculaires de la maladie.

On s'en voudrait tout de même de laisser planer des doutes, ou pire de les avoir suscités au terme d'un tel développement.

1) La biologie moléculaire, si elle ne doit pas régner sans partage, doit demeurer forte — et de ce côté l'on ne se fait guère de soucis ;

2) le fait que l'on considère que l'on puisse guérir sans avoir tout compris ne doit pas être étendu au « moins on comprend, mieux on guérit ».

Cette précision dernière n'est sans doute pas inutile lorsque l'on mesure le sort fait à une citation empruntée à Boileau. Lorsqu'un charlatan veut se conférer la notoriété, il se réfugie toujours derrière : « Le vrai peut quelquefois n'être pas vraisemblable. » Cela ne signifie pas que ce qui n'est pas vraisemblable soit vrai ! C'est pourtant ce qui est — hâtivement — déduit.

Ce dernier exemple ménage d'ailleurs heureusement la transition avec un autre aspect de la confusion des genres : ce que l'on a nommé « méli-mélo ».

Le loufoque prend le pouvoir

Il est donc des esprits humains qui se plaisent à mélanger les genres. Lorsque l'opération se produit à l'insu de la raison et prétend se substituer à elle comme le loup à la grand-mère pour mieux duper le roseau pensant devenu petit chaperon rouge, cela donne en effet ce qu'en langage populaire on désigne par l'expression méli-mélo. Parfaitement dominé par deux maîtres du genre, cela donne ces quelques extraits tirés de *Malheur aux barbus*, chef-d'œuvre du loufoque signé Pierre Dac et Francis Blanche.

Extrait de l'œuvre et d'un rapport de mission destiné au préfet de police :

« Spectacle extraordinaire, effrayant. Dans les cages, des animaux monstrueux, anormaux qui nous firent croire à un rêve : Une panthère à tête de poulet, un ours avec des pattes de mouche et une queue de rechange, un loup à tête de homard, et toute une galerie de créatures comme personne n'en a jamais vu.

C'était l'œuvre de Mostoblase. Je n'énumérerai pas les hideuses bestioles, telles que python à tête de cheval, cheval à tête de lard, etc. que nous avons rencontrées car si, par hasard, votre dame lisait ce rapport, monsieur le Préfet, elle en tomberait dans les pommes.

Nous nous couchâmes tous les trois derrière une vitre dépolie. Il était temps, le Professeur entrait, soliloquant. Et je me souviens de son monologue, à une virgule près.

“ Ah ah ! chantonnait-il. On va s'occuper maintenant de ce gentil commissaire Socrate. Qu'est-ce que je vais bien pouvoir en faire ? C'est la première fois que je fais une greffe sur un commissaire de la P.J.... Ah, ah, ah !... Je suis un savant, un grand savant ! le professeur Mostoblase, qui transforme les animaux à sa guise et qui, pour la première fois, va transformer un homme en... en quoi ? oui... en quoi ?... hein ? Voyons... voyons... si je lui mettais une tête de musaraigne et des pattes d'araignée ?... hein ?... non... une gueule de tigre alors ?... ou une tête de chameau... et je grefferai sa tête à lui sur le corps d'une autruche... non, non... mieux que ça... je vais lui greffer une tête de chien et, à la place des bras, des ailes de chauve-souris... ah, ah, ah !... merveilleux, pour un policier ! Le flair d'un chien... et l'agilité d'un oiseau !... Le commissaire Socrate, de la P.J., transformé en commissaire de la brigade volante ! ah, ah, ah !... allons-y ! allons-y... et pas besoin d'aide ! Le professeur Mostoblase opère lui-même... Mes pinces, mon couteau à vivisection... dans le cas présent, je puis même dire mon couteau à changement de section ! ah, ah, ah ! À nous deux, commissaire Socrate ! ” »

Beaucoup d'esprits faux font du loufoque sans le savoir en réalisant des greffes contre raison sans espoir de voir survenir une salvatrice réaction de rejet.

Qui trop embrasse...

Bien que le cas soit tout à fait autre, et en craignant fort de choquer beaucoup, on dira que l'on n'est tout de même pas très loin des greffes contre-nature lorsque l'on assiste à certaines tentatives de syncrétisme prétendant bâtir à coup sûr le système le meilleur puisqu'ayant emprunté à chacun des autres systèmes ce qu'ils ont de meilleur.

Dans un entretien accordé à Pierre Clément et publié dans un ouvrage intitulé *Le Matin des biologistes*[1], Henri Laborit étale ainsi sa satisfaction de l'œuvre par lui accomplie :

> « J'ai la chance, depuis trente ans, de m'être fait un langage interdisciplinaire, et d'avoir lu pratiquement tout ce qui peut être lu dans les disciplines les plus variées. Et si j'ai appelé un de mes livres, qui date de 1974, *La Nouvelle Grille,* c'est parce que cette grille se prétend englobante de toutes les autres.
>
> Dans *L'Inhibition de l'action,* par exemple, je me suis amusé à reprendre toutes les théories psychiatriques sur la maladie mentale : il n'y en a pas une que je rejette !
>
> Konrad Lorenz et les béhavioristes, Skinner ; Wilson maintenant ; les anthropoculturalistes ; les organodynamiciens ; tous ont dit quelque chose d'intéressant. Il s'agit de les relire et de voir ce qui reste dans chacun. Puis de construire un modèle dans lequel tout cela fonctionne.
>
> À partir de ce moment-là, vous voulez transmettre le modèle que vous avez créé. C'est possible de le faire en 800 pages et 2 000 références. Pour les initiés. Mais quels initiés ? Ils sont tous séparés, le neurophysiologiste voit la neurophysiologie, le comportementaliste les comportements...
>
> Mais ma construction personnelle me semble valable pour des millions de gens dans le monde. »

On sait trop ce que valent les citations hors contexte, et celle-ci l'est particulièrement, mais tout de même on sent une telle et sincère volonté de réaliser un amalgame harmonieux de tout ce qui se serait fait jusque-là de bien qu'on se prend à douter. Et ce d'autant plus que ce désir de synthèse éclairante,

1. Raison présente, 1980.

de lutte finale philosophique, se retrouve chez d'autres adeptes dévots de la science et investigateurs de la pensée. On pense en particulier à Edgar Morin touchant dans ses désirs mais assez incertain dans sa génétique.

Ce qu'apprend l'histoire des sciences et ce qu'a fort bien compris Thomas Kuhn, c'est que pour démêler une situation il faut faire l'analyse des différents courants de pensée qui ont successivement ou simultanément déposé leurs conclusions ou leurs alluvions.

Ce que l'on a esquissé avec la peinture de la médecine à trois brins n'est qu'une soumission à cet impératif de chercher les composants d'une manière de faire. Non, la médecine n'est pas une, la seule médecine institutionnelle est triple.

Une opinion « simple et claire » résulte toujours de la superposition de plusieurs points de vue.

Des idées séparées

Michel Foucault était, au Collège de France, titulaire de la chaire d'évolution des idées. Ce qu'il cherchait à mettre en relief, c'est ce changement ou cette addition de points de vue qui font par exemple que l'on passe de l'âme au psychisme, de la médecine de Pomme à la médecine de Laennec, qui cette fois est la clinique. La volonté de Foucault de démêler et de ne pas refondre formait, semble-t-il, la préparation la plus fructueuse à la décision puis à l'action qui l'une et l'autre sont « une » mais se prennent ou s'enclenchent en toute connaissance de la diversité structurelle.

Réellement, on n'a aucun besoin de faire des grâces à Henri Laborit ou Edgar Morin, on dira cependant que les exemples qui vont suivre ne signifient pas qu'on mette ces deux hommes célèbres au rang des personnages à venir. On dira simplement qu'eux, en concluant de la sorte, font du tort au travail considérable qu'ils accomplissent. Ceux dont on va parler maintenant n'ont ni vraiment travaillé ni vraiment réfléchi, du moins on l'espère. Ils se jettent pourtant dans le champ du méli-mélo, puis, comme l'écrivait Pagnol, « serrent contre leur cœur les bornes du couillonnisme et courent aussi vite et aussi loin qu'ils peuvent afin d'agrandir leur domaine ».

Voici ce qui peut être réalisé comme ours avec pattes de mouche et queue de rechange !

Yves Rosuel dans *Guérir par le magnétisme*[1] :

> « La peau joue aussi un rôle dans la respiration en absorbant l'oxygène de l'air et en expulsant le gaz carbonique. C'est ainsi — nous en avons eu le triste spectacle — que des oiseaux pris dans une nappe de mazout ayant la tête hors de l'eau meurent assez rapidement (...). Autrement dit, la peau, en dehors de ses fonctions protectrices des organes placés au-dessous, a un rôle de régulation de la température, une fonction de dépuration et d'élimination du gaz carbonique et des déchets de la sueur et joue un rôle complémentaire à celui des reins et de la respiration. »

C'est bien gentil, mais ce n'est ni vrai ni exact. La peau n'est ni un troisième rein ni un troisième poumon. La peau n'est pas une enveloppe emballant ce qui est « dessous ». La peau est la peau, un organe à part entière, chargée de fonctions spécifiques et multiples. Yves Rosuel laisse là parler son émotion. Il est peut-être poète du magnétisme, il n'est pas un féru de science adepte du magnétisme.

Louis de Brouwer, naturothérapeute à Millau, intelligent et créationniste, se réclame d'une école pensant que le monde a sept mille ans et que le darwinisme est une fumisterie. Seuls les textes de la Bible pris mot à mot ont de la valeur. C'est d'ailleurs ce que professent aussi certains États des U.S.A. où enseigner le darwinisme était jusqu'ici punissable par la loi si l'on n'enseignait pas le créationnisme dans le même temps. Louis de Brouwer s'intéresse au cancer. Il privilégie l'une des théories émises, celle attribuant un rôle décisif aux mitochondries, étranges composants des cellules vivantes.

Le voici, ayant beaucoup lu, amalgamant les découvertes et liant une sauce à sa façon :

> « Plus les tissus vieillissent, plus il se forme de péroxydes donnant des radicaux libres qui par alkylation des chromosomes peuvent entraîner des mutations et donc le cancer.
>
> Dans un premier temps, la première mutation donnera des tumeurs bénignes : fibromes, adénomes évoluant très lentement si elles se stabilisent du fait que la membrane des cellules atteintes ne perd pas complètement toute perméabilité.
>
> Si, au contraire, les péroxydes lipidiques se sont accu-

1. Survivance du passé, 1979.

mulés sur cette membrane, empêchant les cellules de respirer par manque d'oxygène, et si de plus les cellules ne peuvent rejeter ces péroxydes par suite d'un déficit enzymatique, ces tumeurs bénignes évolueront très rapidement vers la cancérisation d'autant que les cellules mortes auront provoqué un épaississement du tissu intercellulaire et l'auront rendu fibreux.

Mais cela n'est pas le cas le plus fréquent, à mon avis. Pour qu'une tumeur bénigne devienne maligne, il est nécessaire que s'opère une seconde mutation induite par le recouvrement de la surface membranaire des cellules par un complexe lipoprotéines-glycoprotéines-mucine, ainsi que je l'ai exposé déjà.

À ce moment-là, les cellules périphériques s'acidifient par une production d'acide lactique (qui prouve le retour des cellules à une vie anaérobie) lequel dissout les histones qui recouvrent les gènes non fonctionnels (les gènes couverts).

Le processus de cancérisation total (ou vrai) est désormais enclenché[1]. »

Une jolie façon d'enfiler les perles

C'est une démonstration typique de méli-mélo.

Il y a de cela plusieurs années, j'allai à l'hôpital Saint-Antoine demander à Guy André Voisin une recommandation pour être admis à suivre les cours d'immunologie à l'Institut Pasteur. Aimablement reçu par un homme accablé de travail, mais qui pour l'instant paraissait détendu, je me risquai à une question : « Que pensez-vous de la dualité du système lymphoïde ? » C'était une théorie du système immunitaire qui m'avait positivement enthousiasmé. Voisin — mauvais signe — ne connaissait pas. En m'efforçant d'être bref, je lui dis de quoi il s'agissait.

Il sourit gentiment et me dit : « C'est une assez jolie façon d'enfiler les perles. » Ce que voulait dire Guy André Voisin, c'était ceci : toutes les perles étaient vraies mais leur ordre artificiel et le fil était ténu. Au premier étirement ou à la prochaine perle ajoutée, il casserait évidemment. Ce que fait Louis de Brouwer, c'est enfiler les perles joliment et selon un

1. Louis de Brouwer, *Les Portes de la lumière*, éd. De Brouwer, 1982.

ordre arbitraire pour soutenir ensuite que le collier défiera les siècles. Erreur : ce n'est pas en rajoutant des perles qu'on fortifie une théorie ou un modèle pensé, c'est en émettant une hypothèse vérifiable expérimentalement. Le reste est du « bavardage » (Jean Bernard), du « roman » (Dubos), de la « science-fiction » (Pierre Auger). Dernier de mon carré d'as, Cabanis aurait dit « ouvrage de la superstition ou de l'obscurantisme ».

Syncrétisme et ses tentations, poésie et son évasion, joaillerie de pacotille : voilà déjà trois exemples de méli-mélo.

On veut en donner d'autres. En voici un pris dans la publicité médicale grand public et touchant à un produit dont on aurait grande tristesse qu'on lui cherchât un jour des ennuis : la séculaire Jouvence de l'abbé Soury.

> « Pour avoir un sang jeune, entretenez-le... La Jouvence de l'abbé Soury... aide à mieux régulariser simplement les petits troubles circulatoires qui vous empoisonnent la vie. »

Qu'un étudiant en médecine écrive cela en juin dans sa copie d'examen, le voilà à coup sûr prié de revenir en septembre et pas du tout parce que le jury se sera déclaré enthousiasmé et fera connaître son désir d'écouter pour son plaisir le postulant. Là encore on télescope les concepts, on utilise des mots forgés par les médecins, ici troubles circulatoires, ou parés par eux d'un sens bien précis — le sang — pour aboutir à des affirmations péremptoires et étranges : qui dira ce qu'est un sang jeune ? ou un vieux ? L'interrogation est la même. Qu'est-ce qu'entretenir son sang ? Et d'ailleurs quels composants du sang la Jouvence entretient-elle ?

Encore : quelles relations pourrait-il exister entre une révision de printemps du sang et de petits troubles circulatoires ?

Arrêtons-nous sur un autre exemple, emprunté à nouveau à Raymond Dextreit.

> « L'argile régularisant le pH sanguin, il va de soi que pour les utilisateurs ayant initialement les humeurs acides, cela se traduit par une alcalinisation.
>
> D'autre part, le cancer s'accompagnant d'une alcalose, situation anormale qui peut être interprétée comme une manifestation défensive de l'organisme, certains ont cru devoir extrapoler — d'ailleurs sans aucune base précise — et

imaginer que l'argile pouvait induire le cancer. Une expérience assez prolongée et étendue permet d'assurer qu'il s'agit là de propos sans aucune base sérieuse.

D'autres observations ayant également mis en évidence le fait que le sang des cancéreux — dont la plupart ignorent même l'argile — est alcalin, ceci entraînant parfois comme conclusion qu'il conviendrait de l'acidifier.

Or l'alimentation courante actuelle est généralement composée d'éléments acidifiants, et l'on chercherait assez vainement des cancéreux l'ayant modifiée. Cette alcalose résulterait donc d'une rupture de l'équilibre ionique entre les quatre électrolytes de base (calcium, sodium, magnésium, potassium), le tissu cancéreux étant généralement carencé en magnésium et calcium, alors qu'il est pléthorique en potassium et sodium.

Comme il n'est pas démontré que cette alcalose précède le cancer, on peut raisonnablement admettre qu'elle est la conséquence et non la cause du cancer, la présence de la tumeur et ses sécrétions perturbant l'équilibre ionique. »

Je ne souhaite pas de mal à M. Raymond Dextreit et, s'il a bien vendu comme il l'annonce 700 000 exemplaires de son ouvrage, *L'Argile qui guérit,* c'est qu'il doit avoir rendu heureux ses quantités de patients. Mais son texte est du charabia. Ou de la poésie.

Je suis tout aussi dubitatif lorsque je lis ce témoignage venu de son expérience : « à la base du coude droit était apparue une éruption ressemblant à du pityriasis. Tout ce qui fut tenté (...) ne donnant aucun résultat, j'essayai les cataplasmes d'argile. Très rapidement l'anomalie disparut sans que rien ne se soit manifesté un an après ». Pityriasis ? vraiment ? Ne serait-ce pas plutôt psoriasis ?

Le décret civil pénal du 2e lit de la 14e chambre

Ayant lu, on s'interroge. Aurait-on le droit de s'en aller conseiller à Mme Rozès, premier président de la cour de cassation, de « consulter le décret civil pénal du 2e lit de la 14e chambre pour requérir contre le procureur général en vertu de l'ordonnance du 12 mai, non remboursée par la Sécurité sociale » ? Les gens de justice ont ceci de différent d'avec les gens de médecine qu'ils n'ont pas laissé piller leur vocabulaire, ni envahir leurs textes d'à peu près profanes. Jamais un avocat marron ou plus simplement quelque chicaneau ne s'aventurerait à refaire les lois et articles du Code. En médecine et en sciences, si. Il ne serait pas mauvais que les magistrats se penchent sur le délit que constituent vol de mots et usage de faux dans le domaine médical et scientifique. Il est dans certains cas aussi répréhensible de se livrer à ces pratiques que d'emprunter à un agent de police son costume, sa casquette et son bâton pour réglementer la circulation selon ses pensées et ses souhaits.

Protéger le langage de la médecine et de la science devient même une urgence.

Désordre des mots, mélange des concepts, dérapage dans l'action, horlogerie des montres molles, pertes de chances sans doute pas si rares : le méli-mélo médical, biologique, épistémologique aboutit à tout cela.

On aurait bien de l'espoir si l'on pensait pouvoir changer quoi que ce soit à la démarche d'esprits étrangement rassurés par leur propre rigidité.

On ne s'adressera donc en aucun cas à ceux qui livrent au public le spectacle sacralisé de leurs digestions intellectuelles. On pense en revanche utile d'indiquer comment trier un peu dans ce méli-mélo.

Vérité, nature, mystère

À partir de quels référentiels tous ces systèmes alambiqués s'élaborent-ils ? Quelles valeurs les fondent ? Il est peut-être possible d'en dégager trois : la vérité, la nature, le mystère. Les trois conviennent d'ailleurs aussi pour classer les systèmes conceptuellement cohérents.

La recherche de la vérité est sans doute commune à toutes les démarches de l'esprit. Elle est la référence suprême. Mais il y a deux manières fondamentalement différentes de se comporter vis-à-vis d'elle : ou bien on la recherche, ou bien on l'attend. La vérité du chercheur n'est pas la vérité révélée. Il est inutile de revenir en détail sur ceux qui recherchent la vérité activement et qui pensent la voir briller au fond de leurs laboratoires, ou au plus profond de leur néocortex : vérité des justes, vérité des convaincus, vérité du désordre sacré de l'esprit. Il est aussi des vérités révélées. Si la vérité enflamme Pascal une nuit — « Feu — feu — feu » — une forme de vérité aussi s'impose sans doute aux papuscules de sectes. L'esprit ainsi embrase parfois enfin des cerveaux dérangés. Et cela parfois a conduit le monde très loin, trop loin.

La nature et ses dévots

Le second référentiel est la nature. Vis-à-vis d'elle, plusieurs attitudes se dessinent : la nature a ses combattants, ses composants, elle a ses servants et ses charlatans.

Les combattants luttent avec elle comme Jacob avec l'ange, ont parfois la hanche déboîtée, mais, lorsqu'ils triomphent, lui arrachent un secret, une de ses réalités, une de ses lois. Cette loi permet d'expliquer du compliqué visible par de l'invisible simple. En employant cette formule, Jean Perrin voulait exprimer simplement ce qu'est un rapport constant, une loi découverte qui mise à jour pourra dès lors être utilisée pour faire bien autre chose que ce qu'en faisait jusque-là la nature. La nature jamais n'a fabriqué sur terre de bombes atomiques, même si elle a pourtant réalisé au moins un réacteur nucléaire spontané, même si le Soleil lui-même n'est jamais qu'une succession d'explosions thermonucléaires. Mais l'homme découvrant les secrets de l'atome a su reconstituer sur terre des bombes H, et bâtir — ce qui est mieux — des réacteurs nucléaires en série.

Les combattants sont donc les plus humbles : ce qu'ils veulent revient à lever le voile, à dé-couvrir ; mais ils sont les plus orgueilleux : après s'être battus pour connaître ils se battront pour conquérir en remodelant la nature à leur profit, durablement, et parfois à leurs risques et périls.

Les composants n'ont pas cette arrogance : s'ils veulent aussi comprendre comment la nature s'y prend, ils tiennent, pour ce qui concerne le corps humain, à ce que soit mise la pédale douce.

Pour eux, le but ultime est de revenir à l'état de nature du corps humain supposé bon. Perverti par mille influences et en particulier celles venues des activités physiques ou mentales des hommes eux-mêmes, le corps est capable, disent-ils, de revenir à son point d'équilibre à condition de jouer en finesse sur le bon clavier, d'appuyer sur la bonne touche ou le bon levier. Moins on en fait, mieux on fait. Mais il faut faire : l'énergie vitale, la pensée qui guérit, le cri primal, le rire, les aiguilles dans la peau, le jeu des sutures crâniennes doivent automatiquement corriger les troubles. C'est tout juste si les oligo-éléments ou les dilutions infinitésimales de l'homéopathie leur sont tolérables. Les composants savent que la nature peut se tromper mais qu'on la remet facilement dans le bon sens si l'on sait s'y prendre, non pas en s'opposant par des thérapeutiques adverses ou contraires, mais en corrigeant. On surprendrait sans doute beaucoup des tenants des médecines différentes en leur montrant que toute l'œuvre d'un Claude Bernard ne tendait précisément que vers cela et qu'une très grande proportion des médicaments disponibles — les hormones en sont un exemple frappant — ne se proposent pas d'autres buts. Mais, en ce domaine, les jugements sont sommaires et les hormones balayées d'un geste parce que de la bouche des « servants » tombe ce mot qui est une condamnation qu'approuvent les composants : les hormones sont chimiques. La notion de chimique leur répugne en médecine. Du moins le soutiennent-ils.

Pour les servants : « *Nature knows best* », c'est la nature qui sait le mieux. Point besoin de chercher à comprendre comment la réorienter, moins encore de lutter contre elle. Il suffit de se confier et d'attendre. Manger bien, respirer bien, et loin de la pollution aller tondre ses moutons : c'est le secret du bonheur. Pour certains ; parce que beaucoup pensent au contraire qu'il faut jeûner, méditer aussi pour que les pouvoirs de la nature puissent au mieux s'exercer sur les corps. Il ne ferait pas bon indiquer aux servants qu'au fond le but de la médecine est d'épargner aux hommes ce qui arrive aux animaux au sein de ladite nature où sont impitoyablement éliminés tous ceux inaptes génétiquement : un faible défaut de la vue, une gêne à la locomotion, une perception du monde un peu défectueuse sont autant d'arrêts de mort ; ceux qui ont vieilli ; ceux enfin qui sont malades. Les servants répondraient en effet et vertement que le néocortex humain permet justement d'aller plus loin et de corriger tout cela, sans s'opposer, évidemment.

Il y a dans ces prises de position, lorsqu'elles sont sincères, une telle naïveté que l'on reste parfois confondu.

On se réconforte en voyant vivre les servants : les entorses à la règle sont fréquentes et la règle se révèle alors plutôt une branche à laquelle on s'accroche désespérément qu'une certitude que l'on suit fidèlement.

Les libertés prises avec la règle sont d'ailleurs souvent si grandes que l'on est en droit de se demander si l'on ne se moque pas entièrement de vous, et si le servant que l'on a en face de soi ne serait pas tout bonnement un bonimenteur exploitant une crédulité qu'il a lui-même soigneusement fait germer puis entretenue.

Une Cassandre prénommée Jules

On entre là dans le domaine des charlatans, personnages ambigus, dont le prototype est un médecin, Knock, immortalisé par un autre médecin, Jules Romains, en une pièce qui, au-delà des rires que tout de suite elle a suscités, portait en elle la description minutieuse de ce qui allait advenir de la médecine une fois qu'elle se trouverait plongée dans la société de consommation. Et où elle ferait semblant de prendre très au sérieux la différence entre chatouille et gratouille.

Knock de Jules Romains ? C'est la peinture de la perversion charlatanesque de l'offre médicale présentée assez habilement et sous des couleurs assez neuves pour répondre à cette triple attente des « malades qui s'ignorent » : voir rétablir l'égalité devant la peur, la douleur et la mort.

Avant d'aborder *Knock,* un mot encore sur le dernier référentiel, le mystère. Les justes n'en veulent pas. Il n'y a pas de mystère dans la nature ou du moins le mystère apparent peut toujours être percé à condition de s'y prendre correctement. Il faudra le temps qu'il faudra. Peu importe : la vérité extirpée de la nature par la démarche scientifique fera fondre le mystère.

C'est une attitude parfaitement opposée que soutiennent beaucoup d'autres. « Cela se peut, quelque chose de supérieur l'autorise. » Ce quelque chose de supérieur à jamais dissimulé aux yeux et aux intelligences des humains ne peut que s'imaginer. Le mettre en doute est sacrilège. Le mythe doit être vénéré !

Les charlatans aussi savent manier le mystère. Beaucoup d'illuminés encore; mais il touche aussi au plus profond tellement d'êtres éminents qu'on ne saurait ici entamer un débat. Il y faudrait trop de place.

Pour le moment, il faut en revenir à *Knock*.

Depuis qu'il a été décidé — au milieu de ce livre — d'effectuer une plongée dans le réel, dès lors qu'avide de pouvoir proposer ensuite des solutions capables de s'inscrire dans le réel de la vie sociale quotidienne on a choisi de mettre en relief ce qui oblige à passer de la structure idéale des choses à leur inscription dans le concret, une fois qu'a été pris le parti d'une dégradation volontaire de ce qui jusque-là avait été dégagé et qui faisait l'armature des démarches médicales mais ne rendait point compte des présentations préhensibles qui en étaient données au public, depuis ce moment donc ont été mises en avant ce que l'on pourrait nommer des « imbécillités » humaines ou des « infirmités » : faiblesses tenant aux rapports insuffisamment compris du physique et du moral de l'homme; confusions involontaires effectuées entre le vrai et l'exact, le rigoureux et le scientifique, entre comprendre et soulager, en un mot, entre art et science; mélanges inopportuns, tutti frutti ou macédoines, malaxant les mots, les référentiels, les points d'ancrage. Dans toutes ces confusions-là et qui obscurcissent beaucoup les rapports de la science et des médecines, c'est, on le redit, l'incapacité à dominer la situation qui peut être tenue pour la coupable première. Que la fatuité soit souvent à l'origine de tout, que des retombées sonnantes et trébuchantes en soient ensuite la conséquence, peu importe : au commencement était l'insuffisance, la faiblesse de la cervelle.

Avec *Knock,* on entre dans un autre domaine : celui de l'escroquerie bien dominée, mise en œuvre d'un schéma d'autant plus efficace qu'il a été longuement mûri et qu'il joue justement à fond la carte des « imbécillités » humaines qui dans les pages précédentes ont été analysées.

Knock[1] *et la prise du pouvoir*

On a dit déjà que, pour placer sur la bonne voie l'entreprise médicale, pour dégager une volonté médicale, les

1. Gallimard, 1924.

trois secteurs à remettre en ordre sont comme du temps de Cabanis :

1) les écoles de médecine,

2) les hôpitaux,

3) les secours publics, on dit aujourd'hui la Sécurité sociale.

Le reste — la pratique médicale — suivra. Comme l'intendance.

Lorsque ces trois secteurs insuffisamment pensés et bâtis vivent en dysharmonie, la pratique médicale est obligée de créer sur place ce qui ne lui vient pas spontanément de l'amont. C'est ce que fait Knock, médecin se débrouillant en cas de crise.

On rappellera l'histoire en deux mots. Saint-Maurice est une petite ville qui compte 3 500 habitants dans l'agglomération, 6 000 dans la commune et 12 000 au moins dans le canton. On y est « très à l'aise » et « terriblement avare ». C'est cela sans doute qui fait que le Dr Parpalaid ne voit que quelques malades par semaine, possède une automobile ne parcourant guère plus d'un kilomètre sans tomber en panne, n'est pas en mesure d'offrir à son épouse les bas et les chapeaux qui peuplent ses rêves, et ne peut enfin faire que vivoter un malheureux pharmacien qui, jour après jour, mesure qu'avec les ordonnances du docteur on ne ferait pas au bout de l'an un gros recueil. À Saint-Maurice, « l'âge médical » n'a pas encore commencé et, pense le Dr Parpalaid, n'est pas près de débuter. Aussi avec pas mal de roueries et de fausses promesses a-t-il vendu assez cher à un médecin fraîchement émoulu de la Faculté mais fort loin de son adolescence, son poste et sa clientèle. Knock va débuter officiellement. Mais déjà il a de l'expérience. Il a fait beaucoup de métiers, s'est fait passer pour médecin confirmé (et a exercé ainsi sur un navire), a rédigé une thèse, tout de même, avec en épigraphe cette situation « prêtée à Claude Bernard » : « Toute personne bien portante est un malade qui s'ignore. » Dès les premiers contacts, Knock comprend que Parpalaid l'a roulé. Mais c'est sans importance. Une discussion rondement menée lui apprend qu'à Saint-Maurice il trouvera bien un site approprié au développement de ses visées proprement mercantiles et à base médicale : « Mon cher confrère, j'ai le sentiment que vous avez gâché là-haut une situation magnifique... » Ce sentiment, en trois actes, devient la plus éclatante des réalités. Knock triomphe [1].

Comment en arrive-t-il là ? Très simplement. Il va d'abord tirer un parti inattendu des trois brins de la médecine. Bayle, Laennec et les cliniciens vont lui fournir les bases d'un délire de localisation anatomique des troubles qui laisse chacun de ses interlocuteurs pantois et soumis : la « dame en noir », les « deux gars » et la demoiselle « Lampoulas » savent désormais précisément d'où viennent leurs troubles. Voici pour la dame en noir :

> « La dame. — Mais qu'est-ce que je peux donc avoir de si terrible que ça ?
>
> Knock, *avec une grande courtoisie.* — Je vais vous l'expliquer en une minute au tableau noir. Voici votre moelle épinière, en coupe, très schématiquement, n'est-ce pas ? Vous reconnaissez ici votre faisceau de Türck et ici votre colonne de Clarke. Vous me suivez ? Eh bien ! quand vous êtes tombée de l'échelle, votre Türck et votre Clarke ont glissé en sens inverse de quelques dixièmes de millimètres. Vous me direz que c'est très peu. Évidemment. Mais c'est très mal placé. Et puis vous avez ici un tiraillement continu qui s'exerce sur les multipolaires.
>
> La dame. — Mon Dieu ! Mon Dieu !
>
> Knock. — Remarquez que vous ne mourrez pas du jour au lendemain. Vous pouvez attendre. »

Pasteur et ses microbes ne vont pas lui donner l'occasion de vanter les bienfaits des vaccinations et de l'hygiène, mais de créer dans le public la terreur de l'ennemi qui rôde et que la médecine de Knock seule saura débusquer. Il confie sa méthode à l'instituteur Bernard :

> « Commençons par le commencement. J'ai ici la matière de plusieurs causeries de vulgarisation, des notes très complètes, de bons clichés, et une lanterne. Vous arrangerez tout cela comme vous savez le faire. Tenez, pour débuter, une petite conférence, toute écrite, ma foi, et très agréable, sur la fièvre typhoïde, les formes insoupçonnées qu'elle prend, ses véhicules innombrables : eau, pain, lait, coquillages, légumes, salades, poussières, haleine, etc., les semaines

1. Knock, c'est Jouvet. Le père de Jouvet était de Brive, comme celui de Cabanis, comme celui de l'auteur, comme celui de l'actuel Premier ministre. Ah mais !

et les mois durant lesquels elle couve sans se trahir, les accidents mortels qu'elle déchaîne soudain, les complications redoutables qu'elle charrie à sa suite; le tout agrémenté de jolies vues : bacilles formidablement grossis, détail d'excréments typhiques, ganglions infectés, perforations d'intestin, et pas en noir, en couleurs, des roses, des marrons, des jaunes et des blancs verdâtres que vous imaginez.

Bernard. — C'est que... je suis très impressionnable... Si je me plonge là-dedans, je n'en dormirai plus.

Knock. — Voilà justement ce qu'il faut. Je veux dire : voilà l'effet de saisissement que nous devons porter jusqu'aux entrailles de l'auditoire. Vous, monsieur Bernard, vous vous y habituerez. Qu'ils n'en dorment plus! Car leur tort, c'est de dormir, dans une sécurité trompeuse dont les réveille trop tard le coup de foudre de la maladie. »

Client d'occasion, client régulier

Claude Bernard enfin lui permettra le grand bond en avant. Le grand homme a introduit au plan physiologique cette idée extraordinairement féconde du « milieu intérieur » baignant tous les organes qui, dans les circonstances habituelles, revient sans cesse à la normale, résiste parfaitement à toutes les modifications transitoires qu'implique le développement du jeu métabolique. Avec le concept de « fixité du milieu intérieur », Claude Bernard a ainsi permis de définir le « normal » en médecine. Or aucun individu, à quelque moment que ce soit, n'est jamais « normal » pour tous les paramètres. Knock tient là sa troisième clé. Sur ces bases-là, effectivement, tout sujet bien portant est un malade qui s'ignore. C'est au pharmacien, M. Mousquet — entre blouses blanches on se comprend — que Knock dévoile sa doctrine :

« Mousquet. — Il est vrai qu'à un moment ou l'autre de sa vie chacun peut devenir notre client par occasion.

Knock. — Par occasion? Point du tout. Client régulier, client fidèle.

Mousquet. — Encore faut-il qu'il tombe malade!

Knock. — “ Tomber malade ”, vieille notion qui ne tient plus devant les données de la science actuelle. La santé n'est qu'un mot, qu'il n'y aurait aucun inconvénient à rayer de notre vocabulaire. Pour ma part, je ne connais que des gens plus ou moins atteints de maladies plus ou moins nombreuses à évolution plus ou moins rapide. Naturellement, si vous allez leur dire qu'ils se portent bien, ils ne demandent qu'à vous croire. Mais vous les trompez. Votre seule excuse c'est que vous ayez déjà trop de malades à soigner pour en prendre de nouveaux.

Mousquet. — En tout cas, c'est une très belle théorie.

Knock. — Théorie profondément moderne, monsieur Mousquet, réfléchissez-y, et toute proche parente de l'admirable idée de la nation armée qui fait la force de nos États.

Mousquet. — Vous êtes un penseur, vous, docteur Knock, et les matérialistes auront beau soutenir le contraire, la pensée mène le monde. »

En tirant habilement sur les trois brins de la médecine dont il fait trois ficelles, Knock joue sur du velours. Mais il faut mettre tout cela en œuvre, et « le docteur », marginal, illuminé, escroc qui a la vocation, va jouer sur un triple clavier : il va bâtir son agence de publicité, commercialiser son produit; et pour cela recourir aux médias. *Knock* qui paraît en scène pour la première fois au théâtre des Champs-Élysées le 15 décembre 1923 annonce très en avance les pièges qui se tendront à la médecine lorsqu'elle intégrera la société de consommation, la société de loisir médical, la société d'abondance thérapeutique.

Jules Romains, dans *Knock,* frappe les trois coups d'un spectacle médical nouveau comme Molière dans *Le Malade imaginaire* fermait le rideau sur des siècles de médecine des humeurs décadente.

Knock est un publicitaire : il joue sur les deux ressorts les plus efficaces : le rêve et la culpabilisation.

Le rêve : il consultera gratis. Knock dicte son message au tambour de ville :

« Le docteur Knock, successeur du docteur Parpalaid, présente ses compliments à la population de la ville et du canton de Saint-Maurice, et a l'honneur de lui faire connaître que, dans un esprit philanthropique, et pour enrayer le progrès inquiétant des maladies de toutes sortes qui envahissent depuis quelques années nos régions si salubres autrefois...

Le tambour. — Ça, c'est rudement vrai !

Knock. — ... il donnera tous les lundis matin, de neuf

heures trente à onze heures trente, une consultation entièrement gratuite, réservée aux habitants du canton. Pour les personnes étrangères au canton, la consultation restera au prix ordinaire de huit francs. »

La culpabilisation : il insiste sur le fait que faute avouée ne peut pas être à moitié pardonnée. Le dialogue avec les deux « gars » venus pour semer le rire est là pour le prouver :

« Knock va fouiller dans un coin de la pièce contre un meuble, et rapporte de grands cartons illustrés qui représentent les principaux organes chez l'alcoolique avancé, et chez l'homme normal. Au premier gars, avec courtoisie :

— Je vais vous montrer dans quel état sont vos principaux organes. Voilà les reins d'un homme ordinaire. Voici les vôtres. Voici votre foie. Voici votre cœur. Mais chez vous, le cœur est déjà plus abîmé qu'on ne l'a représenté là-dessus.

Puis Knock va tranquillement remettre les tableaux à leur place.

Le premier gars, très timidement. — Il faudrait peut-être que je cesse de boire ?

Knock. — Vous ferez comme vous voudrez.

Le premier. — Est-ce qu'il y a des remèdes à prendre ?

Knock. — Ce n'est guère la peine. *(Au second.)* À vous maintenant.

Le premier. — Si vous voulez, monsieur le docteur, je reviendrai à une consultation payante ?

Knock. — C'est tout à fait inutile.

Le second, *très piteux.* — Je n'ai rien, moi, monsieur le docteur.

Knock. — Qu'est-ce que vous en savez ? »

Tambours, trompettes, médias

Knock recourt aux médias : à Saint-Maurice ce sont donc le tambour de ville et l'instituteur. Il faut d'abord les gagner à sa cause : il fait immédiatement de l'un et de l'autre des malades — donc des soumis — et des alliés.

Il ne lésine pas sur la flatterie. Lui, Knock, a compris la vivacité d'esprit du tambour de ville.

« Knock. — Je remarque que vous raisonnez avec une grande justesse, mon ami.

Le tambour. — Oh ! sûr que je raisonne, moi. Je n'ai pas l'instruction que je devrais. Mais il y en a de plus instruits qui ne m'en remontreraient pas. M. Le Maire, pour ne pas le nommer, en sait quelque chose. Si je vous racontais qu'un jour, monsieur...

Knock. — Docteur.

Le tambour. — Docteur !... qu'un jour, M. Le Préfet, en personne, se trouvait à la mairie dans la grande salle des mariages, et même que vous pourriez demander attestation du fait des notabilités présentes, à M. le premier adjoint, pour ne pas le nommer, ou à M. Michalon, et qu'alors...

Knock. — Et qu'alors M. le préfet a vu tout de suite à qui il avait affaire, et que le tambour de ville était un tambour qui raisonnait mieux que d'autres qui n'étaient pas des tambours mais qui se prenaient pour quelque chose de bien plus fort qu'un tambour. Et qui est-ce qui n'a plus su quoi dire ? C'est M. le maire.

Le tambour, *extasié*. — C'est l'exacte vérité ! Il n'y a pas un mot à changer ! On jurerait que vous étiez là, caché dans un petit coin. »

Quant à l'instituteur, il suffit d'insister sur son rôle naturel, de le polir, et le faire briller :

« Knock. — Monsieur Bernard, quelqu'un qui est bien renseigné sur vous m'a révélé que vous aviez un grave défaut : la modestie. Vous êtes le seul à ignorer que vous possédez ici une autorité morale et une influence personnelle peu communes. Je vous demande pardon d'avoir à vous le dire. Rien de sérieux ici ne se fera sans vous.

Bernard. — Vous exagérez, docteur.

Knock. — C'est entendu ! Je puis soigner sans vous mes malades. Mais la maladie, qui est-ce qui m'aidera à la combattre, à la débusquer ? Qui est-ce qui instruira ces pauvres gens sur les périls de chaque seconde qui assiègent leur organisme ? Qui leur apprendra qu'on ne doit pas attendre d'être mort pour appeler le médecin ? »

Reste à bâtir le réseau. Ce sera le cabinet de Knock, évidemment ; l'officine pharmaceutique de M. Mousquet, arsenal approvisionnant sans cesse en munitions fraîches ; et puis aussi l'hôtel transformé en clinique. Ce qui surprend le Dr Parpalaid revenu chercher son dû :

« Le docteur. — Et toutes vos chambres sont occupées, un jour ordinaire ? Qu'est-ce que c'est que tout ce monde-là ?

Mme Remy. — Des malades.

Le docteur. — Des malades ?

Mme Remy. — Oui, des gens qui suivent un traitement.

Le docteur. — Et pourquoi logent-ils chez vous ?

Mme Remy. — Parce qu'il n'y a pas d'autre hôtel à Saint-Maurice. D'ailleurs, ils ne sont pas si à plaindre que cela chez nous, en attendant notre nouvelle installation. Ils reçoivent tous les soins sur place. Et toutes les règles de l'hygiène moderne sont observées. »

Enfin, sont soumis l'agglomération, la commune, le canton, qui désormais obéissent à un Knock qui s'enflamme :

« Regardez un peu ici, docteur Parpalaid. Vous connaissez la vue qu'on a de cette fenêtre. Entre deux parties de billard, jadis, vous n'avez pu manquer d'y prendre garde. Mais vous n'avez dû saisir là que ces beautés naturelles, dont vous êtes friand. C'est un paysage rude, à peine humain, que vous contempliez. Aujourd'hui, je vous le donne tout imprégné de médecine, animé et parcouru par le feu souterrain de notre art. La première fois que je me suis planté ici, au lendemain de mon arrivée, je n'étais pas trop fier ; je sentais que ma présence ne pesait pas lourd. Ce vaste terroir se passait insolemment de moi et de mes pareils. Mais maintenant, j'ai autant d'aise à me trouver ici qu'à son clavier l'organiste des grandes orgues. Dans deux cent cinquante de ces maisons — il s'en faut que nous les voyions toutes à cause de l'éloignement et des feuillages — il y a deux cent cinquante chambres où quelqu'un confesse la médecine, deux cent cinquante lits où un corps étendu témoigne que la vie a un sens, et grâce à moi un sens médical. La nuit, c'est encore plus beau, car il y a les lumières. Et presque toutes les lumières sont à moi. Les non-malades dorment dans les ténèbres. Ils sont supprimés. Mais les malades ont gardé leur veilleuse ou leur lampe. Tout ce qui reste en marge de la médecine, la nuit m'en débarrasse, m'en dérobe l'agacement et le défi. Le canton fait place à une sorte de firmament dont je suis le créateur continuel. Et je ne vous parle pas des cloches. Songez que, pour tout le monde, leur premier office est de rappeler mes prescriptions ; qu'elles sont la voix de mes ordonnances. Songez que, dans quelques instants il va sonner dix heures, que pour tous mes malades, dix heures, c'est la deuxième prise de température rectale, et que, dans quelques instants, deux cent cinquante thermomètres vont pénétrer à la fois... »

Triomphe des triomphes : le Dr Parpalaid, brusquement, ne se sent pas bien. Knock, grande âme, s'en chargera.

Le passage de Parpalaid à Knock, c'est bien une peinture exceptionnellement précise de la tentation médicale : appât du gain, contagion intellectuelle, réelle volonté de pouvoir, exaltation de la peur de mourir, du « droit à la santé ». Dès 1923 Jules Romains avait prévu cette inflation. Les systèmes de protection sociale n'allaient pouvoir que suivre.

Le charme d'un filou

Il y a cependant un point important à souligner. Knock est un escroc, un filou : il a menti pour se faire engager comme soignant sur un bateau alors qu'il n'était en ce temps-là que marchand de cravates, il recourt à l'intimidation pure et simple lorsqu'on lui résiste. Et il fait tout cela en se masquant derrière de grands sentiments.

« Le docteur. — Vous allez dire que je donne dans le rigorisme, que je coupe les cheveux en quatre. Mais, est-ce que, dans votre méthode, l'intérêt du malade n'est pas un peu subordonné à l'intérêt du médecin ?

Knock. — Docteur Parpalaid, vous oubliez qu'il y a un intérêt supérieur à ces deux-là.

Le docteur. — Lequel ?

Knock. — Celui de la médecine. C'est le seul dont je me préoccupe.

(...)

Le docteur. — Vous ne pouvez cependant pas mettre tout un canton au lit !

Knock, *tandis qu'il s'essuie les mains.* — Cela se discuterait. Car j'ai connu, moi, cinq personnes de la même famille, malades toutes à la fois, au lit toutes à la fois, et qui se débrouillaient fort bien. Votre objection me fait penser à ces fameux économistes qui prétendaient qu'une grande guerre moderne ne pourrait pas durer plus de six semaines. La vérité, c'est que nous manquons tous d'audace, que personne, pas même moi, n'osera aller jusqu'au bout et mettre toute une population au lit, pour voir, pour voir ! Mais soit ! je vous accorderai qu'il faut des gens bien portants, ne serait-ce que pour soigner les autres, ou former, à l'arrière des malades en activité, une espèce de réserve. Ce que je n'aime pas, c'est que la santé prenne des airs de provocation, car alors vous avouerez que c'est excessif. Nous fermons les yeux sur un certain nombre de cas, nous laissons à un certain nombre de gens leur masque de prospérité. Mais s'ils viennent ensuite se pavaner devant nous et nous faire la nique, je me fâche. C'est arrivé ici pour M. Raffalens.

Le docteur. — Ah ! le colosse ? Celui qui se vante de porter sa belle-mère à bras tendus ?

Knock. — Oui. Il m'a défié près de trois mois... Mais ça y est.

Le docteur. — Quoi ?

Knock. — Il est au lit. Ses vantardises commençaient à affaiblir l'esprit médical de la population. »

Oui, Knock est un escroc qui, comme un autre héros campé par Gabin, pense aussi que « c'est un crime de laisser dormir autant de pognon sans aller y toucher ». Jamais un escroc ne se prend pour un salaud. Mais toujours il a un pouvoir d'entraînement. Et le presque honnête — c'est-à-dire le normal — Dr Parpalaid, en se livrant comme malade cherche autant à percer la méthode de son successeur pour l'utiliser lui-même à son profit qu'à se rassurer sur son état de santé.

Lorsque l'on soutient — ce qui est honorable — que les Français sont très attachés à leur système de santé, et lorsqu'on se bat pour le maintien de la protection sociale, on fait bien. On peut se demander cependant si la volonté d'égaliser les chances devant la peur, la douleur et la mort, ne fait pas le lit de Knock qu'on laisse trop impunément prospérer.

Le paradoxe d'aujourd'hui est que les Knocks pour l'essentiel sont désormais loin de Pasteur, Laennec et Claude Bernard mais proches, disent-ils, du Tao, d'Hahnemann, de Dextreit, de Pistor ou de Mességué et de Claude Bernard. Car c'est un comble : ce que Claude Bernard a écrit de plus beau, de plus profond, de plus important, de plus générateur de progrès, va comme un gant à tous ceux qui se vautrent dans l'incertain, le charlatanisme, l'escroquerie ! Hélas !

C'est donc à la fois très simple et très compliqué : avec de jolis schémas, d'excitantes analyses, on parvient fort bien à cerner la pluralité des démarches médicales, la diversité des situations, la variété des protagonistes. On sait de quels fils est tissée la trame de la médecine. Mais devant un cas précis, dès que l'on se rapproche, la presbytie s'installe. Tous ces facteurs déformants, ces principes d'erreur, ces cartes biseautées qui s'introduisent dans l'action ou le jeu rendent chaque cas précis absolument impossible à classer sur des bases vraies. Toute la physique moderne et son principe d'indétermination fondamentale nous enseignent qu'il est impossible de déterminer à un moment précis la position précise d'un électron tournant autour de son noyau d'atome.

Pierre Auger, avec une infinie patience, a consacré quelques bonnes centaines d'heures à me faire approcher ces découvertes, confondantes pour la logique classique. Ainsi ce qui existe n'existe pas *précisément*, l'électron n'est pas une petite boule d'électricité repérable, c'est une probabilité de boule. Le vide n'existe pas, c'est une probabilité de matière. La physique moderne a validé Paul Valéry : « Chaque atome de silence est promesse d'un fruit mûr. » Rien est « probablement » quelque chose.

Sur des bases entièrement différentes, dans des espaces autres, la maladie et la santé dansent aussi le ballet du vide et des électrons. On ne sait pas, on ne sait plus définir la zone intermédiaire. Pour la majorité des consultants, on ne sait pas si le malade souffre en « matériel » ou bien au contraire en « vide ».

Knock dit : « Les gens bien portants sont des malades qui s'ignorent. » En définissant la santé comme « la capacité qu'on trouve en soi de réussir ce qu'on a envie d'entreprendre », Dubos dit à l'opposé : « Tout malade avéré porte en lui un bien portant qui s'ignore. »

Ce qui signifie concrètement que tant que la maladie a respecté l'esprit, n'a pas trop insulté la chair, jusqu'à ce qu'ait disparu la dernière parcelle de dignité humaine, quels que soient les troubles et désordres, il y a quelque chose de créatif, de neuf et d'intéressant à faire avec ce qui demeure bon. La peur de la mort, hélas, hélas, balaie cependant trop souvent les velléités de sagesse à la Dubos.

Alors la volonté se vide et la capacité de dépasser l'état de maladie s'évapore. L'esprit de lutte bute sur l'idée de lésion matérielle désignée. Est-il possible de changer cela ?

Changeons, nous, de préoccupation. Venons-en aux « pathophiles ». Voici le point de départ : si l'on met à part les grands fracas du corps ou les atteintes détériorantes, la maladie très souvent prend un aspect marécageux pour celui qui se penche sur elle. On ne sait plus où commence l'eau, où finit la terre. Les sables mouvants engloutissent le désir de comprendre. Viennent des mots : hystérique, hypocondriaque, déprimé, somatisation. On propose de rajouter : pathophile. La pathophilie est le quatrième avatar de la confusion des genres

La maladie comme pouvoir

La tante Léonie, de Proust, comme Argan, le malade imaginaire de Molière, ne sont pas malades parce qu'ils se sentent malades ; non, en fait ils organisent leur maladie parce qu'elle leur donne du pouvoir.

Et l'organisation ne laisse rien à l'improvisation. Tout est fait de minuscules détails. Chacun est hissé par le pathophile au niveau des grands moments de l'histoire du monde. Proust donne la parole à la tante Léonie :

> « — Françoise, regardez-moi ce nuage noir derrière le clocher et ce mauvais soleil sur les ardoises, bien sûr que la journée ne se passera pas sans pluie. Ce n'était pas possible que ça reste comme ça, il faisait trop chaud. Et le plus tôt sera le mieux, car tant que l'orage n'aura pas éclaté, mon eau de Vichy ne descendra pas, ajoutait ma tante dans l'esprit de qui le désir de hâter la descente de l'eau de Vichy l'emportait infiniment sur la crainte de voir Mme Goupil gâter sa robe.
>
> — Peut-être, peut-être.
>
> — Et c'est que, quand il pleut sur la place, il n'y a pas grand abri. Comment, trois heures ? s'écriait tout à coup ma

> tante en pâlissant, mais alors les vêpres sont commencées, j'ai oublié ma pepsine ! Je comprends maintenant pourquoi mon eau de Vichy me restait sur l'estomac.
>
> Et se précipitant sur un livre de messe en velours violet monté d'or, et d'où, dans sa hâte, elle laissait s'échapper de ces images, bordées d'un bandeau de dentelle de papier jaunissante, qui marquent les pages des fêtes, ma tante, tout en avalant ses gouttes, commençait à lire au plus vite les textes sacrés dont l'intelligence lui était légèrement obscurcie par l'incertitude de savoir si, prise aussi longtemps après l'eau de Vichy, la pepsine serait encore capable de la rattraper et de la faire descendre. " Trois heures, c'est incroyable ce que le temps passe !" »

Par réflexe ordinaire, on respecte malades ou blessés. Depuis surtout Henri Dunant, fondateur de la Croix-Rouge, il est devenu normal de respecter les blessés. Dans le même temps que l'on tue allègrement les bien-portants, on respecte les blessés. Paradoxe de la cruauté des guerres. De même, en temps de paix et dans le cadre familial, on respecte ordinairement la maladie. Or toute situation de privilège étant immédiatement exploitée, le respect porté à la maladie, les soins dont on l'entoure ont été dérivés et agencés en équipements de défense par nombre de finalement bien-portants. Ceux-là font les pathophiles, ceux qui aiment la maladie parce qu'elle leur confère un statut social, la possibilité de consommer du médical, le délice de se faire plaindre, le pouvoir de demander qu'on les laisse en paix pour souffrir, qu'on ne leur demande pas trop, qu'on comprenne leurs manquements au devoir, leurs absences vis-à-vis des responsabilités.

Il est difficile de bien cerner les pathophiles. Et ils ne génèrent pas spontanément. Dégager le profil de leurs partenaires indispensables, symbiotiques, c'est ce que Marcel Proust réussit en peignant Eulalie :

> « Eulalie était une fille boiteuse, active et sourde qui s'était " retirée " après la mort de Mme de la Bretonnerie où elle avait été en place depuis son enfance et qui avait pris à côté de l'église une chambre d'où elle descendait tout le temps soit aux offices, soit, en dehors des offices, dire une petite prière ou donner un coup de main à Théodore. (...) Ses visites étaient la grande distraction de ma tante Léonie qui

ne recevait plus guère personne d'autre, en dehors de M. le Curé. Ma tante avait peu à peu évincé tous les autres visiteurs parce qu'ils avaient le tort à ses yeux de rentrer tous dans l'une ou l'autre des deux catégories de gens qu'elle détestait. Les uns, les pires et dont elle s'était débarrassée les premiers, étaient ceux qui lui conseillaient de ne pas " s'écouter " et professaient, fût-ce négativement et en ne la manifestant que par certains silences de désapprobation ou par certains sourires de doute, la doctrine subversive qu'une petite promenade au soleil et un bon bifteck saignant (quand elle gardait quatorze heures sur l'estomac deux méchantes gorgées d'eau de Vichy !) lui feraient plus de bien que son lit et ses médecines. L'autre catégorie se composait de personnes qui avaient l'air de croire qu'elle était plus gravement malade qu'elle ne le pensait, qu'elle était aussi gravement malade qu'elle le disait. Aussi, ceux qu'elle avait laissés monter après quelques hésitations et sur les officieuses instances de Françoise et qui, au cours de leur visite, avaient montré combien ils étaient indignes de la faveur qu'on leur faisait en risquant timidement un : " Ne croyez-vous pas que si vous vous secouiez un peu par un beau temps ", ou qui, au contraire, quand elle leur avait dit : " Je suis bien bas, bien bas, c'est la fin, mes pauvres amis ", lui avaient répondu : " Ah ! quand on n'a pas la santé ! Mais vous pouvez durer encore comme ça ", ceux-là, les uns comme les autres, étaient sûrs de ne plus jamais être reçus. (...) En somme, ma tante exigeait à la fois qu'on l'approuvât dans son régime, qu'on la plaignît pour ses souffrances et qu'on la rassurât sur son avenir.

C'est à quoi Eulalie excellait. Ma tante pouvait lui dire vingt fois en une minute : " C'est la fin, ma pauvre Eulalie ", vingt fois Eulalie répondait : " Connaissant votre maladie comme vous la connaissez, madame Octave, vous irez à cent ans, comme me disait hier encore Mme Sazerin. " (...)

— Je ne demande pas à aller à cent ans, répondait ma tante, qui préférait ne pas voir assigner à ses jours un terme précis. »

Je te sacre malade

Rien de plus saisissant, lors de l'exercice de la médecine, que de passer d'un malade moribond grand de courage, de dignité, de plaintes contenues, à un personnage gémissant, persécutant, débitant d'un ton plein d'agressivité une histoire qui n'est, semble-t-il, rien. À certains de ceux-là il faut en convenir, Knock, Charcot et Freud ont fourni des alibis en or tellement massif qu'il n'est plus possible aujourd'hui de donner une définition précise du mot « malade ». Un malade est-il celui que le médecin reconnaît malade ? ou celui qui demande à être considéré comme tel ? Toute l'organisation médicale fonctionne en fait sur la seconde définition. Nul jamais n'est débouté de sa revendication d'être malade. Du moins s'il l'est par un soignant, sera-t-il reçu les bras ouverts par un autre, dix autres.

La diversité de ces « malades-*like* », pourrait-on dire en franglais, est grande. La médecine institutionnelle accueille volontiers toute plainte pour se lancer à la recherche d'une lésion, d'un trouble de fonction ou d'une cause responsable. Cependant si le fil trempé ne remonte aucun poisson, si l'on ne trouve « rien », le dialogue médecin-malade devrait s'épuiser vite. Il n'en est rien : innombrables sont les déprimés, les anxieux, les névrosés, les psychopathes, les psychosomatiques, les hystériques, à se sentir bien aux marges de la médecine institutionnelle. Même si les investigations n'ont rien objectivé, le réputé malade — comme d'ailleurs son médecin — sent bien qu'il y a « quelque chose quelque part ». Et ce sentiment flou suffit à maintenir tendus les liens. En favorisant aussi les allers et retours entre médecine institutionnelle et médecines différentes.

Il en va différemment pour les pathophiles : ceux-là se cabrent lorsqu'on ne trouve « rien ». Certes ils savent bien, confusément, qu'il n'y a rien à trouver mais ils n'ignorent pas qu'il est impossible de prouver qu'ils n'ont rien. Ils savent aussi que le temps qui passe ne travaille pas en leur faveur. Ils réagissent donc par l'intimidation et créent une situation nette : sera déclaré inhumain, cœur de pierre, esprit sec, égoïste, celui qui osera élever un doute quant aux raisons médicales invoquées par l'intéressé pour refuser sa part d'ouvrage à l'entreprise collective ou sa contribution à la simple joie de vivre du groupe.

Les pathophiles sont nombreux : la pratique des médecines différentes risque de multiplier vertigineusement leur nombre.

Knock proclamait : « L'âge médical peut enfin commencer », les pathophiles lorgnant vers la douceur ajoutent : « Le temps des malades est enfin arrivé. »

Jamais en effet aucune des médecines différentes ne rejettera le moindre pathophile. Puisqu'il n'y a pas de vérification de la maladie, puisque l'activité se juge aux résultats. Il n'y a pas ce retour en arrière vérificateur qui fait l'originalité de la médecine institutionnelle et l'accroche au wagon de la démarche scientifique.

Non, pour les médecines différentes, on *était* malade si l'on *a été* guéri par la médecine mise en œuvre. Cette validation a posteriori de la revendication par un individu de l'état de malade permet tous les dérapages. C'est un peu comme si, au tir à la carabine, on peignait le centre de la cible et les cercles concentriques une fois que le tireur a fait feu.

Une publicité vantait un jour une méthode infaillible pour détruire les mouches. Aucun diptère ne devait y résister. Il suffisait d'envoyer une dizaine de timbres, on recevait rapidement le matériel et une notice explicative. Le paquet défait et la notice en main, on découvrait comment s'y prendre. « Saisir la mouche par une aile, la disposer sur la planchette, frapper d'un coup sec avec le marteau : aucune mouche n'y résistera. »

C'est un autre exemple d'une même façon de raisonner.

Les pathophiles pris en charge par les médecines différentes peuvent rechuter autant qu'ils le veulent, ils ne lasseront jamais. Ils peuvent même — habileté ! — revenir de temps à autre s'assurer de l'impéritie de la médecine institutionnelle, et y trouver une raison supplémentaire de chercher à se faire plaindre.

Quarante ans sur le pot

J'ai connu un Argan : il a passé quarante ans de sa vie à se plaindre de son ventre et contraint toute une famille à écouter d'interminables histoires de transit intestinal défectueux, à contempler biquotidiennement le contenu nauséabond d'un pot de chambre imposant. Il était très riche. L'argent et son pot de chambre lui ont permis de garder aux ordres tout un petit peuple d'héritiers ne parlant que de sa santé. Il devait être heureux.

La multiplication des pathophiles et la satisfaction qu'ils

tirent des médecines différentes encouragent évidemment, en retour, quantité de médecins institutionnels à rajouter une corde à leur arc. Plutôt que de perdre le client, mieux vaut s'offrir quelques casquettes de plus ! Et ces casquettes sont d'une extrême variété.

On terminera d'ailleurs ce chapitre dévolu à « la confusion des genres » en soulevant un ultime point : celui des médecines différentes et des thérapeutiques différentes. Voici de quoi il s'agit.

On espère, parvenu à ce stade du livre, avoir peu à peu dégagé trois lignes de force, et 1) permis au lecteur de comprendre assez bien ce que l'auteur suggère lorsque l'on parle de « technologie de la pensée » avec des schémas différents proposés pour l'émotion d'une part, le modèle pensé et ses suites d'autre part ; 2) fait admettre les fondements de la « médecine institutionnelle » et de ses « trois brins » ; 3) ouvert les yeux enfin sur les bases tout autres des « parcours des différents ». On voudrait cependant, pour mieux préciser un point, souligner que dans le cadre de la médecine à trois brins, le fil anatomo-clinique conduit aux plus fréquents succès. Par la chirurgie. L'aboutissant le plus logique, spectaculaire et efficace de la médecine anatomo-clinique : c'est la chirurgie. Il y a eu traumatisme, vive douleur de la jambe, déformation : le médecin observe, palpe, complète son examen de radiographies : le mal est localisé. C'est une fracture qui ne consoliderait pas ou consoliderait mal toute seule : on opère. Presque toujours le résultat est remarquable. Le même schéma vaut pour le syndrome abdominal d'une hernie étranglée, d'une appendicite aiguë, d'un ulcère de l'estomac perforé ; pour un hématome situé entre le cerveau et les os du crâne ; pour une hémorragie interne. On ne peut pourtant pas tout confier aux chirurgiens : lorsque les lésions sont diffuses, lorsqu'elles concernent le foie dans son entier, ou les deux poumons, ou le cerveau de manière diffuse, il n'est pas question d'opérer. Il faut alors agir autrement, c'est-à-dire par des médicaments censés lutter contre la cause. On le peut par exemple contre presque tous les agents bactériens et parasitaires ; on est également actif contre certains mécanismes pathologiques, par exemple les troubles métaboliques du diabète, ou l'inflammation d'un rhumatisme, mais très souvent la cible est trop imprécisément définie : l'on n'a pas su encore par les travaux de recherche dégager l' « articulation » essentielle sur laquelle agir, le point de la maladie sur lequel on devra faire porter les efforts. Il y a souvent plus rageant : c'est lorsque l'on dispose de moyens très efficaces sur ce qu'on se propose d'atteindre, mais qui se révèlent hélas trop imprécis, trop violents, trop actifs et détruisent, outre la partie malade, beaucoup de ce qui demeurait sain.

Le dépit où l'on se trouve de devoir détériorer la serrure faute d'avoir pu trouver la clef parfaitement adaptée, l'usage inconséquent fait des médicaments, l'horreur née à la seule idée que le produit est « chimique » se conjuguent alors pour pousser dans bien des cas à rechercher tout autre chose que ces médicaments trop violents dont on dispose.

Alors on cherche souvent d'autres manières de se servir des médicaments eux-mêmes ou des matières premières dont on les extrait.

Dans la ligne ou hors la ligne

Ainsi naissent des *thérapeutiques* différentes. Elles ne sont en rien comparables aux *médecines* différentes en ce sens que leurs prescripteurs acceptent parfaitement les démarches diagnostiques de la médecine institutionnelle. On n'est point là dans le méli-mélo : on choisit seulement une conclusion thérapeutique inhabituelle à une démarche diagnostique institutionnelle.

Ainsi est née par exemple la mésothérapie que l'on aurait très bien pu nommer aussi la pistorothérapie, tant elle remonte à un homme et un seul, Maurice Pistor, mais que l'on ne saurait baptiser médecine pistorienne, tant ceux qui la mettent en pratique se sentent tout au long de leur acte médical fils très légitimes de la Faculté.

Faire de la mésothérapie, c'est injecter des médicaments dans le derme ou sous la peau, en très petites quantités, en points séparés dans une zone soigneusement choisie.

Pourquoi *méso ?* Parce que le derme de la peau comme les zones situées sous la peau viennent du mésoderme, le feuillet central de l'embryon, qui est au début réduit à trois « couches ». Tout ce qui dérive du mésoderme a un rôle essentiel dans le fonctionnement du corps humain. Ce que les ostéopathes nomment fascias vient du mésoderme. L'idée qu'il y a une continuité du tissu conjonctif et qu'il est très réactif est donc largement répandue. Or le conjonctif le plus directement accessible est situé à l'intérieur même de la peau et juste en dessous d'elle. Il est très facile, dans le derme ou sous la peau, d'injecter ce que l'on veut. M. Pistor s'est convaincu un jour de ce que traiter une maladie sensible à un produit en le donnant non plus en grande quantité et par voie générale, mais à petite dose dans le derme ou le méso situé sous la peau, et faire cela au moyen d'un appareil automatique distribuant le médicament voulu dans une région correspondant à l'organe à soigner, donnait des résultats très satisfaisants. La mésothérapie était née, les mésothérapeutes allaient se multiplier, confronter leurs résultats, affiner leurs protocoles. On irait au-delà des faits en soutenant que la mésothérapie a toujours parfaitement réussi dans son entreprise de démontrer la réalité des résultats annoncés, mais on faillirait au service le plus élémentaire de la justice en ne reconnaissant pas que les mésothérapeutes affichent haut et clair leur intention de ne pas se limiter seulement à valider leurs affirmations aux seules lumières de la satisfaction de leurs malades. Ils veulent par-dessus tout des vérifications statistiques et une démarche leur permettant de comprendre — comme les prescripteurs d'aspirine — les bases moléculaires de leurs résultats.

La mésothérapie, même si ses petites doses évoquent grossièrement l'homéopathie, même si ses multipunctures évoquent les aiguilles chinoises, et même si la procaïne à laquelle elle recourt souvent fait surgir l'image du Dr Aslan, revendique bel et bien sa place comme complément thérapeutique de la médecine à trois brins, institutionnelle.

Les risques de dérapage de la mésothérapie ne doivent pas être minimisés. Mais il est de la première honnêteté de souligner que tout médicament mis sur le marché est aussi l'objet de « dérapages ». La mésothérapie, donc, est bien une thérapeutique différente, non pas une médecine différente, moins encore une médecine magique.

De la mésothérapie on rapprochera les traitements par les plantes. Ils ont leurs écoles, leurs chapelles, leurs groupuscules et d'innombrables dissidents, mais les justifications mêmes de la médecine par les plantes la font considérer souvent comme une branche thérapeutique greffée en toute légitimité sur la médecine institutionnelle, les « plantes » prenant simplement la place des médicaments au terme d'un parcours « institutionnel ».

Les plantes des justes

On a déjà employé l'expression de « matière médicale » à propos de l'homéopathie. Elle sous-entend la matière dont se sert la médecine pour réaliser ses médicaments. Pendant très longtemps, la matière médicale s'est limitée aux plantes et à tout ce que l'on peut en extraire. A l'expression « matière médicale », on préfère aujourd'hui le mot de pharmacognosie.

On ne peut mieux définir l'une et l'autre et expliquer comment depuis de nombreux siècles se sont déroulés les faits qu'en empruntant aux Prs Paris et Hunabelle. On donnera leur définition : « La matière médicale ou pharmacognosie a pour but de définir les caractères botaniques des plantes médicinales et des drogues qu'elles fournissent, la nature des principes chimiques qu'elles renferment, leur activité physiologique, leurs méthodes de contrôle et leur emploi thérapeutique. »

On découvre ainsi la différence avec certaines médecines dites naturelles : il suffit à celles-là d'aller dans les prés et les bois cueillir les simples pour être en mesure de confectionner immédiatement une soupe aux herbes sauvages supposée revivifiante, régénérante, régulatrice, réparatrice. La pharmacognosie affirme : les plantes viennent sans doute de la nature, mais la garantie n'en est pas pour autant absolue. Selon l'usage que l'on en fait et ce que l'on en tire, on établit trois catégories.

La première comprend les plantes pour tisanes, les extraits aqueux et (l'expression eût enchanté Courteline) les extraits secs aqueux. « Prendrez-vous cet apéritif sec ou à l'eau ? Sec aqueux, s'il vous plaît ! »

La deuxième catégorie renferme : les teintures d'usage traditionnel, les extraits hydro-alcooliques de titre élevé, d'usage également traditionnel, les poudres de plantes totum assimilable à un usage traditionnel, enfin les alcoolatures.

Quant à la catégorie dernière, on y retrouve les teintures d'usage non traditionnel (U.N.T.), les extraits hydro-alcooliques de titre élevé U.N.T., les poudres de plantes totum U.N.T., les teintures de plantes fraîches U.N.T. et les suspensions intégrales de plantes fraîches.

Peut-être l'œil a-t-il glissé un peu sur cet énuméré et n'a pas tout mémorisé ; il restera tout de même ceci : se soigner

« par les plantes » n'est pas simple. Et quoi que puissent penser les prosélytes de la guerre du cru, le nez ne sera pas suffisant pour indiquer quelle préparation pourrait s'avérer la meilleure.

Il y a d'autres problèmes : selon la saison, le lieu de provenance, les conditions de recueil, etc., un lot de plantes aura des caractéristiques données et comportera certaines substances et pas d'autres.

Il est donc de la plus haute difficulté de savoir préparer les plantes et d'en obtenir des dérivés à teneur constante en principes actifs. Chacun sait fort bien qu'on meurt rarement de s'être fait une tisane avec le tilleul du jardin ou d'avoir parfumé son thé avec de la menthe fraîche de même provenance. Mais on va aujourd'hui bien au-delà. Un séjour même court dans un laboratoire de pharmacognosie, une oreille glissée dans une conversation d'experts laissent penser qu'il vaudrait mieux parfois se renseigner avant de sacrifier à la nature. Il y a de sacrées molécules dans les plantes.

Peu importe pourtant la toxicité éventuelle des plantes si leurs dérivés sont utilisés, pour les plus suspects, comme des médicaments : ils se branchent alors sur la médecine institutionnelle dont la règle est de tester chaque produit avant de décider d'en faire un traitement, de suivre de près le traitement, pour dépister à temps d'éventuelles retombées fâcheuses, et d'évaluer enfin précisément sur quoi il agit. Mais s'ils sont pris n'importe quand, n'importe comment et en quantités importantes en référence à une médecine « naturelle » plus ou moins clairement définie, les dérivés de plantes ne sont — il est vrai — plus une thérapeutique différente, ils sont les ingrédients même du merveilleux paramédical ou des médecines sacrées.

Et l'on est revenu là — après un crochet dans le champ des thérapeutiques différentes — au royaume des différents, de ceux qui ne connaissent, ni ne veulent connaître, Cabanis, Bayle, Laennec, Wirchov, Pasteur, Magendie ou Claude Bernard, et préfèrent leurs veaux d'or — supposés parfois conduire à des ponts du même métal. Cette plaisanterie approximative pour rappeler que le chapitre que l'on conclut ici avait pour titre : « La confusion des genres. »

V

Les raisons de l'écho qui résonne

« Avis — incomplets — au peuple sur sa santé » avait, en clôturant la première partie, permis de jeter un œil et de tendre l'oreille sur et vers ce qui se dit, se montre, s'imprime à travers les médias. On y a vu comment l'apparition du texte imprimé puis du journaliste avait bouleversé les relations médecin-malade, comme elle avait bouleversé la quotidienneté de la vie individuelle et collective en créant cette nouveauté : l'opinion publique.

Il faut se poser la question : existait-il une opinion publique avant les médias ? La réponse est évidemment oui : il y avait des connaissances communes caractérisant le groupe, il y avait un système d'informations et, tout au long du Moyen Âge par exemple, les prêtres se chargeaient de faire circuler par-delà les limites de la féodalité les nouvelles concernant la chrétienté. Cependant, aux veillées du soir dans les chaumières, on écoutait plus les anciens raconter leurs souvenirs et des légendes, ou les plus jeunes faire part de leurs tracas quotidiens, qu'on ne discutait ferme sur la dernière décision papale, épiscopale, royale ou seigneuriale.

Les médias à voix seulement humaine

C'est qu'on manquait de haut-parleurs et de réseaux de diffusion. Même à l'échelon purement local, le problème n'était pas mince. C'est toujours drôle lorsque, au cinéma, l'on voit dans un péplum hollywoodien un tribun, ou Jules César soi-même, exaltant au combat une foule de quelques dizaines de milliers de personnes. Essayez un jour de vous installer au beau milieu de la pelouse du parc des Princes pour y haranguer cinquante mille de vos partisans. Auriez-vous un thorax comme Ajax, le timbre puissant d'un baryton et le souffle d'un marathonien, vous n'arriverez jamais à vous faire entendre que de quelques centaines de vos « fans ». Sans « sono », pas de Woodstock, pas même de Zénith. Le temps, le joli temps de la rengaine, où les chanteurs avaient de la voix permettait sans doute de chanter sans micro mais la taille des salles était tout de même limitée et les murs retenaient le son. Comment s'y prenait-on alors pour prêcher une croisade à cent mille convaincus assemblés ? On vous le raconte fort bien lorsque, à Clermont-Ferrand, vous visitez l'église du Port où justement fut prêchée la première croisade. L'orateur parlait. Les premiers rangs l'entendaient. A chaque fin de phrase ou période, quelques hommes se détachaient du groupe et allaient répéter ce qu'ils avaient entendu à ceux situés derrière eux et, vague par vague, la nouvelle peu à peu s'étendait au loin. On imagine sans peine les erreurs de transmission en fin de chaîne. Mais chaque auditeur ne savait-il pas à l'avance ce que l'on allait lui dire ? S'il était venu jusque-là, ce n'était pas en badaud encore à convertir. Depuis des années, localement, les prêtres avaient travaillé à diffuser.

Une opinion publique existait donc bien, si l'on veut, mais elle était extrêmement longue à former et peu de messages circulaient à la fois.

Les sentiers de l'information

Les médias se sont désormais diversifiés et, dans les pays industrialisés libéraux, le pluralisme démocratique et les mécanismes de la société de consommation font que les médias publient tout, strictement tout.

Affirmez tout de go que vous avez trouvé au fond d'un petit bois un trésor enterré, que vous avez été le témoin, dans le ciel, d'une apparition divine, dites que vous avez trouvé une martingale définitive pour gagner au loto, que votre supérieur hiérarchique est un malfrat et que vous avez des preuves, qu'un ministre est venu tracer des graffitis sur le mur de votre immeuble, que vous avez repéré dans la rivière les signes d'une pollution suspecte : les médias bougeront. Évidemment vous ne verrez pas se précipiter les stars. Pas tout de suite du moins. Mais, tout de même, on viendra. Les médias sont sur tous les coups, sur tous. Il n'est besoin de s'être offert ni une campagne de publicité, ni une grande polémique, ni un scandale, on pourra être démuni d'appuis, de copinage, de gros sous, on aura pu tomber au pire moment, celui où déjà l'actualité regorge et déborde, si l'on a « quelque chose » à dire, il y aura du monde pour le recueillir.

Ce qui advient ensuite est beaucoup plus mystérieux. Le plus souvent d'ailleurs il n'en advient presque rien. Parfois, au contraire, et même si le fait est anodin par rapport à ce qui chaque jour survient dans le monde, la planète entière — enfin la part où existe une « opinion publique » — va retentir des *échos* de l' « affaire ».

Tout est dans le mot « écho ». Pourquoi certaines nouvelles ont-elles un retentissement, alors que d'autres tombent totalement à plat ? A posteriori il est toujours facile d'expliquer. À l'avance, nul ne sait jamais si le « lancement » sera réussi. Mystères de l'écho qui résonne.

Ainsi, les choses sont claires : sans médias libéraux pas d' « opinion publique » trépidante. Avec ces médias, une vie haletante, réglée non pas par l'importance « réelle » de la nouvelle mais par l'écho qui en naît et qui revendique deux mécanismes : la vibration à l'unisson et la réaction en chaîne.

La vibration à l'unisson s'explique par les invariances humaines d'origine génétique — nous sommes humains, donc semblables, donc sensibles collectivement à certaines informations précises. La réaction en chaîne est due au besoin irrépressible de faire part aux autres d'une émotion brusquement ressentie. Ce sont les morts violentes de personnages illustres qui mettent le plus vite en mouvement ces deux mécanismes complémentaires. Il serait intéressant de savoir au bout de combien de temps 80 % des Français ont connu la mort de Claude François ou de Coluche. L'opération n'a peut-être pas pris trois heures.

Alea jacta est

Mais la connaissance des mécanismes de propagation est sans intérêt : elle ne donne pas le fin mot de l'affaire :

pourquoi ici un écho, ici le silence ? Ça, on ne le sait jamais à l'avance.

En revanche, on pense ne pas se situer très loin de ce qui pourrait être soumis à vérification en énonçant : les médias ont un pouvoir de mise en alerte, ils n'ont aucun pouvoir pédagogique ou presque. Cette affirmation n'est pas une attaque, seulement une constatation. Toute la structure des entreprises médiatiques et des messages qu'elles diffusent privilégie le symbole, la recherche de l'émotion, de l'écho ressenti, lesquels lorsqu'ils passent passent bien, mais souvent font un bide. Les mêmes médias à l'opposé font une croix sur l'aspect pédagogique dont le but avoué est de mettre en place dans la cervelle du lecteur-auditeur-spectateur un modèle pensé, construit de manière cohérente.

Avant d'aller plus avant on veut insister sur ce point : l'opinion publique n'est pas faite par un groupe éclairé et éclairant, dispensant ensuite ses lumières à un peuple d'ignorants. Non, lorsque éclate une nouvelle, tout le monde l'apprend en même temps. L'émotion créée est immédiate et balaie tout. Les experts dès lors n'ont pas grande chance d'être écoutés. Pas plus, en tout cas, que la déferlante vox populi.

Lorsque la France, en 1986, est battue par l'Allemagne en demi-finale de la coupe du monde de football, chaque P.-D.G. de grosse entreprise inculte en technique footballistique a une opinion émotionnelle des raisons de l'échec et aucun n'écoute Guy Roux, entraîneur d'Auxerre, expliquer pourtant posément que le système défensif des Allemands nouvellement mis au point constituait une arme redoutable dont les secrets n'ont pu être percés à temps. Non, on préfère s'en prendre à Platini ! À l'inverse lorsque l'on annonce qu'à La Hague s'est produit un incident et que trois personnes ont été contaminées mais sans aucun danger pour leurs jours futurs, il ne se trouve pas grand monde dans le milieu du football pour chercher à savoir précisément ce que sont ces « contaminations » et combien d'ouvriers ont été gravement blessés par accident du travail non radioactif sur le plus grand chantier du monde. Non, on a peur du nucléaire et l'on tempête contre ses représentants.

Là encore, l'émotion dispose de tout. Et les experts parlant juste n'endiguent rien du tout.

Cette émotion perceptible et transmissible sur-le-champ n'est qu'un aspect de ce dont il a été question jusque-là sous les noms d'imagination, d'écho ressenti. Elle est, en face d'une situation, la réaction la plus immédiate. Elle donne — tout est là — l'illusion de la compréhension, elle est « maîtresse d'erreur et de fausseté ».

Et nul ne sait très bien quels ressorts la déclenchent vraiment. Pascal l'appelle l' « imagination ». Mais même si l'on dit aujourd'hui « émotion », Pascal avec sa force et son habileté coutumières dans le choix des exemples sait faire toucher du doigt cette réaction première sur laquelle jouent les médias. « Le plus grand philosophe du monde sur une planche plus large qu'il ne faut, s'il y a au-dessous un précipice, quoique sa raison le convainque de sa sûreté, son imagination prévaudra. Plusieurs n'en sauraient soutenir la pensée sans pâlir et suer. »

Encore : « Qui ne sait que la vue des chats, des rats, l'écrasement d'un charbon emporte la raison hors de ses gonds », ou ceci : « Le ton de voix impose aux plus sages et change un discours et un poème de force. L'affection ou la haine change la justice de face. » Conclusion : « Plaisante raison qu'un vent manie et à tous sens (...). La raison a été obligée de céder et la plus sage prend pour ses principes ceux que l'imagination des hommes a témérairement introduits en chaque lieu... » Dernière citation : « Si les médecins avaient le vrai art de guérir, ils n'auraient que faire de bonnets carrés... » Nous revoilà au chaud du livre.

Bon sang, mais c'est bien sûr !

La pédagogie au contraire ne vise pas à réveiller une émotion flambante à l'annonce d'un fait, d'un incident ; elle s'efforce de construire dans le cortex de l'enseigné un réseau de connexions logiques entre concepts clairs. Ce n'est évidemment pas la même chose. Et cela ne prend ni une ou deux minutes, ni même une ou deux heures de distraction instructive. Construire en soi un modèle pensé demande en règle des dizaines d'heures de travail intellectuel. C'est cela l' « apprendre », qui diffère du « ressentir ». La confusion entre les deux situations vient généralement de ce que le moment où tout se met en place est vécu comme un éclair de lucidité dont les lumières persistent ensuite. Et, dès lors s'oublie facilement le travail d'élaboration ayant précédé le moment de concrétisation. Infiniment court pour l'émotion, tellement long pour le modèle pensé. Cet

« oubli » ne caractérise pas uniquement des esprits légers et superficiels : combien d'examinateurs se laissent aller à des « Faites un effort, réfléchissez un peu, c'est évident voyons », alors que ce qu'ils demandent d' « élémentaire » au postulant leur a personnellement réclamé des heures et des heures de tentatives infructueuses de compréhension.

La progression de l'émission « Les cinq dernières minutes » et le « bon sang, mais c'est bien sûr » de l'inspecteur Bourrel traduisent en ce sens bien mieux la réalité de la constitution d'un modèle pensé que le plus célèbre encore « Élémentaire, mon cher Watson ».

« Bon sang, mais c'est bien sûr » matérialise ce que l'on a nommé « l'instant créatif »[1] et dont on a donné de très nombreux exemples dans ce livre. Cet instant créatif existe, il est pour l'esprit un éblouissement, une lumière brusquement venue et définitivement installée. C'est le meilleur moment sans doute aucun d'une vie de chercheur. C'est cela « l'idée » dont Einstein parlait à Paul Valéry. Il est sans doute assez secouant pour donner une sensation identique à ce qu'occasionne une émotion brutalement imposée, la découverte, au sortir d'un tournant de route, d'un grandiose paysage ; pour être confondu aussi avec le frisson que provoque la découverte brutale d'un cadavre au cours d'une promenade, ou d'un serpent venimeux dans un carton de fruits exotiques ; ou à la surprise de trouver chez soi un voleur qui croyait la maison vide. Mais ces « découvertes »-là n'ont été préparées par aucune réflexion volontaire, par aucun désir de trouver. Elles matérialisent le fortuit. Vous pouvez d'ailleurs « découvrir » avec une pareille émotion à la lecture des journaux, à l'audition de la radio ou sur les lèvres d'un présentateur de journal télévisé que quelques milliards de centimes vont tomber dans votre poche, conclusion inattendue de quelques francs investis dans un jeu de hasard. Cette découverte brutale là encore bouleverse. Et l'on peut revenir sur Phèdre découvrant Hippolyte ; Phèdre sentant « tout son corps et transir et brûler » n'est pas moins bouleversée que Louis Pasteur qu'on ne voit jamais sourire sur aucune photo (c'est à peine si sur l'une l'on voit un petit rictus crispé) et qui, lors de sa première découverte importante, quitte son laboratoire de l'École normale, saute au cou du premier condisciple rencontré et, passant outre son air médusé, lui

1. *L'Instant créatif,* Florence Vidal, Flammarion, 1984.

explique en quelques mots désordonnés qu'il vient de voir du jamais vu, de comprendre du jamais compris, et que les cristaux viennent de lui livrer un premier secret.

Découvrir n'est pas découvrir

Mais Phèdre n'avait strictement rien fait pour découvrir Hippolyte ; Louis Pasteur depuis des mois ne cherchait qu'une chose : ce qui, à ce moment précis, venait de lui apparaître tellement net que réellement « c'était bien sûr » et prenait même l'allure d'une chose « élémentaire, mon cher Watson ».

Autre différence : Phèdre ayant « découvert » Hippolyte, l'affaire est entendue. Le drame tragique est en devenir mais inéluctablement en place. Phèdre, comme Oreste, va se livrer en aveugle au destin qui l'entraîne. Louis Pasteur, lui, se doit de garder les yeux bien ouverts. L'instant créatif qui fait émerger la théorie, le modèle pensé, annonce toute une phase de vérification expérimentale, de mises en doute, de chicanes, qui très souvent se termine mal. L'imagerie d'Épinal de l'histoire des sciences n'a choisi de retenir que les instants ayant eu des suites heureuses comme si avoir l'illumination voulait dire avoir réellement compris. S'il en était toujours ainsi, nous élèverions aujourd'hui des statues et nous connaîtrions par cœur les noms de Félix Le Dantec, du découvreur des rayons N, d'Auguste Lumière qui toute sa vie joua avec le plus grand brio le mauvais numéro dont de pseudo-instants créatifs lui avaient fait jurer qu'il tenait le bon bout.

Ne pas confondre donc découverte et découverte. Découverte du passionnément cherché et découverte fortuite. Ne pas mêler l'illumination née de la première et le remuement, l'émotion nés de la seconde. Ne pas oublier la vérification expérimentale qui suit l'illumination vécue de la constitution d'un modèle pensé.

Les progrès qui s'effectuent désormais dans le domaine de la neurobiologie permettent de commencer à situer les « circuits » qui se mettent en place chaque fois que l'on apprend et que l'on inscrit quelque chose dans sa mémoire. Il sera extrêmement intéressant de voir dans les années à venir quels circuits sont concernés et bâtis chez les Phèdre découvrant leur Hippolyte et quels chez les Pasteur découvrant un secret des cristaux.

On peut imaginer — imaginer sans plus — que, chez Phèdre, la vue de l'inaccessible jeune homme connecte de vieux circuits mis en place sans aucun effort de construction volontaire, caractérisant pour certains les comportements invariants des hommes depuis l'origine, et ceux appartenant à la mémoire collective dont nous sommes chacun imprégnés et qui faisaient dire à René Dubos : « Je ne vis pas dans le passé, c'est le passé qui vit en moi »; pour d'autres enfin des souvenirs personnels. Pour Pasteur au contraire, les circuits qui se connectent tout aussi brutalement ont pour certains été réactivés ou même établis par lui. Et cela tout au long de sa période de réflexion, de maturation. L'éclair qui jaillit n'est jamais que l'ultime connexion. On dirait en architecture la pose de la clé de voûte. Tout a été fait auparavant. Et, encore une fois, tout reste à confirmer expérimentalement.

La comparaison la plus saisissante capable de rendre compte de l'instant créatif est, semble-t-il, celle des anamorphoses. Il y a au musée de Rouen et au musée des Arts décoratifs à Paris de magnifiques anamorphoses. Celle de Rouen a peut-être le plus de valeur pédagogique. Il existe une toile qu'on dirait peinte par un maître de l'abstraction : la peinture est belle, les plages de couleur forment un ensemble harmonieux et l'on n'y reconnaît rien !

Disposez le tableau horizontalement. Placez en son centre un cylindre métallique poli et réfléchissant : le tableau se projette sur ce miroir où vous « découvrez » alors une admirable crucifixion.

L'instant créatif est bien celui où des éléments de connaissance jusque-là épars produisent brusquement du sens. Pour le spectateur, l'anamorphose est une excellente métaphore de la recherche scientifique. Ce que nous livre la nature, c'est finalement une réalité « évidente » mais inaccessible sous cette forme à notre intelligence. Le savant doit, au milieu de cent tableaux abstraits, savoir reconnaître celui qui pourrait être une anamorphose, puis il lui faut chercher l'outil qui donnera la clé. Ce peut être un cylindre réfléchissant mais aussi une pyramide, un vase plein de liquide, un miroir déformant. Il lui faut enfin trouver l'emplacement correct où le placer. Toute cette démarche préalable, on le sent, prend un temps considérable à l'homme de science.

Au moment où tout se concrétise, ce qui progressivement a été entrevu devient brusquement éclatant d'évidence. Tout le travail passé fait brusquement du sens.

L'enseignement au fond procède comme le travail du scientifique. Une par une des notions sont enregistrées, mémorisées, stockées sous forme de circuit. Mais elles ne servent encore à rien. Sinon peut-être à commettre pas mal d'erreurs. Et alors que tout en principe a été appris, répété, depuis longtemps, un jour souvent, assez brusquement, mais plus souvent à l'insu cette fois de l'apprenti, l'appris se met en place et devient opérationnel.

Comprendre et concrétiser

Le déclic s'est produit. Il vient de ce qu'un dernier circuit a bouclé la boucle. Ainsi une poésie est-elle tout à coup sue « par cœur », un espoir sportif devient-il brusquement un champion, et les journalistes sportifs parleront de brutale mutation, ainsi prend-on le tour de main pour réussir une sauce ou danser la valse. L'appris devient savoir, et savoir opérationnel. Chacun de nous, un jour, ainsi a « découvert » la marche sur deux pattes ou la nage « là où on n'a pas pied ».

Mais, pour chaque acquisition, que l'apprentissage a été long, fastidieux ! A quelles férules et contraintes a-t-il fallu se soumettre ! Et que tout cela est vite oublié dès que l'on sait !

Les médias sont-ils bâtis pour pouvoir faire aller de ce côté-là ? La réponse est non. Sauf pour le livre. A un degré moindre pour les journaux. Mais ni la radio ni la télévision n'ont dans leur routine de valeur pédagogique. Depuis plus de dix années, le Liban vit un martyre. Chaque jour ou presque, la télévision met sous les yeux la carte de ce pays ou celle de Beyrouth. Combien de personnes interrogées seraient capables de situer correctement le Liban, Beyrouth ou la plaine de la Bekaa sur une carte ? Quel téléspectateur de football n'ayant pas joué lui-même serait capable de dire la différence entre un stoppeur et un libero et de dire quel système de jeu ont utilisé les Argentins pour remporter la coupe du monde en 1986 ? Pourtant il a eu cela sous les yeux, rien ne lui a été caché. Alors ?

Eh bien, les médias sont du côté du divertissement, non pas de la compréhension en profondeur des choses. À la différence du maître, de l'enseignant ou du chercheur, les médias ne cherchent en rien à expliquer « du visible compliqué par de l'invisible simple ». Si l'on vous montre les grandes eaux à Versailles, on attirera votre attention sur le spectacle prenant des gerbes d'eau jaillissant et retombant dans le bassin, on ne cherchera pratiquement jamais à vous expliquer comment a été conçu et réalisé le dispositif mécanique assurant ces retombées. Et, si on le fait, ce ne sera sûrement pas pour vous initier à la mécanique des fluides et aux lois de l'hydraulique.

Les médias, en toutes circonstances, privilégient l'émotion, ce qui frappe au cœur, ce qui « emporte la raison hors de ses gonds », fait s'évader l'esprit.

La leçon de Sempé

Deux légendes extraites d'un album de Sempé, *Information-Consommation*[1], permettent mieux que de longs discours de faire toucher ce que l'on veut dire. Il s'agit de deux scènes de télévision.

La première représente une bibliothèque somptueuse. Les projecteurs, les caméras, les fils qui courent ont presque tout envahi. Il reste un coin magnifiquement éclairé. L'animateur de l'émission y est installé auprès d'un homme âgé, fièrement campé sur ses jambes, le torse bombé et la barbe orgueilleusement pointée vers l'avant. L'animateur demande :

« Inutile, Charles David Wernher de vous présenter à nos téléspectateurs. Tout le monde connaît le romancier, l'essayiste, le pamphlétaire (vos joutes avec André Gide sont encore dans toutes les mémoires), le scientifique (vous êtes l'intime de Brigdway, le disciple d'Einstein). Vous avez très bien connu Einstein d'ailleurs, l'homme d'action (votre livre sur la guerre d'Espagne est autobiographique), vous êtes à l'origine du mouvement néo-figuratif qui, dans les années 48-50, a révolutionné l'art, et votre influence au sein de la N.R.F. est de notoriété publique. Aussi, Charles-David Wernher, la première question qui se pose est : combien gagnez-vous par mois ? »

C'est bien cela, privilégier l'émotion aux dépens de la compréhension en profondeur.

Un deuxième dessin restitue la même atmosphère, fié-

1. Denoël.

vreuse du côté du présentateur, blasée du côté des techniciens. Le présentateur questionne :

« Allez, on y va. Vous répondez rapidement s'il vous plaît, car nous n'avons plus qu'une ou deux minutes de pellicule. Je voudrais vous demander ceci : que pensez-vous de l'individualisme — de la conception de l'individualisme — face à la civilisation de masse, et pensez-vous que le freudisme contribue à aliéner l'individu au profit de la société et, dans l'affirmative, quels sont les moyens dont dispose l'individu face à ce conditionnement ? L'individu doit-il se déculpabiliser pour se libérer, mais en même temps, par la prise de conscience, être utile à la société ? Dans ce cas, l'individualisme, la désaliénation, le déconditionnement ont des frontières très floues que nous aimerions vous voir préciser... Moteur !... »

La démonstration est là plus nette encore : la seule voie laissée ouverte à l'interrogé est celle de l'émotion. En une minute ou deux il ne peut que jouer sur une corde sensible. S'il veut expliquer ce qu'il pense du sujet avancé, s'il veut transférer au téléspectateur son modèle pensé, il lui faut en effet quelques centaines d'heures.

En choisissant en revanche la corde sensible sur laquelle il va faire porter sa courte intervention, il peut cependant faire tout de même conclure : « Quelle intelligence ! Comme il explique clairement ! À l'entendre on se sent intelligent ! » On sent qu'on pourrait comprendre.

Aussi, le secret de la réussite dans les médias n'est pas dans la qualité de ce que l'on dit mais dans l'impalpable qu'on y ajoute et qui fait palpiter les âmes, c'est-à-dire naître l'émotion.

« Il avait tout lu, peu retenu, encore moins compris. » Cette phrase de Pierre Dac, à condition de compléter « lu » par « vu et entendu » résumerait assez bien la situation. Mais il faudrait y ajouter comme dans les contes de fées : « Il vécut donc heureux et eut beaucoup d'enfants. »

On se tromperait en effet du tout au tout si l'on voyait dans ces lignes les premiers pas d'une croisade proposant de rendre les médias pédagogiques. Ils ne sont pas faits pour cela. Il ne le faut pas. Les médias sont là pour plaire, pour sensibiliser, ouvrir l'esprit, aiguiser les appétits de connaissance, sûrement pas pour remplacer l'école.

Que l'on utilise le procédé télévisuel à l'école est une chose ; que la télévision, la radio, les journaux et les romans deviennent obligatoirement pédagogiques : quel ennui mortel en résulterait ! D'ailleurs cela ne sera jamais envisagé.

Et, dans ce domaine, les choses sont claires : les professeurs ennuyeux sont parfaitement bannis des médias, même si en d'autres lieux ce même ennui médiatique se transforme en triomphes dans la préparation des élèves aux examens ou concours.

La pédagogie et la transmission d'émotions sont deux espaces distincts.

La double alliance

On peut cependant demander aux médias de jouer tout de même sur les deux espaces. Mais en se limitant au B, A, BA pédagogique. On peut vouloir apprendre au public le tout début des choses tout en privilégiant l'émotionnel. En ce domaine il y a eu un maître. On s'accorde à reconnaître que l'un des meilleurs utilisateurs des médias de notre temps a en effet été le général de Gaulle. Qu'on n'oublie jamais ceci : du temps de De Gaulle il y avait une chaîne de télévision, une seule. Pas de carte : le menu obligatoire. Le risque était donc total, comme les chances de succès cumulées.

Ce que faisait passer de Gaulle était à la fois émotionnel et symbolique d'une part, pédagogique d'autre part.

Émotionnel et symbolique : de Gaulle est de ceux qui ont porté au plus haut le prestige et la grandeur de l'émotion. Bouleverser les esprits, électriser les consciences, obtenir de véritables conversions, il savait faire cela. Le message qui passait était totalement distinct de sa personne même. De Gaulle n'était que le messager transmettant une charge émotionnelle qu'il savait venir du fond de l'histoire de son pays.

Le Général était conscient de l'importance extrême et de l'intérêt premier dans la vie quotidienne des facteurs émotionnels. « Alors, mon cher vieux pays, nous revoilà à nouveau face à face... » Voilà qui n'était pas du pathos facile.

De Gaulle c'était, en même temps, la démarche la plus pédagogique qui soit : « Toute ma vie je me suis fait une certaine idée de la France » ne se rattache en rien cette fois au domaine émotionnel. L'idée est ici une idée à la Einstein. Un modèle pensé sans cesse affiné, adapté, rééquilibré en fonction des contraintes du moment. Avoir une certaine idée — avoir son modèle pensé de la France —, c'est être prêt à affronter toutes les tempêtes parce que l'on a emmagasiné déjà tous les faits, qu'on est parvenu à les épanouir en concepts, qu'on a organisé ces concepts de manière à en faire un ensemble cohérent rationnel, mis à chaque occasion possible à l'épreuve des faits. Avoir une « certaine idée », c'est l'opposé même de « faire palpiter les âmes » ; ou plutôt cela se situe dans un autre espace.

La force de De Gaulle est d'avoir, dans chacune de ses interventions, su combiner le recours à l'émotionnel et la volonté de faire intégrer à la cervelle des autres son modèle pensé de la France et du monde. On citera sans doute longtemps sa description de la Chine : un monument de pédagogie. Oui, pendant onze années de Gaulle a enseigné, a cherché à communiquer aux autres les prémisses de son modèle pensé. C'est sans doute parce qu'un jour il souffrait trop de ne voir jugé en lui que l'aspect émotionnel qu'il déclara : « La France ne mérite pas de Gaulle. »

Pour bien marquer les limites de l'admiration et pour montrer qu'on ne sombre pas dans l'idolâtrie partisane, on dira d'abord que l'on aurait pu sans doute faire la même analyse de Jean Jaurès, à la différence que Jaurès n'eut jamais à exercer réellement le pouvoir. Mais on trouvait aussi chez lui cette fièvre ardente et contagieuse de l'émotion comme ce schéma solide et adaptable : son modèle pensé des relations sociales.

On ajoutera enfin que le modèle pensé de De Gaulle est demeuré inachevé. Les relations entre États, la place de la France dans le monde, la manière de donner des institutions à la France, tout cela correspondait à la partie mature d'une « certaine idée » de la France. Les rapports de production, la place du travail dans la société, cela ne lui est, semble-t-il, jamais apparu avec autant de clarté. On peut imaginer qu'une nouvelle traversée du désert lui aurait permis de fortifier son modèle pensé sur ce point où lui-même se sentait faible et qui rendait parfois pour lui certaines situations « insaisissables ».

Un des rares bi-appartenants (émotion-pédagogie) à s'être jamais épanoui dans le domaine médical est certainement Pasteur. Et lui, sans la radio ni la télévision, sans même accorder ou presque d'entretiens aux journaux. D'ailleurs, en ces temps-là, cela ne se faisait pas. Quels étaient donc alors les hauts lieux où s'approvisionnaient les livres de vulgarisation, les gazettes, les intermédiaires du bouche-à-oreille et les enseignants? C'étaient les tribunes des grandes académies : Académie de médecine, des sciences, Académie française. Comme il est dommage pour la science que ces grands débats aient disparu. C'est, semble-t-il, dû aux effarants pouvoirs grossissants des médias actuels. Je vais me transformer en convaincu du discutable; peut-être en horloger des montres molles : c'est le pouvoir de multiplication des médias qui a fait que le fin du fin pour un homme politique est de délivrer hebdomadairement une « petite phrase » ordinairement insipide, dont on parvient pourtant à faire tout un monde. « M. Tartempion a déclaré que le procédé du président Duchmol était *inélégant.* » Et l'opinion se passionne. « Il a dit inélégant! Eh bien, il n'a pas froid aux yeux. »

Un petit peu dommage mais complètement intéressant

Le côté microscope électronique des médias fait que le contenu du discours se rétrécit. Et, pour mieux montrer la volonté farouche de ne pas en faire trop, on dit « un petit peu » à chaque tronçon de phrase. C'est lorsqu'on veut faire chic, décontracté, en pointe, que l'on affiche désormais : « C'est complètement intéressant! »

Ainsi le vrai du débat est-il souvent occulté. Il faudra sans doute une bonne génération pour mettre au point les mots appropriés qui à la télévision permettront de faire passer ce que l'on veut dire. Pour le moment les « je ne vous conseille pas de dire cela, c'est dangereux » fleurissent dès que l'on veut parler franc. Et avec raison. Dire ce que l'on pense, mettre son âme à nu est devenu beaucoup plus choquant que de montrer ses fesses. Il y a peut-être là un paradoxe sur lequel il faudrait réfléchir. Le corps nu n'est pas obscène; la vérité dans le même état, on doit en convenir, est en revanche tenue pour telle.

Pour le moment donc, ce que proposent les médias grand public repose sur le désir proclamé de créer chez le téléspectateur ou l'auditeur une émotion qui l'impressionne « favorablement ». En clair qui le maintienne captif. Et comme il y a finalement peu de Jaurès, de Pasteur ou de De Gaulle, on se limite au registre du symbolique, de l'écho ressenti.

Je ne dirai pas que ceux qui ont l'antenne, journalistes et professionnels, ne souhaitent pas faire passer leur modèle pensé dans la cervelle de leurs auditeurs ou téléspectateurs, je soutiendrai tout de même qu'ils n'y parviennent pas. Que nous n'y parvenons pas. Car, dans ce chapitre où je choisis de prendre mes responsabilités, de dire mes affections, mes inclinaisons, mes préférences, je veux à tout prix m'efforcer de ne pas adopter le trop confortable point de vue de Sirius.

Voilà vingt années passées qu'une toute petite partie de ma vie mais des plus enrichissantes se déroule au sein des médias. J'y consacre environ dix pour cent du temps que je devrais consacrer à mes vacances, mais j'en ai horreur et n'en prends jamais — deux pour cent du temps que mes collègues, plus conviviaux que je ne le suis, consacrent aux dîners mondains, cocktails en ville, congrès lointains, auxquels non plus je ne participe jamais. Mon sigle est depuis longtemps T.A.T., c'est-à-dire Tout À Tarnier. Lorsque je contemple d'ailleurs le bureau-bibliothèque qui est le mien — tout plein encore de la présence de Stéphane Tarnier, d'Adolphe Pinard, de Céline et de Charles Aznavour né en ces murs à quelques mètres ! —, lorsque je revois assis à la grande table qui sert à nos réunions la silhouette inoubliable de Michel Foucault, la sensation d'être à Tarnier véritablement chez moi m'envahit, et je reste ravi, prisonnier de ces vieux murs, mon œil se perdant parfois au-delà des fenêtres dans la contemplation des marronniers du jardin de l'Observatoire, traversé très discrètement par le méridien de Paris.

Je reçois donc, chez moi, à Tarnier, des journalistes (jamais plus d'un par semaine — mais au bout de plusieurs années cela fait du monde) et il m'arrive de temps à autre de m'évader pour aller par exemple retrouver Jacques Pradel sur les antennes de France-Inter ou faire un peu de télévision sous la houlette de Sylvie Genevoix.

Je revendique, en exerçant cette activité médiatique, une double appartenance : je me considère comme un universitaire, allant donner son avis d'expert et finalement faire son métier, et comme un professionnel de la communication. J'ai appris, depuis mes lointains débuts au journal *Elle* comme pigiste, puis entre autres à *V.S.D.*, à Antenne 2, à France-Inter, ce que c'était que d'écrire en vingt minutes un papier sur un coin de table, de préparer un sujet d'une heure pour la radio ou de monter une émission de télévision. Je me sens tout à fait homme de médias côté pro. Mais je ne me défais jamais de ma casaque aux deux couleurs : universitaire et médicale. Lorsque je parle, c'est en médecin témoin de son temps, et d'une partie minuscule de l'aventure humaine ; c'est aussi en universitaire soucieux d'enseigner.

Ils parlent et ne savent pas

De ce côté-là, j'en reviens à mon propos, je crois échouer : et pas seulement auprès des malveillants. Je ne pense pas en effet avoir transmis à beaucoup de ceux m'ayant lu, vu ou entendu la réalité du modèle pensé qui dirige mes actes, mon engagement dans la médecine, l'enseignement et la recherche. Si j'ai une certaine efficacité c'est moi aussi uniquement en jouant sur l'émotion. Je ne crois pas beaucoup avoir fait comprendre. Tout au plus puis-je me rassurer en espérant avoir donné à certains l'envie de comprendre. Mais dans quel cadre auront-ils pu assumer cette envie ?

Je ne suis toujours pas revenu de mon effarement, un soir de « Dossiers de l'écran » consacré au S.I.D.A. Il était né d'une constatation simple et déjà évoquée : personne en dehors des médecins présents n'avait une idée correcte de ce qu'était la maladie. Ou tout du moins était ce que l'on pensait qu'elle était.

Je suis prêt à revoir la bande avec ceux que mon affirmation laisserait sceptiques ; et les questions des téléspectateurs étaient une excellente démonstration aussi de ce que, dans le public, personne n'avait compris.

On conçoit que, bâti sur des fondations aussi frêles, la connaissance que le public puisse avoir de la maladie, des médecines et de la science varie au gré des informations ponctuelles distribuées çà et là.

Faut-il alors considérer les médias comme ayant failli et faire chorus aux « c'est de la faute des journalistes » que l'on entend bêler avec conviction chaque fois que monte la peur ?

Non : ce n'est pas du côté des médias qu'il faut se tourner si l'on attend du neuf en médecine, si l'on veut bâtir un pays averti, propre cette fois à recevoir les informations médicales et scientifiques des médias, lesquels changeront immédiatement si le public a changé de formation.

C'est vers la rue de Grenelle et le ministre de l'Éducation nationale qu'il faut regarder. L'enseignement en France peut tourner au désastre. Il y avait six pour cent d'analphabètes au début de ce siècle. On est gaillardement en route pour les vingt pour cent. A l'autre extrémité, la culture des élites ne mérite pas toujours ce beau nom. Il n'y a finalement que très peu de secteurs où la formation donnée confère un modèle pensé de la société, de son histoire et des rapports noués entre les groupes, qui puissent être de quelque utilité dans la vie active. La culture, disait-on, c'est ce qui reste lorsque l'on a tout oublié. L'enseignement, c'est actuellement ce dont il ne reste rien une fois qu'on est appelé à s'en servir !

L'enseignement en France a tout simplement perdu le nord, égaré sa boussole. Et alors qu'il faudrait débattre pour décider où l'on veut aller, on perd son temps à se quereller sur la nature du meilleur moyen de transport et sur les marchandises qu'il faut y embarquer.

On peut expliquer tous les problèmes d'un mot : idéologie.

L'idéologie, dit Jean-Noël Lalande, est « un système du monde, rationnel, logique et totalisant qui, tout en proposant une explication au devenir des hommes, revendique une mise en ordre des sociétés humaines et justifie toute action qui y contribue ». En bref, l'idéologie est un modèle pensé des sciences humaines s'interdisant par avance toute vérification sur le terrain et ne recueillant au contraire sur celui-ci *que* les faits susceptibles de le fortifier. La démarche anti-scientifique par excellence, antipragmatique même. Le drame cependant n'est pas en France qu'une idéologie totalitaire ait pris le dessus ; il est que des idéologies contraires se tiennent en respect en se regardant en chiens de faïence. D'où, sous l'écume des réformettes, un immobilisme quasi total. Tant que cela demeurera, la France restera un vieux pays, assez fort au fond et capable de suivre assez vite les autres, mais sans aucune capacité de création, d'enthousiasme compétitif.

L'Éducation nationale ne doit plus demeurer un moule fabriquant en série de vieux modèles inadaptés : elle doit être un pouvoir d'incitation, et de contrôles éclairés d'expérimentations sociales démocratiquement acceptées.

Tant que l'Éducation nationale n'aura pas fait son travail, les médias ne pourront que chatouiller l'émotion, jamais ajouter au modèle pensé constitué par l'éducation, moins encore le remettre au goût du jour, l'adapter aux nécessités du moment.

On objectera : la situation est la même pour la masse des individus aux U.S.A., en Angleterre, en Allemagne : et quand bien même ? Nous arrêtons-nous de manger sous prétexte que le tiers monde meurt de faim ?

Du sang, du hasard et des nuages

Donc les médias font dans l'émotion. Le journal télévisé — trente minutes de sang, de sueurs, de larmes, de hasard et de nuages — en est l'exemple typique. En le regardant, on aime, on déteste, on est touché, on clame vengeance, on s'effraie, on pousse un ouf ! Mais quand comprend-on ?

En tout cas on est bougé, remué du dedans, l'émotion nous emporte. Et le public peu à peu s'est mis à vibrer d'une manière toute particulière aux mots chimique, naturel, douces, plantes, différentes, magique, mystère.

Au moins peut-on prévoir, au fond, ce qui emportera à coup sûr la raison hors de ses gonds ? ce qui déclenchera l'émotion collective ? On a déjà répondu. En aucun cas ou presque. On doit expliciter.

Il faut, parvenus à ce stade, se pencher sur deux des forces — et faiblesses — de notre temps : les enquêtes d'opinion et la publicité.

« La volonté populaire, disait Jean Trémolières, s'est émiettée en sondages. » C'est une condamnation de plus du cartésianisme, poussé à l'excès, de cette doctrine qui veut sans cesse démonter un problème en autant d'unités que possible, puis tenter de répondre une par une à chacune des interrogations parcellaires.

Comme l'on teste les connaissances des étudiants en leur demandant de tracer une petite barre dans la case correspondant au choix effectué au sein d'une série de propositions, l'on s'enquiert des desiderata de la population ou de l'état de ses opinions en décomposant les problèmes essentiels en un grand nombre de petites questions que l'on pose à un petit nombre de grandes personnes, lesquelles sont désormais élevées à la dignité d' « échantillon représentatif ».

Ce que l'on saisit là, les instituts de sondage le soulignent sans cesse, c'est une sorte d'instantané n'ayant pas de valeur en lui-même. Déjà cette dernière partie n'est pas toujours clairement perçue. Ce n'est pourtant pas là où le train déraille vraiment. C'est un peu plus loin, lorsque l'on oublie de dire dans les commentaires que l' « échantillon représentatif » s'est prononcé en toute ignorance de cause. L'instantané en effet révèle souvent ni plus ni moins que le problème est entièrement méconnu. Alors, le convoi quitte les rails. Car dès lors qu'il est publié, l'instantané est tenu pour vérité. Et le comportement de certains va désormais se fonder non plus sur la réalité des choses, non plus sur un but d'intérêt collectif, mais sur l'adaptation peureuse à l'erreur collective du groupe méconnaissant les problèmes.

L'affaire n'est pas vraiment neuve, puisqu'elle est à la base de ce que l'on nomme la démagogie. Elle est inquiétante. Le mauvais emploi des enquêtes d'opinion se conclut par : « Dites-nous les sottises dont vous êtes accablés, nous ne manquerons pas ensuite de vous faire savoir que vous aviez raison. »

Pour faire fort résonner l'écho, on traque donc avec avidité tout ce qu'il y a d'exploitable aux rayons crédulité, convictions erronées, ignorance agressive, superstitions.

En ce sens, les médecines différentes font un sujet idéal, puisque chacun des vieux rêves de l'humanité y trouve régulièrement une promesse de réalisation. Avec le renouveau de la médecine magique — celle qui enchante, qui étonne — les médias tiennent un sujet les satisfaisant profondément car il correspond précisément aux attentes du public. Ainsi s'épanouissent, au grand dam de l'institution, les médecines différentes — et les pratiques des non-médecins.

Éloge de l'émotion

Ce qui vient d'être écrit sur la capacité des médias à véhiculer et transmettre la seule émotion ne doit cependant pas faire considérer qu'il s'agit là d'une attitude coupable exigeant rééducation, au besoin musclée. C'est même tout le contraire : ce que l'on demande aux médias, c'est essentiellement de faire passer l'émotion avec le maximum de qualité. En l'encadrant d'une ou deux données essentielles qui sont généralement des indications précises sur le tout début de l'histoire racontée. Mais pas plus. Pourquoi ? Voici :

La richesse de la vie vient des émotions éprouvées. Comprendre, boucler une théorie, achever un modèle, penser ou plus simplement intégrer la théorie, le modèle pensé et la loi découverte par d'autres, c'est finalement tellement rare. Même si de cela naissent, épisodiquement, de grandes satisfactions, il n'y a pas de quoi remplir trop de moments de la vie humaine. L'émotion au contraire nous rend régulièrement heureux. Contempler un spectacle naturel ou culturel, écouter le chant des oiseaux, celui d'un beau concert rock ou classique, écouter une chanson — le trait d'union le plus solide entre les peuples —, manger un plat délicieux un jour où l'on a faim, dormir tout son saoul dans un lit moelleux, trouver dans ce même lit d'autres manières encore d'être ému ou heureux, voilà qui ne se « comprend pas », voilà qui n'a pas d'explication scientifique mais qui fait tout de même qu'en s'endormant certains soirs on peut dire comme Ivan Denissovitch : « Ça a été une bonne journée. »

Magnifier la dimension émotionnelle de la vie, la prendre en compte dans chacun des projets qui s'élaborent : voilà de quoi faire un programme politique de première importance pour les années à venir.

Personne sans doute plus que René Dubos n'a insisté sur ce point. « Si les économistes, disait-il, sont incapables d'intégrer des valeurs émotionnelles dans leur programme, cela veut simplement dire qu'ils sont très en retard par rapport à ce qu'ils imaginent d'eux-mêmes. »

Il n'y a pas que les économistes. Combien parmi les urbanistes, les architectes, ont fait trop prévaloir dans leurs projets le logique fonctionnel, rationnel, sur l'émotionnel. Et au prix de quels désastres !

Il faut comprendre : soutenir la valeur de l'émotion dans une réunion où l'on discute milliards de francs ou milliers de mètres carrés, paraît plus qu'incongru, inconvenant. Pourtant, construire une maison individuelle ou collective, ce devrait être aussi se préoccuper de l'odeur qui sera la sienne, de la vue qu'elle ménagera, des rapports qu'elle créera entre ceux qui y logeront.

La France est de ce point de vue un pays tout en contradictions. Ses habitants ont volontiers le cœur sensible et votent à chaque instant pour l'émotion mais ils s'enrobent d'un mur protecteur fait de ricanements et de sourires condescendants lorsque l'on vient à aborder clairement ces problèmes. Tel monsieur qui fort satisfait de lui-même sifflotera dans sa salle de bains une chanson de Mireille Mathieu n'osera jamais au grand jamais dire en public que ladite Mireille lui donne au bout du compte bien du plaisir.

Il est évidemment plus impossible encore de régler les

problèmes médicaux que ceux d'urbanisme ou d'architecture si l'on ne prend pas en compte l'émotion. La médecine à base scientifique peut prétendre très légitimement au droit de parler la première. Elle est, lorsqu'elle est efficace, tellement performante qu'il serait coupable de risquer une perte de chances en ne s'adressant pas à elle en premier. Mais lorsque la médecine institutionnelle a agi et bien agi, ou lorsqu'elle ne peut pas agir, pourquoi ne pas admettre qu'un enrichissement certain de l' « art » vient du recours à d'autres médecines ?

Les différents ont leur *place*

Sans aborder ici le problème explosif de l'exercice par des non-médecins, on fera remarquer cependant que l'irruption des médecines douces dans les médias correspond à un clair besoin de la population et lui donne de réelles satisfactions.

À la condition triple : 1) d'éviter à tout prix les pertes de chances, de lutter férocement contre les thérapeutes sans formation hypersolide, de traquer sans pitié l'exploitation financière de malheureux dupés ; 2) d'admettre que seule la recherche scientifique peut faire progresser la lutte contre les grandes maladies ; et 3) que le langage scientifique n'est pas une langue de poète pliable et malléable au gré du plaisir phonique pris à l'arrangement nouveau des mots ; cela acquis, il est possible de soutenir que : les médecines différentes apportent incontestablement un enrichissement attendu et demandé à la pratique médicale, même si cet enrichissement ne peut encore en aucun cas se justifier de manière convaincante en recourant à l'exact et au mesuré.

Cet « enrichissement », clairement validé par le public et désormais aussi par bien des médecins, repose donc sur des schémas simples, admirablement adaptés aux sensibilités émotionnelles des médias. Qu'y a-t-il en effet à transmettre, à faire résonner ? Une demande limpide (c'est de symptômes banals que l'on se plaint), formulée en un langage médical certes « de cuisine », mais simple. La réponse sera également claire : un propos cherchant avant tout à faire passer confiance et compréhension, une recette facilement mémorisable et qui parle à l'âme même si elle ne correspond en fait à rien de très bien connu. Le tout, pour les médias, a l'avantage immense de tenir aisément en mille « signes » ou quarante-cinq secondes et trouve immédiatement une place libre. C'est moins compliqué encore que de faire passer le message de « Comme un ouragan » ; mais c'est pareillement efficace, puisque s'adressant à la même partie de l'âme humaine, celle qui s'enivre par exemple du parfum d'une rose sans rien savoir de l'odorat, des molécules aromatiques de la muqueuse pituitaire ou du rhinencéphale.

Les raisons de l'écho

Je veux cependant, à ce point parvenu, glisser un intermède à mes yeux tellement évident qu'un vague sentiment de gêne m'envahit à l'idée d'enfoncer une porte ouverte. Je crois tout de même, ne serait-ce que pour rassurer deux au moins de mes maîtres, Pierre Auger et Jean Bernard, qu'il me faut dire tout net la place qu'occupe dans ma vie le raisonnement scientifique : il est l'objet de tous mes efforts intellectuels. Si comme chacun je ne puis échapper à la pression émotionnelle que chaque événement m'impose je suis cependant toujours en quête de moyens permettant de la surpasser. Et cela agace beaucoup de mes amis et de mes chers élèves de me voir et m'entendre sans cesse expliquer pourquoi il faut vouloir « chercher à comprendre » pour goûter à des joies immenses aussi.

En clair, de quelque domaine qu'il s'agisse, le sommet des sommets est atteint lorsque l'on oscille entre l'ivresse du bain émotionnel — « Et dès lors je me suis baigné dans le poème de la mer, infusé d'astre et lactescent » — et la volonté de domination « olympienne » des mécanismes précis sous-tendant un phénomène que l'on observe ou dont on est témoin, ce qui parfois amène le grand déclic : « Euréka ! »

Sous-tendant chaque spectacle fastueux ou chaque mouvement de la nature, il y a « de l'invisible simple » que la démarche scientifique ou de type scientifique permet d'espérer. Et c'est devenu pour moi une obsession véritable que, en chaque situation, vouloir découvrir cela. Quel invisible simple dans la technique de ce peintre ? Et dans cet effet sonore admirable ? Comment s'effectue le fonctionnement invisible de ce téléviseur ? Quelles bases chimiques invisibles à la révolution due à la matière plastique qui a changé toute la distribution et donc tout le commerce ? Quel invisible pour les tremblements de terre ? Comment les déceler à l'avance ? Quel invisible simple enfin découvert rendrait le cancer attaquable ? Le virus du S.I.D.A. inoffensif ? Que faut-il enseigner aux étudiants d'à jamais invisible pour que les malades se sentent mieux ?

La danse des questions est sans fin. Et il est si long de s'approcher de chacune d'elles, de découvrir la réalité des phénomènes sous-jacents, la structure et les relations cachées de l'invisible simple.

Pour écouter du Mozart, hélas, on ne peut pas espérer vraiment intégrer l'invisible modèle pensé de Karajan.

En regardant courir les formules 1 on ne peut pas non plus avoir découvert tout ce qu'il y a dans la tête de Prost. Ni penser les volcans comme Haroun Tazieff, ni la publicité comme Seguela, ni la théorie de la relativité comme Einstein, ni la biologie comme André Lwoff. Pourtant, à chaque instant, mes efforts vont dans ce sens. Et il est vrai que c'est cette partie de moi-même véritablement obsessionnelle qui m'a donné ce besoin de comprendre ce qu'attendent les malades, ce qui sous-tend le mouvement des cellules au laboratoire de recherche, ce dont à chaque instant je suis spectateur et acteur.

Bien sûr, de cela rien ne passera dans les médias. L'écho qui résonne devient muet dans ces domaines-là. Il n'est pas dit qu'on ne puisse pas comprendre les raisons de ce mutisme. Et que, ayant compris où est l'invisible simple qui bloque l'écho, l'on ne puisse y remédier. Hélas la même phrase assassine d'Einstein revient en sourdine : « Une idée c'est tellement rare ! »

Passons pour finir, au moyen d'une histoire drôle, à un autre élément de réflexion : l'écho qui super-résonne.

Une affaire à ne pas négliger

De l'écho qui simplement résonne on passe en effet parfois au phénomène de résonance. On désigne par cette expression un phénomène physique prenant des proportions inattendues parce que deux partenaires se renvoient des vibrations qui se rencontrent et se marient en un point donné où le phénomène ne cesse de grossir en intensité.

Parce que j'ai vécu quelques miettes du phénomène de résonance Rika Zaraï-grand public, et parce que le phénomène a submergé la France pendant plus d'une année, parce que à travers les propos pertinents et dominateurs des Drs Platt et Gagnerie on verra l'émotion qui peut gagner certains intégristes supposés de la médecine d'hier — celle où les choses étaient en ordre —, je veux me pencher sur ce raz de marée dont je prédis immédiatement que, comme tous les caprices de la nature, il n'aura pas de suites durables — sinon commerciales — mais qu'en d'autres temps et dans des lieux différents il se reproduira certainement. C'est donc une affaire exemplaire. On peut en rire. Et j'en ris. Mais d'une mâle gaieté, poussant à réfléchir.

L'affaire débute en ce qui me concerne par un appel de la maison « Polac, Droit de réponse and Co », entreprise discutée[1] mais à succès, lieu où le côté émotionnel des choses est cultivé comme fleurs en serre, où la déstabilisation de l'un par l'autre et réciproquement fait la règle du jeu. Bref, endroit où tout en s'interpellant sans aménité on s'amuse vraiment en agitant quantité d'idées qui volent au-dessus des verres de whisky comme autant de gerfauts hors du charnier natal. À condition de savoir qu'on bêche le sujet mais qu'on ne cultive pas, qu'on culbute les façades respectables et que l'on s'en fiche, on part pour « Droit de réponse » en se disant : « Chic, une bonne fin de samedi s'annonce. »

S'installent donc pour un soir dans le décor bistrot de l'émission quelques éminences médicales : les professeurs Jean-Charles Sournia, Philippe Meyer, Jacques Benveniste, un digitopuncteur reconverti ce soir-là en justicier de la médecine, le Dr Dalet, un spécialiste reconnu de l'hypnose, le Dr Chertok, un vétérinaire heureux de l'homéopathie, quelques autres encore dont l'auteur, enfin, une aimable jeune femme exagérément parfumée aux dires de son voisin immédiat : c'était l'ancienne reine du Kasatchok. Elle avait — ce qu'elle allait raconter — fort bien récupéré d'un sérieux accident de la route ; tout le crédit de la guérison étant par elle imputé au génie de Raymond Dextreit, à ses argiles, feuilles de choux et bains de siège glacés, lesquels, à mon très humble avis, représentaient le facteur émotionnel principal du message. Au moins neuf personnes sur dix m'ayant parlé de cette émission — et ça fait du monde — ont tenu, l'air coquin et le verbe souvent leste, à me questionner sur ce sujet pour lequel j'avoue mon incompétence totale, sauf à souligner, en dermatologiste, que ne jamais

1. Lignes écrites avant ce que l'on sait.

se laver les fesses expose à certains déboires, mais que trop y sacrifier, surtout en utilisant des préparations acides, peut mêmement entraîner des désagréments. Reprenons le cours événementiel de l'affaire.

L'émission commence et le Dr Dalet monte le premier sur le ring. On dirait en terme de pêche qu'il ne fit pas la maille. Le combat tourna donc court. Avec qui allait-on lutter ? En fait on n'allait pas lutter et la dame Z, en l'occurrence, me fit toucher du doigt pour la première fois ce qu'est dans un débat télévisé la technique du brise-glace, technique souvent maladroitement mise en scène par ces mauvais comédiens que sont ordinairement les hommes politiques, mais, cette fois, parfaitement dominée par une reine des médias.

Le brise-glace égoïste

La technique du brise-glace consiste à se lancer à l'assaut d'un coup, tout droit, à ne s'effrayer aucunement du choc, à se désintéresser totalement des conséquences inévitables : carambolage des morceaux de banquise, grincement des plaques métalliques du navire, indignation justifiée des phoques, pingouins ou autres ours blancs s'étant trouvés là, puis à recommencer imperturbablement sa marche frappeuse en avant dès lors que les bruits se sont tus. Tout est là : ne jamais se mêler à la conversation. Reprendre au point où on en était resté sans jamais répondre aux objections. Surtout jamais. Ne jamais non plus répéter interminablement le même segment de phrase une fois que l'on est interrompu, au contraire de ce que font les hommes politiques qui pensent bien faire en jouant au disque rayé lorsqu'on veut leur prendre la parole, « découpage des circonscriptions qui... découpage des circonscriptions qui... découpage des circonscriptions qui... ».

Non, la technique du brise-glace c'est : quand ils auront fini, dès qu'il y aura un trou, je recommence. La Dame faisait cela. Et c'était drôle. Et sympathique. On écoute tellement de raseurs pontifiants sur l'A.D.N. que l'on peut bien un samedi soir trouver son plaisir à entendre parler (en dehors d'un contexte pot-au-feu) choux, carottes, navets, eau froide, argile.

L'instant décisif — en ce qui concerne l'auteur — se situa au moment où l'on demanda si les professeurs professants seraient prêts à tester les méthodes prônées. Philippe Meyer et moi-même dîmes : « Oui. » La soirée se termina fort agréablement et je ne me sens pas gêné d'avoir à la fin de l'émission dit à cette gentille femme à la Rubens qu'elle avait été « épatante ». Oui. Que voulez-vous, j'aime le spectacle bien monté. Et puis je sentais confusément que je venais d'assister à la naissance du phénomène médiatique de l'année. Fin du premier acte.

Le deuxième acte commence par un appel téléphonique : une très jeune femme m'annonce :

1) Qu'elle est la fille d'un très célèbre rhumatologue universitaire de Limoges et la petite-fille du médecin qui me soigna une partie de mon enfance à Brive. (Déjà je suis malléable : on me dit Brive et l'on obtient de moi ce que l'on veut. Je cultive cette faiblesse.)

2) Qu'elle a dans sa famille un petit problème dermatologique : ce n'est ni un mélanome malin ni un S.I.D.A., mes assistants s'en chargeront donc sauf si la situation est assez grave pour justifier une hospitalisation.

3) Qu'elle se trouve encore être l'attachée de presse de la dame des fruits et légumes et que, justement, puisque j'ai dit en public que... peut-être pourrait-on...

On pourra. Expérimentez, expérimentez, disait Magendie. Je voulais expérimenter.

La suite a lieu à la Closerie des Lilas, noble établissement qui, avec le « Chat Griffé », matérialise les délices gastronomiques jouxtant Tarnier. On s'installe. On choisit, avec — évidemment — commande d'un grand plat de légumes, supplément d'un programme d'autre part copieux et qui devait repartir vers les cuisines sans avoir été exagérément entamé. L'on discute : comment pourrait-on expérimenter ? Je pose un préalable : la retenue. On fera un appel avec sagesse dans un journal de grande diffusion. Ce sera *Télé 7 jours*. Tout simplement parce que Carole Sandrel est à la fois précise, rigoureuse et qu'avec elle je ne risque rien.

La troisième scène du deuxième acte se déroule pour l'interview dans la gentilhommière de l'artiste. Entretien très intéressant. Que voulez-vous, le phénomène médiatique qui s'amplifie de jour en jour me passionne. Voilà des années que j'annonçais le renouveau de la médecine magique et je l'avais là, sous les yeux, en chair et en os. Surtout en chair d'ailleurs. Comme l'on dit familièrement, je biche. Je bicherai une toute dernière fois en lisant l'article de Carole Sandrel. Aujourd'hui encore je n'en retirerais pas une ligne. Mais je commencerai de me mordre les doigts bientôt. Je me croyais en terrain sûr : il était truffé de mines.

L'institution, frileusement...

Le troisième acte se poursuit et s'achève dans des décors couleur muraille. Je commence d'y croiser certains confrères et collègues dont la bouche ressemble curieusement à un orifice postérieur de gallinacé. « Quel crime a donc commis ce fils tant condamné ? » Un crime dont je ne suis pas coupable. *France-Soir,* rubrique Bouvard, a publié tout un article sur le duo « Zaraï-Escande ». C'est présenté drôlement, et personne du bâtiment médical ne devrait y voir autre chose qu'un canular. Il faut croire que l'esprit de salle de garde n'est plus de saison. C'est l'air sévère que l'on me toise désormais.

J'écris donc dans *Le Quotidien du médecin* une réponse qui est une mise au point. L'effet bénéfique s'y manifeste huit jours durant. Mais la rumeur se relève vite. Il est vrai que, chez mes supposés aspirants à l'expérimentation, on s'active déjà ferme. Comme si l'étude avait été déjà menée et ses conclusions déjà publiées. On n'a en rien retenu mon injonction de discrétion mais on s'est souvenu que je voulais bien vérifier. Les coups de téléphone pleuvent dru sur les rédactions. Et la rumeur monte. Bien sûr, j'ai depuis l'épisode Bouvard coupé les ponts. Jamais la dame Z n'aura donc franchi les portes augustes de Tarnier. Peine perdue, on me voit déjà ayant vendu la pourpre des Césars aux marchands du Temple.

La grande artiste, elle, semble tenir à son petit professeur. Et comme je ne réponds ni à ses coups de téléphone ni à ceux de son entourage, je reçois un jour une lettre recommandée avec double à Gabriel Pallez, directeur général d'alors de l'Assistance publique à Paris.

Heureusement c'était un protecteur ami. Je ne suis donc pas révoqué. Mais le courroux de l'institution, enfin d'une partie, il n'y a pas que des imbéciles à la Faculté, il y en a même peu, s'abat sur moi comme un vol de mouches sur un tas d'excréments. Ah, savoir souffrir, ne pas gémir, ne pas pleurer : j'ai vécu là une des pages les plus romantiques de ma vie. Et je ne suis toujours pas consolé, je souffre d'une expérimentation rentrée. C'est très douloureux. Car voici ce que j'avais proposé : faire repousser les cheveux des déboisés de la colline ;

faire cesser les démangeaisons de ceux qui se grattent sans raison et sans répit depuis des années. Réellement j'aurais aimé voir les résultats. C'était un rêve. C'était un rêve.

Non curat praetor

Parmi les courroucés du troisième acte, qu'on permette cependant de donner les honneurs du communiqué au sûrement très honorable Dr Platt, qui écrivit un jour (le 19-9-85) au *Quotidien du médecin* ces lignes d'une belle tenue à propos de Mme Zaraï.

« Ce qui explique le succès de ses élucubrations thérapeutiques, et combien lucratives, c'est que Mme Z... a un appui (sous quelques minces réserves !) celui d'un " patron " de l'A.P. ! J'ai nommé l'illustre Pr Escande, qui, vedette médicale des médias depuis quelques années, est apparu, il y a peu de temps, sur le petit écran, " flanqué " de ladite Mme Z... Leur amitié fait plaisir à voir... et à entendre (notre honoré confrère appelant plusieurs fois Mme Z... par son prénom !) ; mais si amitié il y a, pour ne pas dire entente, la quasi-caution de M. Escande est à mon sens plus que malvenue (je pèse tous mes mots et élimine les plus violents pour ne pas être poursuivi en diffamation !). Pourtant (je le ferai seul s'il le faut), j'en appelle aux confrères, quels que soient leur mode d'exercice ou leur spécialité, et je dis qu'il est impératif de saisir le Conseil national de l'Ordre, que préside un homme remarquable, de l'attitude publi-commerciale de ce " patron peaucier ", se traduisant par l'affirmation très prononcée des " pratiques " de traitement charlatanesques... voire dangereuses, conseillées par Mme Z... »

L'éminent Dr Gagnerie, gynécologue à Nice, renchérissait, le 15-10-85 :

« Que dans sa candeur (?), un professeur de médecine se commette à promouvoir le bouquin d'une vedette du show-biz en mal de médecine, sinon de publicité, est une chose. Qu'il donne une discutable et tapageuse image du corps professoral auquel il appartient en est une autre.

En appeler au Conseil de l'Ordre ? Que voulez-vous que cette frêle et abstraite institution fasse devant le déferlement médiatique que son intervention ne manquerait pas de provoquer ? Certes, il s'efforce bien de chasser, comme il peut, la publicité et la médecine " foraines " par la porte... que l'on retrouve aussitôt à la fenêtre sous le masque de l'information médicale où chacun peut afficher alors complaisamment ses nom et qualité sans se priver d'égratigner éventuellement au passage les confrères, dans cette sorte d'impunité générale qui semble faire désormais office de jurisprudence. »

En voilà deux vraiment qui ont tout compris du sens de la bataille engagée, et de la nécessité qu'il y a d'aller voir d'abord pour défendre ensuite la médecine sérieuse. Et qui ont de la chance vraiment que le Pr Escande ne soit pas procédurier. Car c'est de la diffamation pure et simple même si, pour le Dr Platt elle se masque de la figure de style nommée prétérition. Mais, comme l'on dit encore, « *de minimis non curat praetor* ». Et le pardon des offenses donne de véritables satisfactions. Mais si !

Je sais désormais que je me suis refait une virginité : les succès et l'originalité de l'expérience Tarnier, hôpital de jour, la convivialité en ces lieux instituée entre médecins, infirmières et patients, la campagne menée avec mon équipe pour la prévention du mélanome malin et le S.I.D.A., les travaux menés au laboratoire de recherche sur le vieillissement et le cancer font toucher du doigt à ceux, honnêtes, qui nous approchent que vraiment, à travers l' « affaire », je ne cherchais qu'à approfondir, en sociologue, les raisons de l'écho qui résonne, et, en médecin, le pourquoi du renouveau de la médecine magique. Si des cloportes et des jaloux vous disent le contraire, venez donc vérifier sur place ! Cependant le compte rendu de cet épisode burlesque comme ses dessous publicitaires ne répondent pas à la question essentielle : pourquoi ce triomphe ?

En fait, et en ce domaine aussi, « Quoi de neuf ? Molière ! » Qui a dit : « Le talent ? C'est plaire. » Pour plaire au public, d'abord, il faut un bon texte. Pour Mme Z le texte utilisé, si littérairement ce n'était pas du Shakespeare, était tout de même un classique éprouvé du répertoire « différent ». Underground peut-être mais classique. Car les recettes Z sont tirées du système D. D comme Dextreit. Les tirages méconnus de Raymond Dextreit sont à peine croyables : 700 000 pour *L'Argile qui guérit.* La mise en scène Z des pensées D était en outre soignée et bâtie, sur le mode déjà explicite de la locomotive et des wagons. Personne rigoureusement n'a jamais vérifié la réalité du miracle récalcificateur invoqué, mais raconté tel quel il faisait de l'effet.

La présentation orale de l'œuvre par l'artiste apportait en

outre un plus. Texte écrit et argument oral s'épaulaient habilement et faisaient un trio charmeur lorsque quelques chansons souvenirs se glissaient çà et là.

Trabadja et cætera...

Mais — on tient à y revenir — le grand déclencheur fut l'affaire des bains de siège froids. Vraiment, la puissance d'impact d'un tel argument glacial assené à chaud est formidable. Sigmund Freud nous ayant hélas laissés à nos interrogations, on ne voit plus que Woody Allen pour pouvoir traiter du problème en le considérant d'assez haut. Il paraît tout de même évident pour un esprit moyen que les mêmes recommandations faites par un monsieur chenu et loin de ses splendeurs passées n'auraient pas eu le même impact. C'est le gaspacho eau froide, fesses avenantes, petit matin qui a marché. Il vaut à lui seul tous les rats, chats et charbons dont Pascal se servait pour expliquer comment l'esprit était emporté hors de ses gonds.

Bref, le triomphe s'explique, encore que si l'on me disait : « C'est ailleurs qu'il faut chercher, les raisons ici avancées ne sont pas les bonnes », je m'inclinerais. Les raisons de l'écho qui résonne, les raisons de la résonance sont bien mystérieuses. Aucun coup soigneusement monté n'est sûr de réussir. C'est d'ailleurs ce qui fait le malheur des publicitaires : si leurs techniques étaient sûres, tous les lancements marcheraient, or, à ce que l'on dit, il n'y aurait que 15 % des campagnes à connaître le succès. Soit 85 % à ne pas prendre. Autant dire des campagnes publicitaires : lancez-les toutes, Dieu reconnaîtra les siennes.

Le malheur veut que celui qui gagne au loto de l'écho qui résonne croit immédiatement qu'enfin, sur de justes bases, ses mérites sont reconnus, qu'il peut désormais se préparer à voguer tranquillement de triomphe en triomphe. C'est bien rarement le cas. Et les déçus de l'écho qui ne résonne plus sont légion, à leur deuxième tentative.

Mais l'écho résonne alors pour d'autres qui viennent repasser le plat, réchauffé selon leur recette personnelle. Aussi une multitude de maisons d'édition vendent — et bien — une foule de livres sur l'acupuncture, l'ostéopathie et tout le reste. Les standards des stations de radio ou des télévisions sont inaccessibles dès que l'antenne est ouverte au public sur ces sujets. Le cœur du public incontestablement bat de ce côté-là. Des médecines différentes le public depuis toujours espère — et c'est étrange — le miracle pour les grands drames presque achevés et du simple et actif pour tous les petits bobos.

La nouveauté est en fait que là où la médecine institutionnelle agit pas mal mais pas parfaitement, la bataille fait désormais rage et sur trois fronts : médecins contre non-médecins, médecins institutionnels contre médecins différents, enfin et ce n'est pas le moins important, demi-médecins contre demi-médecins. On veut dire que nombreux sont actuellement les médecins coupés en deux, ou qui se sont façonnés une image à la Janus : un profil tourné vers l'institution et la science, un autre vers la différence et l'émotion.

En fait, c'est là que la partie se joue. Toute la médecine risque de se déliter si ce bastion des bi-appartenants cède, si les bi-médicaux choisissent dans leur exercice de privilégier la « différence ». L'écho qui résonne et traduit les orientations de l'opinion publique fournira dans les années à venir une excellente indication quant à la direction prise. Mais il ne s'agit pas de demeurer en spectateur intéressé des combats intérieurs et extérieurs qui se livrent : il faut y participer. Pour démêler les fils et faire comprendre sinon les tenants et aboutissants — on a suffisamment dit que c'était impossible —, du moins l'enjeu.

On a beaucoup insisté dans la définition donnée de la médecine sur le mot attente : la médecine, a-t-on dit, est un ensemble de pratiques dont le public *attend* qu'elles rétablissent l'égalité devant la peur, la douleur et la mort. On a souligné d'emblée que, si l'on voulait un avenir dégagé pour la médecine, il fallait le penser aussi en terme d'attente des soignés et non plus seulement de désir des soignants — quelque bien intentionnés que fussent ces derniers.

Les pertes de chances

Les mécanismes mêmes de la société de consommation dans laquelle la médecine est engagée entièrement font que la médecine institutionnelle ferait une erreur impardonnable en laissant aux seules médecines différentes le soin d'aller au-devant de cette attente. Elle y perdrait une part de marché mais, pour reprendre Jean Bernard, le problème en effet ne serait pas seulement commercial. C'est bien de santé, de pertes de chances, de malheurs inutiles et de morts imméritées qu'il est ici question. Les médecins institutionnels ne garantiront un équilibre convenable que s'ils savent attaquer à leur tour : il faut que les médias s'intéressent — et ils le feront — aux retombées perverses correctement analysées des médecines réputées douces. Le fleuve des bavures grossit singulièrement : il ne s'agit plus seulement d'en faire des gorges chaudes entre médecins, il faut étudier le problème et en faire connaître les données.

L'écho d'ailleurs résonnera peut-être bientôt d'un tumulte émotionnel autre : que les travaux entrepris sur le S.I.D.A. débouchent sur une victoire espérée depuis des décennies et conduisant à la déroute des virus ; que l'on découvre pour le cancer l'équivalent de ce que furent les antibiotiques pour les infections bactériennes ; que l'on apprenne par des médicaments à éviter aux artères de s'obstruer ; que les neurobiologistes apprennent à régénérer le tissu nerveux ; oui, que l'une ou l'autre de ces alternatives trouve à se concrétiser : l'opinion publique, on le redit, basculera à nouveau émotionnellement du côté de l'institutionnel. Les médias se fabriqueront un nouveau Fleming, reconféreront un effet placebo à des drogues de seconde classe. Repasseront alors underground les différents, qui n'en disparaîtront pas pour autant. L'écho un long moment pourtant ne résonnera plus de leurs prouesses.

Une fois encore la roue aura tourné. J'ai la conviction que je vivrai assez de temps pour contempler cela. Et une peur panique m'envahit tout à coup : si une percée scientifique s'effectuait après que la médecine institutionnelle se fut effectivement délitée ? Le succès retrouvé agirait comme un mouvement de foule sur un sanctuaire vermoulu. Tout s'écroulerait. L'écho alors serait lugubre. Heureusement gouverner c'est prévoir, ou plutôt, comme disait Pierre Mendès France, gouverner c'est choisir. Nous sommes à l'heure des choix.

Envoi :

Les chemins de l'ambition

Flagornons un peu : je n'avais jamais douté jusqu'au 10 juillet 1976 ni de mon ambition ni des moyens qui avaient été mis à ma disposition pour la satisfaire. Pas même lorsque, graine un peu longue à germer, je vivais une existence d'enfant ou d'adolescent fort éloignée de celle des chefs de bande du moment. Je savais que mon heure viendrait, passé le temps des copains.

Des études plutôt réussies, une ouverture spontanée aux réalités du monde, un flair certain pour pressentir les espaces dégagés où il ferait bon être le premier plutôt que d'aller, moutonnier, plus près de bergeries bondées me firent accéder à ce qui compte en médecine : le collège A des enseignants. J'arrivai en dermatologie, spécialité qui ne tenait pas précisément le haut du pavé. J'y éprouvai pourtant la même satisfaction que Knock arrivant à Saint-Maurice pour y reprendre une position plus que modeste, et qui se frottait les mains, au grand étonnement d'ailleurs de son prédécesseur, lequel ne pensait lui laisser que des rogatons. Knock, on l'a dit, avait compris : « Mon cher confrère, j'ai le sentiment que vous avez gâché là-haut une situation magnifique. »

La dermatologie, vivotant sur un passé glorieux mais enfoncée désormais dans d'inutiles travaux de classification, offrait aussi sous les herbes folles qui la recouvraient le plus beau domaine à exploiter qui se puisse concevoir. Une situation vraiment magnifique. À « exploiter » étant à prendre cependant dans un sens cette fois carrément à l'opposé de celui du Dr Knock. Le challenge, comme on dit, n'était pas de dégager d'abord de chaque peau les imperfections dermatologiques que son possesseur ignorait pour s'assurer ensuite une domination absolue sur lui, mais au contraire de considérer l'enveloppe du corps comme égale en importance à ce que représente l'écorce terrestre pour notre globe. La peau est l'organe médical par excellence. Il n'est pas un processus pathologique qui ne trouve à s'exprimer sur la peau. Elle héberge toutes les infections, donne asile à une infinité de tumeurs ou aux équivalents superficiels des grandes maladies profondes : l'urticaire, c'est l'asthme de la peau ! Et la dermatologie comprend aussi sa cour d'amour : les maladies sexuellement transmissibles, S.I.D.A., syphilis, Papova virus chlamyalia, on en passe et du gonocoque. Bref, tout ce qui compte aujourd'hui.

Étudier la peau et le sexe, c'était dominer la médecine ou plutôt disposer d'un observatoire idéal pour comprendre les hommes, leur corps et leurs maladies. Tout ou presque en ce domaine reste à faire : par exemple, comment ne pas pressentir qu'un jour prochain, étudiant ce qui se produit vraiment au contact du froid, du chaud, du sec et de l'humide, on finira par découvrir les molécules fabriquées sous leur influence au sein même de la peau et qui, véhiculées à distance sous une forme sûrement inattendue, déterminent une angine, un rhumatisme, une paralysie faciale; pour ne prendre que trois exemples. Brisons là.

Je m'installai en dermatologie, tel un pétrolier au Sahara. Il suffirait de pomper pour mieux comprendre, faire avancer la médecine. J'étais prêt à pomper comme un Shaddok.

Par tempérament, cependant, il m'était impossible de m'intéresser à la peau sans la situer dans un environnement plus vaste. Je vivais donc mon époque; je le croyais, à plein : discutant de politique, de médecine et d'organisation médicale, tout comme de psychologie, de sociologie et d'ethnologie. Je dirigeai sur ce sujet un grand projet en seize volumes. Ce que j'appris là me semblait toucher aux limites de l'univers et je m'apprêtais à retourner le champ dermatologique riche de toutes mes forces neuves, imaginant bien le trésor qui devait être caché dedans.

Le destin voulut que la collection « Histoire d'une vie humaine » ne vît jamais le jour. Elle m'avait pourtant tellement bien aiguisé la plume et c'est ainsi équipé qu'à la suite de deux rencontres brèves et inattendues je me retrouvai attelé à raconter mes souvenirs de jeune adulte dans un livre que je décidai de nommer *Les Médecins*. De ce jour, certains esprits superficiels commencèrent d'énoncer que je m'éloignais de mon métier de soignant. Quelques grands officiants médiatiques, il est vrai, s'étaient penchés sur moi. Il ne me fallut, paraît-il, que quelques minutes pour accrocher une image solide de « bête de télévision ». Sic. Je souris toujours lorsque l'on me demande comment je m'y étais pris. Évidemment je n'avais ni répété ni préparé quoi que ce soit. Quoi qu'il en soit, et bien que cela n'ait en rien modifié ma vie professionnelle ni ma dévotion à la médecine, je m'étais désormais accolé une image : celle d'un familier des ondes et des rotatives. Je n'en ai jamais fait mystère : d'emblée j'aimai la radio et la télévision, écrire un article ou discuter avec un journaliste. Je redis combien je trouvai là un prolongement évident à mes activités d'enseignant officiel. Enseigner le public est un devoir universitaire, je mêlai plaisir personnel et devoir à accomplir. Vint une certaine forme de succès.

Avoir du succès dans les médias — succès modeste, mais tout de même — conduit vers vous les recruteurs politiques. On commença à me faire des avances auxquelles je répondis par la négative. Avec des excuses souvent fausses mais aussi une raison valable, je me couche généralement avec les gallinacés, je veux dire à la nuit tombante, pour me réveiller au chant du coq l'été, bien plus tôt l'hiver. Ce ne sont pas là des horaires compatibles avec une vie politique ni mondaine. Cependant, il y a de cela une dizaine d'années, je crois bien que j'hésitai sur le chemin à suivre et peut-être — quelque diable militant me poussant — les charmes du pouvoir m'auraient-ils fait réussir dans l'entreprise qui aurait consisté à modifier radicalement mon horloge biologique.

Alors, le 10 juillet 1976, et pour paraphraser Phèdre : « Montréal me montra mon superbe ennemi. »

Tout ce que j'étais en train de devenir, une espèce de médecin « public », c'est l'un des monstres sacrés du XXe siècle qui allait me le faire bien plus que renier : considérer comme sans intérêt. Ennemi de fait de mon passé, et de l'autosatisfaction qui me gagnait, ce dont témoigne le ton des lignes précédentes, guide, modèle, référence désormais quotidienne de ma vie : René Dubos. Né le 20 février 1901 à Saint-Brice-sous-Forêt, ingénieur de l'Agro, émigré à 23 ans aux U.S.A. où il développa la plus somptueuse carrière qui se puisse concevoir avec, entre autres, la découverte des antibiotiques (c'est lui et personne d'autre), la définition moderne du concept de santé et l'émergence de l'écologie comme science.

Dubos avait avec la France pas mal d'incompatibilités. Les Français n'ont jamais aimé les Dubos, et souvent se comportent mal à leur encontre. Il en était affecté, comme Swann se trouvait affecté de ne pas être reçu chez les Verdurin, alors qu'il était l'ami du prince de Galles.

Les Français n'ont d'ailleurs jamais été intéressés et n'ont pas très bien compris ce qui se passe de l'autre côté de l'Atlantique. On n'en veut pour preuve que la méconnaissance totale que l'on a de La Fayette et de Rochambeau. Non, pas Rocheteau, Rochambeau !

Toute allusion politique fermement exclue, la France pense à l'Est. Pas un philosophe allemand ou russe qui n'ait été honoré chez nous, disséqué, commenté, imité, plagié.

Sans doute est-ce que, depuis des siècles, les invasions viennent de ce côté-là. À la différence des Anglais et de Churchill, nous n'avons jamais choisi le « grand large ». La pauvreté des discussions parisiennes sur les U.S.A. est à ce titre édifiante.

Je vivais donc dans la pauvreté intellectuelle la plus extrême quant à mes connaissances sur l'Amérique lorsque au cours d'un colloque au Québec, je découvris René Dubos. Je l'écoutai et il me plut. Pourtant le coup de foudre fut à retardement, je le subis comme ces boxeurs qui, recevant un uppercut au foie, ne s'écroulent que quelques instants plus tard, à leur grande surprise, après avoir, semble-il, encaissé le coup sans dommage aucun.

C'est deux années plus tard que j'entrai véritablement dans le monde merveilleux de René Dubos. On m'avait demandé de penser à un livre sur « les chercheurs » : je me déclarai incompétent, mais, au milieu du déjeuner qui s'acheminait vers un refus, je repensai au Français émigré à New York depuis cinquante ans et rencontré à Montréal.

Une suite invraisemblable d'événements devait me conduire fin août 78 à entreprendre avec René Dubos un long entretien dont un livre émergea : *Chercher*.

Les réactions françaises furent épidermiques : il paraît que la classe des chercheurs m'en voulut fort d'avoir fait briller un homme qu'on n'aimait pas. C'est du moins ce que m'assura bien plus tard une éminence bancaire de la recherche : « Vous vous êtes fait beaucoup de tort. » Comprenne qui pourra !

Je m'étais, évidemment, fait, au contraire, beaucoup de bien. Dubos ou la vraie vie : voilà ce que je venais d'apprendre. J'avais connu jusqu'alors un homme très éminent : Jean Bernard. S'il émanait de lui un rayonnement qui depuis imprègne, on le voit assez, tous mes propos, jamais je n'ai eu avec Jean Bernard la moindre intimité. Avec Dubos, au contraire, j'entrai de plain-pied dans son penser le plus profond. Ce que je pressentais dans certains demi-sourires de Jean Bernard, dans quelques morceaux de phrases vite laissés en suspens parce que personnels, je le vivais des heures durant avec Dubos. Accroché au réel par Dubos, les pieds campés dans l'humus, et sommé de ne pas en décoller de peur de subir le sort d'Antée, je découvrais que l'on peut, ainsi accroché, s'efforcer de saisir aussi la dimension globale des choses. L'aventure intellectuelle qui s'offrait, écrin somptueux pour une médecine réaffermie sur des bases modernes, m'a depuis conduit à une sorte de renoncement au « monde ». Au sens « mondain » bien sûr.

« Penser globalement, agir localement », aphorisme du plus pur Dubos, guide chaque jour mes tentatives de récrire le quotidien en harmonie avec ce que mon esprit peut saisir du grand tout.

C'est dans ce cadre de pensée que matérialisait Dubos et qu'avaient incarné avant lui d'autres grands hommes, Pascal, Racine, Pasteur, Charles Nicolle, Cabanis, qu'évoluait mon travail d'observateur et de concepteur de la médecine, de la biologie, et des relations interhumaines. Je travaillais comme un damné.

Lorsque, au milieu du travail accompli, au jour précis de ses 81 ans, René Dubos mourut, écoutant, comme il l'avait souhaité, le son des cloches d'une abbaye bénédictine.

Il n'est rien de plus risqué que d'avoir parcouru avec son guide la moitié seulement d'un chemin. Intellectuellement, le danger est considérable. Je commençai donc, me semble-t-il, de dériver dangereusement quant au « penser globalement ». J'interprétai — fort mal je le crois — certains propos de Dubos sur « une vision cosmique des choses » et j'allais, en fait, faire de mon maître à penser précisément ce qu'à Paris des esprits superficiels lui reprochaient : une sorte de gourou mystique, se livrant à des incantations de Pythie sur des sujets d'intérêt très général.

Au travers des « Cinq vies de René Dubos » (article paru

aux États-Unis et que je travaillai scrupuleusement) par le biais de la découverte des antibiotiques, de la naissance de l'écologie scientifique, je sentais bien l'importance de garder les pieds sur terre, mais, cependant, le regard que je jetais sur les médecines différentes et les thérapeutiques alternatives n'avait plus la netteté souhaitable. Il me fallait un appui neuf, et à la hauteur.

Jean Bernard aurait pu constituer ce secours. Il n'en avait pas le temps et vraisemblablement pas le goût. Je découvris alors Pierre Auger.

C'était un tout jeune homme de 85 années. Poète, sculpteur — et quel sculpteur ! — mais aussi un des plus illustres physiciens français du siècle, puis l'un des plus féconds organisateurs d'associations nationales et européennes que les années quarante, cinquante et soixante aient compté. Mais, là encore, un peu trop hors des normes intellectuellement admises pour la France. Pourtant : l'effet Auger, c'est lui — mais la spallation aussi, et encore les grandes gerbes de rayons cosmiques. Trois découvertes pour une vie de chercheur, c'est bien. Pierre Auger, de 25 à 40 ans, fut un découvreur. Vint la guerre qui mit en avant d'autres qualités : celles de créateur. Le Centre de documentation du C.N.R.S. et son bulletin signalétique dès avant 1939 avaient matérialisé son coup d'essai ; en 1945, directeur des Enseignements supérieurs, il impose entre autres la première chaire de génétique et celle d'électronique. Dans le même temps, il tient sur les fonts baptismaux — si l'on peut dire car cet homme ne cherche jamais Dieu au fond de la science — le commissariat à l'Énergie atomique et l'U.N.E.S.C.O., dont il dirige la division scientifique pendant onze années. Au début des années soixante il crée le Centre national d'études spatiales et sa version européenne, l'E.N.S.R.O. Entre-temps, il persuade les physiciens européens de construire le plus puissant accélérateur de particules au monde et de créer le C.E.R.N. Pour l'E.N.S.R.O. comme pour le C.E.R.N., il va jusqu'à choisir les emplacements.

Dans le cours de cette vie haletante il a refusé la direction du C.E.A., au départ de Jolliot ; puis celle du C.N.R.S. : trop structurés, pas de création possible.

Entrer ainsi dans l'intimité d'un grand physicien découvreur, créateur, quand on est médecin et biologiste, représente une grande nouveauté. En médecine comme en biologie, souvent le bricolage fonctionne à merveille et, du bricolage matériel au bricolage intellectuel, il n'y a qu'un pas. Celui que je menaçais de faire franchir à la pensée de Dubos.

Pierre Auger, muni d'une férule consistant essentiellement en tasses d'un thé rituellement préparé et en « mais pas du tout » ou « alors vous croyez que... », me remit dans les allées bien ordonnées de la science tout en m'initiant aux complexités de l'indétermination fondamentale ou en me faisant comprendre — ah oui — que si la Lune donne l'impression de tourner autour de la Terre, c'est en raison d'une courbure de l'espace-temps. En fait la Lune va tout droit.

Jean Bernard, René Dubos, Pierre Auger. Trois maîtres, trois points de vue : j'avais là mon triangle révélateur. Et le plaisir extrême de voir que les idées forgées à cette triple flamme débouchaient souvent sur des réalisations vraiment satisfaisantes.

Du moins en prenant un peu de recul : le nez sur le quotidien, on ne peut en effet que se désespérer.

Les avis de mes trois maîtres trouvaient partout à s'appliquer : au laboratoire de recherche, dans l'adaptation de l'hôpital aux nécessités du temps, dans les contacts à réinventer entre malades, public et médecins. C'est-à-dire dans le domaine médical le plus classique, le plus dans la ligne. Cependant, tout en faisant fonctionner Tarnier, tout en traquant les pouvoirs de la « 2e cellule », il m'est apparu indispensable de prendre position sur ce problème en passe de devenir économiquement, sociologiquement et déontologiquement essentiel : celui des médecines différentes. Il m'est ainsi nettement apparu que, sauf à penser les pratiques médicales dans leur articulation avec le penser scientifique, il n'y aurait aucune solution aux problèmes des chercheurs, des médecins, des pouvoirs publics et des économistes pour ne citer qu'eux. En ayant évidemment en perspective les malades.

L'idée s'est aussi progressivement imposée à mon esprit que nul ne pourrait prétendre régler les problèmes au sein d'un espace unique.

Ce que l'on nomme la médecine sert de réceptacle à tant d'aspirations et de plaintes diverses que l'on ne saurait, sauf à simplifier trop abusivement, vouloir mesurer toutes les demandes à la même aune.

Accepter la pluralité de la médecine, ou plutôt des pratiques médicales, et admettre que certaines façons de faire, certains rituels empiriques, sont dans quelques cas plus efficaces que tout l'arsenal formidable descendu des études scientifiques, est une nécessité. Mais courir vite au bout opposé pour soutenir que rien n'est plus clair et plus souvent efficace que ce qui vient de la science est indispensable.

En bref, vis-à-vis des médecins, on pense ce que Pascal soutenait de l'homme :

« S'il se vante je l'abaisse. S'il s'abaisse je le vante et le contredis toujours jusqu'à ce qu'il comprenne qu'il est un monstre incompréhensible. »

Oui, tout en reconnaissant l'évidence : les limitations actuelles imposées à la méthode scientifique, et en dénonçant la folie qu'il y aurait — niant ces limites — à vouloir faire de la médecine scientifique là où elle demeure impuissante (guérir un rhume par exemple ou redonner à des artères vieillies leur prime jeunesse), on ne doit pas moins affirmer la nécessité absolue de privilégier l'aventure scientifique, et spécialement la biologie, en donnant une priorité à celle qui peut avoir des retombées médicales.

Oui encore, on tient, à l'inverse, pour des esprits faux, chimériques, dangereux, les scientistes unidimensionnels qui voudraient que les médecins jouent du piano avec un doigt, celui de la base scientifique, alors qu'il s'agit ni plus ni moins que de tenir les grandes orgues face à la diversité de la demande.

Il est évident que l'action suggérée entre les lignes de ce livre pour instaurer une réorganisation médicale est une action politique. L'action politique attendue devra être souple, adaptable, et de grande hauteur. Elle devra surtout s'attacher à privilégier les structures et les groupes qui ont en main la possibilité de mettre en avant les problèmes réels : un rôle nouveau donné au Sénat et aux associations familiales, la création d'un Conseil supérieur de la médecine, voilà entre autres deux indications de ce qui pourrait permettre d'aborder avec quelque chance de succès les problèmes en apparence insolubles en l'état actuel : ceux dits de la perte de chances, de l'exercice illégal, de l'enseignement à donner aux futurs médecins institutionnels comme aux futurs soignants non-médecins. Les propositions sont rédigées. Elles seront publiées dès qu'un débat sur *le fond* sera engagé.

Tout cela — on espère l'avoir dit bien plus de cent fois — ne pourra se faire que si ceux qui discutent ont des idées très claires sur la science, son histoire, son avenir et ses capacités effectives à corriger les désordres du corps humain ici et maintenant. Les médias ont, pour les années à venir, un rôle à tenir et une mission à accomplir.

Deux risques peuvent en émerger : celui de ne vouloir utiliser scientifiques et médecins que pour échanger des invectives, celui de vouloir privilégier le sensationnel douteux. Que l'on aborde les sujets sous un angle polémique, on veut bien et qu'on ne manie pas l'encensoir chaque fois qu'est reçu un chercheur ou un médecin, on acquiesce. Mais, qu'au bout de cinq années de scoops et de petites phrases personne dans le public ne soit encore capable de comprendre ce que c'est que le S.I.D.A. devrait faire réfléchir. Beaucoup trop de décideurs des médias utilisent encore leurs pouvoirs pour — dans le champ médical — projeter leurs fantasmes ou leurs craintes et pour se mettre au service de la seule émotion : résultat, faites-vous accompagner de quelques C.R.S. bien élevés et maîtres de leurs nerfs, et allez effectuer trois rafles : une au C.N.P.F., une au Conseil des ministres et la troisième pour vous assurer du jury du Goncourt. Puis posez à tous ces gens quelques questions simples sur le S.I.D.A. ; par exemple : qu'est-ce qu'un virus ? Qu'entend-on par défenses immunitaires ? Que veut dire infections opportunistes ? Les réponses seront édifiantes. Pourtant, toutes ces éminences devraient savoir le B.A. BA de l'affaire. On a dit et redit que les médias semblaient voués à véhiculer l'émotion : on reste attaché à cette idée. Cependant, au bout de cinq années pareil désastre, pareille incapacité à transmettre les bases élémentaires doivent faire réfléchir.

Ivan Illich a fait, il y a plus de dix ans, souffler sur le corps médical une terrible tempête, l'accusant de mille maux : d'abord de voler aux humains une occasion de se réaliser pleinement en leur « confisquant » leurs maladies, leurs handicaps, leur mort même, en les « expropriant » de leur santé, puis dans un deuxième temps de fabriquer par leurs pratiques autant de malades que de guéris. On se demande si bientôt on ne demandera pas des comptes aux médias et spécialement à ceux chargés d'informer sur la science et la médecine, en leur imputant les morts et les douleurs redevables à l'ignorance.

Si l'on faisait cela, cependant, on aurait tort et ce livre aurait manqué — complètement — son objectif. En observant les médecines puis en s'essayant à les faire comprendre, on espère, au cours de ces pages, avoir petit à petit permis au lecteur de séparer en son esprit ce que l'enseignement permet de dominer par création de modèles pensés et ce que l'émotion permet de ressentir par constitution de brouillards baignant l'âme.

Les chers brouillards délicieux, on demande aux médias de s'en occuper. On demande aussi aux médias de renforcer la structure charpentée sous-jacente. Mais cette structure doit être en place depuis l'enfance et depuis l'école. La crise de la famille n'est pas telle qu'on le soutient souvent trop vite. La crise de l'école est en revanche bien plus grave qu'on ne le pense. Et le malheur veut que les grands affrontements que l'on voit se développer ne touchent pas en fait le fond du problème qui peut se formuler ainsi : que doit-on désormais apprendre à des enfants appelés à vivre en société de consommation, société de richesse et d'abondance inégalitaire.

Si ne se dégage pas une volonté politique, si un effort considérable d'observation et de réflexion n'est pas mis en œuvre, prélude indispensable à la prise de décisions indispensables, on sait parfaitement que des problèmes d'une incroyable gravité surviendront, individuels, économiques et sociaux.

En ces moments-là, l'avenue Politique s'ouvre dans la conscience. Oui, il faut aller se battre, dans les antichambres, les commissions, les préaux, les réunions. Ce serait déserter que de ne pas y aller.

Le panier de crabes, pourtant, ne donne guère envie d'aller se frotter à toutes les rivalités de personnes, à toutes les querelles d'intérêt, à tous les combats douteux qui font la trame du quotidien politique.

L'on se dit alors qu'il est une autre voie pour changer le paysage médical, pour bouleverser les rapports de forces, pour modifier le ton et le contenu des discours sur la médecine. Ce serait tout simplement d'effectuer une découverte essentielle dans le domaine thérapeutique. Lorsque, justement, quelques années après avoir proposé une théorie du cancer susceptible de déboucher sur une thérapeutique efficace, et à base aussi scientifique qu'il soit loisible d'imaginer, l'on voit semaine après semaine dans les boîtes en plastique qui sortent de l'étuve se concrétiser les expériences dont on souhaitait la réussite; lorsque, orgueilleux, on se dit : nous approchons et que l'on se prépare à franchir le grand pas, celui qui conduit à la tentative d'isolement du médicament postulé; lorsque l'on voit mourir autour de soi malades, parents, amis emportés par la douleur; dans tous ces cas on se demande : réfléchir sur les rapports de la science et des pratiques médicales n'est-il pas en fait un exercice de détente intellectuelle auquel il faudrait se contenter de consacrer quelques discussions entre amis ?

Oui, lorsque l'on imagine, tout animé de la pensée de ses maîtres, pouvoir contribuer à la solution d'un problème précis, cerné, douloureux, qui est celui du cancer, n'est-ce pas déserter que de choisir de s'embourber — peut-être — dans les champs nauséabonds du charlatanisme ou dans les expositions incertaines d'horlogers des montres molles, ou encore de s'épuiser en discussions vaines avec les convaincus du discutable ?

Le politique ou le biologique ? Les rires et grondements des foules ou le silence rédempteur du laboratoire ? Une harmonie meilleure des rapports interhumains ou une maladie vaincue ? Que choisir ?

En fait, ce qui parfois rend presque hagard, ce qui pousse l'esprit aux extrêmes — abattement le plus profond ou excitation la plus grande —, c'est bien ce sentiment de fin d'époque, de changement imminent de paradigme, de valeurs ou d'unité de référence. Et cette ambition à vrai dire insensée qui consiste à vouloir être celui qui poserait la nouvelle première pierre.

La phrase par laquelle on a commencé cette conclusion : « je n'ai jamais douté ni de mes ambitions ni des moyens qui étaient mis à ma disposition pour les satisfaire », résonne en cet instant sinistrement aux oreilles. Et fait songer à la méthode Coué. Les ambitions les plus grandes ? Oui. Le désir poussé au plus haut de mettre en place le système le mieux adapté, intellectuellement, pratiquement, émotionnellement au plus grand nombre ? Oh oui ! Mais avec quels moyens intellectuels ? Chacun se croit — et de son propre point de vue il a raison — le centre du monde. Combien ont pu par quelques accomplissements éclatants faire partager ce sentiment aux autres hommes ?

En fait, de ces moments paradigmatiques, révolutionnaires, où tout se réordonne pour plus de clarté ou d'efficacité autour d'un pôle nouveau, combien ont eu l'honneur d'en vivre ?

Quatre coups de tonnerre ont fait éclore la médecine d'aujourd'hui : ils témoignaient de l'émergence de la médecine anatomoclinique, de l'anesthésie, de la découverte du rôle des bactéries et des virus, de la découverte des antibiotiques.

Autour de ces quatre événements, se sont réordonnées

toutes les forces de soins. Et l'on prétendrait faire le cinquième ? Chanson ! L'action politique est plus sûre. On sait les leviers à manier.

Oui. La pente est à l'affaiblissement de la médecine. Ses structures se détendent et se défont, faute d'un de ces événements formidables qui, par des chemins mystérieux, galvanisent les énergies, redonnent à chaque acteur le sens de son rôle. On ne change pas la société par décret ? Non ! Mais on la change en entrant dans la carrière.

L'état actuel de la médecine quotidienne est une certaine stagnation. Ce qui pousse le plus, ce sont donc les forces économiques. Elles imposent leur loi qui fait prévaloir quelques mots : croissance, diversification, profit. Le bouleversement prévisible de la Sécurité sociale pourrait être l'événement négatif obligeant à remettre de l'ordre. Il faut agir politiquement.

Mais non, la science encore pure, dure, sereine, pousse ses avantages. Mieux vaut, si l'on souhaite transformer la médecine, tenter la chance infime d'une grande découverte. Hélas, là encore que de périls ! À parcourir la littérature ancienne, que de cris de victoire aujourd'hui devenus ridicules ! Combien ont dit avoir vaincu la peste, le choléra, la tuberculose et la syphilis alors que chacune de ces maladies se pavanait insolemment ! Combien de décorations accrochées à des redingotes de faux grands hommes ! Nous revivons aujourd'hui le même mouvement. On annonce pour ce qui concerne le S.I.D.A. victoire sur victoire, les victorieux se poussent du col ; et les malades meurent chaque jour plus nombreux. Quant au cancer, c'est pis.

Pour s'enfoncer plus loin dans le pessimisme : comme les hommes sont médiocres, la querelle de personnes, le souhait de s'affirmer dans son territoire et dans la hiérarchie priment tout dès lors que l'on réunit quelques individus qui, pris isolément, semblaient avoir de la valeur. Encore : est-il un Tartufe, un chercheur inutile, un médecin marron, un charlatan accompli, qui finalement ne se prenne pour grand parmi les grands ? Qui, roulant en voiture avec chauffeur, ne se dise, tout compte examiné, que le monde est bien fait et la nature fort juste ?

Mais lequel d'entre eux, redescendant de ses nuées, ne se sent finalement fétu de paille pris dans un tourbillon ?

Dominer son temps est tout à fait impossible et il est tout à fait impossible de ne pas vouloir le dominer. Alors il faut faire semblant de croire à ses ambitions et aux moyens qui vous ont été donnés de la satisfaire. Ou alors, par désespoir, contempler sa propre médiocrité et remercier Dieu ou quelque valeur spirituelle transcendante de vous avoir fait si médiocre ; comme Pascal remerciait Dieu des maladies dont il l'affligeait.

Ayant ainsi au fond du trou stabilisé son être, faut-il encore affronter l'étrange confiance de ceux qui croient en vous, en votre savoir, en votre expérience ou capacité d'écoute. Vous voilà dérangé dans votre humilité commode. Le jour se lève, il faut tenter de vivre. En comprenant par exemple ce qu'est le cancer, ou en cherchant à faire comprendre la diversité des pratiques médicales et leur mode d'articulation avec la science ? On a en fait toujours assez de temps pour faire deux choses à la fois.

Le sablier, à nouveau, s'est retourné ; les grains si fins de la pensée refont un nouveau voyage. Vers l'optimisme. Et puis : « Dans un mois, dans un an, comment souffrirons-nous ? »

du même auteur

Les Médecins, Grasset, 1975.
Le Malade, Grasset, 1977.
Chercher, Stock, 1979.
La Deuxième Cellule, Grasset, 1983.

La composition de ce livre
a été effectuée par Bussière à Saint-Amand,
l'impression et le brochage ont été effectués
sur presse CAMERON
dans les ateliers de la S.E.P.C. à Saint-Amand-Montrond (Cher)
pour les Éditions Albin Michel

AM

Achevé d'imprimer en octobre 1987
N° d'édition : 10028. N° d'impression : 2337-1765
Dépôt légal : octobre 1987